普通高等学校规划教材

U0324521

结构有限元基本原理 及ANSYS实现

郭增伟　王小松　邵亚会　编著

人民交通出版社股份有限公司
China Communications Press Co.,Ltd.

内 容 提 要

本书主要介绍了有限元方法的力学原理、土木工程结构建模和分析方法。鉴于 ANSYS 软件在国内的教学、科研和生产中应用较为广泛,本书较为系统地介绍了 ANSYS 软件的基本操作及有限元基本原理在 ANSYS 中的实现方式,给出的典型实例都附有 ANSYS 实现过程,以典型算例为载体,通过计算精度影响因素的讨论,更为直观地展示了有限元分析中应特别关注的细节。

本书适合于高等理工院校土木工程专业本科、研究生及教师使用,也可供从事相关领域科学研究的工程技术人员学习参考。

图书在版编目(CIP)数据

结构有限元基本原理及 ANSYS 实现 / 郭增伟,王小松,
邵亚会编著. — 北京:人民交通出版社股份有限公司,
2019.7

ISBN 978-7-114-15582-6

Ⅰ.①结… Ⅱ.①郭… ②王… ③邵… Ⅲ.①土木工
程—有限元分析—应用软件 Ⅳ.①TU-39

中国版本图书馆 CIP 数据核字(2019)第 111508 号

书　　名	结构有限元基本原理及 ANSYS 实现
著 作 者	郭增伟　王小松　邵亚会
责任编辑	周　凯　郭红蕊
责任校对	赵媛媛
责任印制	张　凯
出版发行	人民交通出版社股份有限公司
地　　址	(100011)北京市朝阳区安定门外外馆斜街 3 号
网　　址	http://www.ccpress.com.cn
销售电话	(010)59757973
总 经 销	人民交通出版社股份有限公司发行部
经　　销	各地新华书店
印　　刷	北京鑫正大印刷有限公司
开　　本	787×1092　1/16
印　　张	13
字　　数	319 千
版　　次	2019 年 7 月　第 1 版
印　　次	2019 年 7 月　第 1 次印刷
书　　号	ISBN 978-7-114-15582-6
定　　价	39.00 元

(有印刷、装订质量问题的图书由本公司负责调换)

前　　言

　　有限元分析已成为土木工程教学、科研、生产中重要而又普及的数值分析方法,目前有限元分析技术和软件已相对成熟,工程应用中无需用户自己编写基础代码,仅需掌握软件的基本操作及建模流程。然而我们在多年的有限元法及其应用的教学实践和软件使用过程中发现:部分软件使用者缺乏对有限元基本原理的了解,出现单元选择、网格划分、边界条件设置等方面的诸多问题。为提高工程技术人员有限元分析的能力,本教材较为系统地介绍了有限元基本原理、建模方法和软件应用,以"原理"引导学生学习掌握软件基本操作,加强学生对软件参数的理解。

　　有限元建模分析过程离不开对土木工程结构受力行为的深刻认识及合理简化,本教材详细介绍了土木工程结构的力学描述方法、工程结构的基本构件及其受力特征,借此引导学生深刻理解土木工程结构的简化方法。为实现新工科建设中提倡的"在使用中学习,在学习中使用"的重实践教学的目标,在介绍每一种单元的同时,提供典型实例的 ANSYS 实现过程,使学生在学习分析原理的同时,配合学习有限元分析软件的操作方法,经历实例建模、求解、分析和结果评判的全过程,在实践中深刻理解和掌握有限元分析方法。

　　本教材共分为 8 章,第 1 章介绍了有限元分析的基本过程、力学原理和发展历程,引导学生思考技术进步的外在需求和内驱动力;第 2 章和第 3 章介绍了离散杆系结构和平面问题的有限元力学原理和分析方法,通过杆系结构矩阵位移法和有限元法的对比分析引导学生思考并掌握有限元的力学原理和本质;第 4 章上承有限元基本理论,下接 ANSYS 软件应用,先后介绍了土木工程结构的力学描述方法、工程结构的基本构件及其受力特征、有限元分析的一般过程和计算误差讨论,引导学生深刻理解并掌握土木工程结构的简化方法和有限元分析的一般过程;第 5 章系统介绍了 ANSYS 软件的操作界面、文件系统、通用操作方法,引导学生系统了解 ANSYS 软件的常用操作;第 6 ~ 8 章以经典算例为引,系统介绍了 ANSYS 建模、求解、分析和结果评判的全过程,针对算例建模过程中的关键环节,详细介绍了坐标系、工作平面、布尔运算、网格划分技巧的相关操作,并讨论了单元形函数、单元阶次、网格类型、网格形状对计算结果的影响,引导学生思考在 ANSYS 建模和分析中如何结合有限元基本原理提高分析精度。

　　本教材由重庆交通大学和合肥工业大学多位从事结构分析和承担有限元法

及其应用教学的教师共同编写,其中第 1、2、4、5、6 章由重庆交通大学郭增伟负责编写,第 3、7 章由重庆交通大学王小松负责编写,第 8 章由合肥工业大学邵亚会负责编写,全书由重庆交通大学郭增伟统稿并完成最终的文字整理工作。另外,重庆交通大学硕士研究生韩玉青、冉洪键、徐华等参与整理了书中部分算例和插图,在此深表感谢。

在教材编写过程中,作者查阅了不少参考文献,如在参考文献中未给予标注引用,在此深表歉意。

由于作者的水平有限,所写的教材难免存在一定不足或疏漏,敬请读者批评指正。

编著者
2019 年 1 月

目　　录

第❶章 ▶▶▶

概述

1.1 有限单元法概念及基本思路

1960 年,加州大学伯克利分校的 Ray William Clough 教授在美国土木工程学会(ASCE)的会议上,发表了一篇名为《The Finite Element in Plane Stress Analysis》的论文,文中首次正式提出了有限元法(Finite Element Method)的学术命名,这被认为是有限单元法的起源。所谓有限单元法,是将一个连续系统(物体)分隔成有限个单元,对每一个单元给出一个近似解,再将所有单元按照一定的方式进行组合,来模拟或者逼近原来的系统或物体,从而将一个连续的无限自由度问题简化成一个离散的有限自由度问题分析求解的一种数值分析方法。

有限单元法的基本思想是,在力学模型上将一个原来连续的物体离散成为有限个具有一定大小的单元,这些单元仅在有限个节点上相连接(这也就是"有限元"一词的由来),并在节点上引进等效力以代替实际作用于单元上的外力。对于每个单元,根据分块近似的思想,选择一种简单的函数来表示单元内位移的分布规律,并按弹性理论中的能量原理(或用变分原理)建立单元节点力和节点位移之间的关系。最后,把所有单元的这种关系式集合起来,就得到一组以节点位移为未知量的代数方程组,求解这些方程组就可以求出物体上有限个离散节点上的位移。

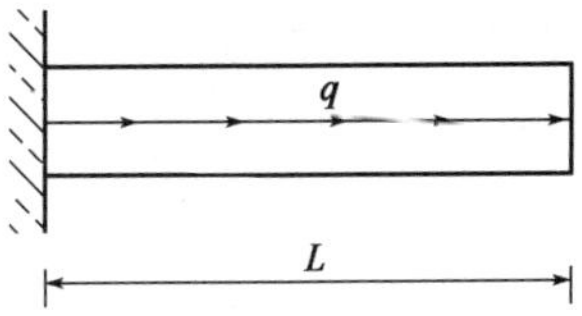

下面用自重作用下的等截面直杆来说明有限元的基本思路。

受自重作用的等截面直杆如图 1-1 所示,杆的长度为 L,横截面面积为 A,弹性模量为 E,均布荷载集度为 q,试求杆的位移、应力和应变分布。

图 1-1 受均布轴向荷载作用的等截面直杆

1) 弹性力学法解答

杆件轴力:

$$N(x) = q(L - x) \tag{1-1}$$

杆件位移场:

$$\mathrm{d}u(x) = \frac{N(x)\,\mathrm{d}x}{EA} = \frac{q(L-x)\,\mathrm{d}x}{EA} \tag{1-2}$$

杆件应变场:

$$\varepsilon(x) = \frac{\mathrm{d}u}{\mathrm{d}x} = \frac{q}{EA}(L - x) \tag{1-3}$$

杆件应力场:

$$\sigma(x) = E\varepsilon(x) = \frac{q}{A}(L - x) \tag{1-4}$$

2)有限元法解答

(1)结构离散化

如图1-2所示,将直杆等分为2个有限段,有限段之间通过一个连接点连接,称为节点,每个有限段称为单元,2个单元长度为$L/2$。

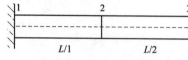

图1-2 离散后的直杆

(2)单元分析

以1号单元为例,用单元节点位移表示单元内部位移,假设单元内部轴向位移$u(x)$为线性函数:

$$u(x) = u_1 + \frac{u_2 - u_1}{L/2}(x - x_1) \tag{1-5}$$

式中:u_1、u_2——1号和2号节点的位移;

x_1——1号节点的坐标,则:

1号单元应变:

$$\varepsilon_1 = \frac{u_2 - u_1}{L/2} \tag{1-6}$$

1号单元应力:

$$\sigma_1 = E\varepsilon_1 = \frac{E(u_2 - u_1)}{L/2} \tag{1-7}$$

1号单元轴力:

$$N_1 = \sigma_1 A = \frac{EA(u_2 - u_1)}{L/2} \tag{1-8}$$

(3)整体分析

把1号单元和2号单元所受均布荷载集中于三个节点上,则1号节点上节点荷载为1号单元所受荷载的一半($qL/4$),2号节点上节点荷载为1号单元和2号单元所受荷载之和的一半($qL/2$),3号节点上节点荷载为2号单元所受荷载的一半($qL/4$)。

对于1、2、3号节点,力的平衡方程可表示为:

$$N_1 = qL/4 - N_x \tag{1-9}$$
$$N_2 - N_1 = qL/2 \tag{1-10}$$
$$N_3 = qL/4 \tag{1-11}$$

将单元轴力使用节点位移表达并带入式(1-9)~式(1-11)即可得到以下方程组:

$$\begin{cases} u_2 - u_1 = \dfrac{qL^2}{8EA} \\ -u_1 + 2u_2 - u_3 = \dfrac{qL^2}{4EA} \\ u_3 - u_2 = -\dfrac{qL^2}{8EA} \end{cases} \tag{1-12}$$

引入边界条件 $u_1 = 0$ 后，即可求解平衡方程组获得节点位移及单元轴力。

1.2 有限元发展历程

大约在三百年前，牛顿和莱布尼茨发明了积分法，证明了该运算具有整体对局部的可加性。积分运算是对定义域的无限划分，而有限元则是对定义域的有限划分，虽然两者划分方式不同，但积分运算为有限元的实现奠定了第一个理论基础。

在牛顿之后约一百年，著名数学家高斯提出了加权余值法及线性代数方程组的高斯消元法。加权余量法和之后拉格朗日提出的泛函数分析可用来将微分方程改写为积分形式，避免了微分方程组的求解。而高斯消元法则为有限元整体平衡方程的求解提供了数学工具。

在19世纪末及20世纪初，数学家瑞雷和里兹首先提出了在全定义域内运用展开函数来表达该域内的未知函数。1915年，数学家伽辽金提出了可以人为定义展开函数的伽辽金法，该方法被广泛地用于有限元。1943年，数学家库朗德第一次提出了可在定义域内分片地使用展开函数来表达其上的未知函数，这实际就是有限元的做法。

至此，有限元技术的第二个理论基础也已确立。

1.2.1 有限元法的诞生

每一项新技术的推出都是由于时代的迫切需要，而新技术出现后也需要经历时间的重重考验。在20世纪40年代，由于航空事业的快速发展，人们对飞机内部结构设计提出了越来越高的要求，即重量轻、强度高、刚度好，因此人们不得不进行精确的设计和计算。正是在这一背景下，有限元分析方法逐渐发展起来。

早期一些成功的实验求解方法与专题论文，全部或部分内容对有限元技术的产生作出了贡献，首先应用数学界第一篇有限元论文是1943年美国纽约大学 Richard Courant 教授（图1-3）发表的《Variational Methods for the Solution of Problems of Equilibrium and Vibration》，文中描述了他使用三角形区域的多项式函数来求解扭转问题的近似解，由于当时计算机尚未出现，这篇论文并没有引起应有的注意。

图1-3 Richard Courant

20世纪50年代，飞机设计师们发现无法用传统的力学方法分析飞机的应力、应变等问题。波音公司的一个技术小组，将连续体的机翼离散为三角形板块的集合来进行应力分析，希望通过离散单元的求解逼近整个连续体系的真实解，经过一番波折后才获得成功。

1956年，M. Jone Turner（波音公司工程师）、Ray William Clough（土木工程教授）（图1-4）、H. C. Martin（航空工程教授）及 L. J. Topp（波音公司工程师）等四位共同在航空科技期刊上发表了一篇采用有限元技术计算飞机机翼强度的论文，名为《Stiffness and Deflection Analysis of Complex Structures》，文中把这种解法称为"直接刚度法"，一般认为这是工程学界上有限元法的开端。

1960年，Clough 教授在美国土木工程学会（ASCE）的计算机会议上，发表了一篇名为《The Finite Element in Plane Stress Analysis》的论文，将应用范围扩展到飞机以外的土木工程

图1-4　Ray William Clough

上,同时有限元法(Finite Element Method)的名称也第一次被正式提出。

下面通过 Clough 教授在欧洲第一届计算力学会议(European Conference on Computational Mechanics, ECCM'99)上的演讲,回顾那段属于有限单元法的青葱岁月[1]:

"我很高兴参加 ECCM'99。正如 Wunderlich 博士邀请我参加时我告诉他的,我的确已经不能为计算力学领域做任何技术贡献。然而,我已经在这个被称为有限元方法(FEM)的领域积极工作了超过 45 年,包括研究生教学和我退休后 12 年的咨询工作。咨询重点绝大多数集中在混凝土大坝——特别是混凝土拱坝的地震行为。

"我与 FEM 结缘是在 1952 年夏天,我被西雅图波音飞机公司聘请为他们 Summer Faculty 项目的成员,那时我已经在 1949 年加入 Berkeley 土木系。由于波音 Summer Faculty 项目提供了结构动力学小组的位置,我抓住了这个最好机会,作为我在地震工程领域发展的准备。我很幸运地选择了波音公司的那次夏季工作机会,因为他们结构动力学小组的领导人是 M. Jone Turner 先生——一个在处理结构振动与颤振问题方面非常有能力的人。

"当我在 1952 年夏天参加项目的时候,Turner 让我从事一种 Delta 机翼结构的振动分析工作。由于它是三角平面形状,这个问题不能用基于标准梁理论的方法解决;于是我花了一个夏天的时间来建立由一维梁与桁架组拼成的一个 Delta 机翼模型。然而基于这种类型的数学模型得到的变形分析结果与 Delta 机翼比例模型试验数据吻合很差。我最后的结论是,我一个夏天的工作是一个彻底的失败。然而,至少我知道了什么是不可行的。受这次失败挫折的刺激,我决定重新回到波音公司参加 1953 年的夏季 Faculty 项目。在冬季期间,我和 Turner 一直保持联系,这样我能够重新参加 6 月的结构动力学小组。冬季期间最重要的进展是,Turner 建议我尝试通过组装三角或矩形形状的平面应力小块来建立机翼的刚度特性列式,但我认为三角形状会更有用,因为这样一种小块可以组拼近似任意结构形状。况且,单个三角块的刚度特性可以在假定 X 与 Y 方向主应力的均匀分布结合剪应力均匀分布状态的基础上很容易计算,于是整个结构的刚度由单个子块的贡献相应叠加得到。波音小组称这种方法为直接刚度法。1953 年夏天的全部时间都花在了如何使用三角形单元组装成整体结构并组集、求解方程组,经过一段时间的努力完成了相关求解,发现变形计算结果和实际结构的试验室测量结果非常吻合,且计算结果的精度可以通过连续细分有限元网格渐进提高。那个夏天工作得到的结论由 Turner 发表在 1954 年 1 月的 Institute of Aeronautical Sciences 年度会议上。然而至今我仍不明白为什么 Turner 直到许多月以后才把这篇论文拿去发表。因此,这篇被认为是有限元第一篇论文的文章直到 1956 年 9 月才发表[1]——在它被口头提出两年多后。

"值得强调的是,Turner 的结构动力学小组做这个工作的基本目的是为了振动和颤振分析。他们并不关心应力分析,因为那是应力分析小组的任务。然而,很显然的是通过直接刚度法建立的模型除了用于振动分析,同样可以用于应力分析。因此我计划一旦可能,马上调查它在应力分析中的应用。然而当时我有其他研究任务,无法抽出有用的时间在应力分析问题上,直到 1956 年 9 月我申请到挪威 Trondheim 休假。当我到达挪威时,我能做的只是拟订了一个研究方案,并且用一台台式计算器计算一些很小的系统,因为挪威理工学院那时还没有一台自动电子计算机。

"在 Institute of Aeronautical Sciences 上发表的那篇文章[1]第一次向技术人员引入了有限元的原理,很短时间后这种方法的一些基本概念在 1954 年 8 月到 1955 年 5 月期间被 John H. Argyris 博士(图 1-5)在 Aircraft Engineering 发表的一系列论文引用[2]。然而,这些论文中所提及的矩形单元对有限元理论的贡献并不大。我在挪威的休假期间,Argyris 博士的研究工作吸引了我的注意,我认为 Argyris 博士在有限单元法方面的研究工作和一系列论文是结构力学领域最重要成果。也正是这些研究工作把我对结构理论的理解扩展到它最终达到的层次。

图 1-5 John H. Argyris

"根据我个人的观点,有限元历史上另一个重要事件是创造了有限元(FEM)这个名字。我选择这个名字的目的是为了将组成有限元整体的尺寸相对较大的结构小块,与在结构位移计算典型虚功分析中的无穷小量明确区分,这个名字最早出现在一篇向土木工程界演示有限元方法的文章中。这个方法的一个更重要的应用发表在 1962 年在波兰 Lisbon 的一个有关计算机在土木工程中的应用的会议上[3],它用有限元对一个已经在中截面开裂的重力大坝进行应力集中分析。

"近年来,我所接触的有限元研究工作主要是我的博士生开展的论文研究,而我在有限元领域所做的贡献仅是如文献[5-6]的回顾性论文以及你所看到的这篇文章。"

1.2.2 有限元法的探索起源期

有限元法概念的提出,引出了美国加州大学伯克利分校有限元技术研究小组最为辉煌的十年历程。

1963 年,在加州大学伯克利分校,Edward L. Wilson 教授和 Ray William Clough 教授为了讲解结构静力与动力分析而开发了 SMIS(Symbolic Matrix Interpretive System),其目的是为了消除传统手工计算方法和结构分析矩阵法之间的隔阂。1969 年,Wilson 教授在第一代程序基础上开发的第二代线性有限元分析程序就是著名的 SAP(Structural Analysis Program),而非线性程序则为 NONSAP。

Wilson 教授的学生 Ashraf Habibullah 于 1978 年创建了 Computer and Structures Inc.(CSI),CSI 的大部分技术开发人员都是 Wilson 教授的学生,并且 Wilson 教授也是 CSI 的高级技术发展顾问。而 SAP2000 则是由 CSI 在 SAP5、SAP80、SAP90 的基础上开发研制的通用结构分析与设计软件。

同样是 1963 年,Richard MacNeal 博士和 Robert Schwendler 先生联手创办了 MSC 公司,并开发了第一个软件程序,名为 SADSAM(Structural Analysis by Digital Simulation of Analog Methods),即数字仿真模拟法结构分析。

提到 MSC 公司,就不得不提及与之有着不解渊源的美国国家太空总署(NASA),当年美国为了能够在与苏联的太空竞赛中取胜而成立了 NASA。为了满足宇航工业对结构分析的迫切需求,NASA 于 1966 年提出了发展世界上第一套泛用型的有限元分析软件 Nastran(NASA Structural Analysis Program)的计划,MSC. Software 则参与了整个 Nastran 程序的开发过程。1969 年,NASA 推出了第一个 NASTRAN 版本,即 COSMIC Nastran。之后,MSC 继续改良 Nastran 程序并在 1971 年推出了 MSC. Nastran。

另一个与 NASA 结缘的是 SDRC 公司,1967 年在 NASA 的支持下 SDRC 公司成立,并于 1968 年发布了世界上第一个动力学测试及模态分析软件包,1971 年推出商业用有限元分析软件 Supertab(后并入 I-DEAS 软件中,这也就是为什么 I-DEAS 作为一款设计软件其有限元分析如此强大的原因)。

1969 年,John Swanson 博士建立了自己的公司 Swanson Analysis Systems Inc.(SASI)。其实早在 1963 年 John Swanson 博士任职于美国宾夕法尼亚州匹兹堡西屋公司的太空核子实验室时,就已经为核子反应火箭做应力分析并编写了一些计算加载温度和压力的结构应力和变位的程序,此程序当时被命名为 STASYS(Structural Analysis System)。在 Swanson 博士公司成立的次年,结合早期的 STASYS 程序发布了商用软件 ANSYS。1994 年 Swanson Analysis Systems Inc. 被 TA Associates 并购,并宣布了新的公司名称改为 ANSYS。

1.2.3　有限元法的蓬勃发展期

进入 20 世纪 70 年代后,随着有限元理论趋于成熟,CAE 技术也逐渐进入了蓬勃发展的时期,一方面 MSC、ANSYS、SDRC 三大 CAE 公司先后组建,并且致力于大型商用 CAE 软件的研究与开发;另一方面,更多的新的 CAE 软件迅速出现,为 CAE 市场的繁荣注入了新鲜血液。

20 世纪 70 年代初,当时任教于 Brown 大学的 Pedro Marcal 创建了 MARC 公司,并推出了第一个商业非线性有限元程序 MARC。虽然 MARC 在 1999 年被 MSC 公司收购,但其对有限元软件的发展起到了决定性的推动作用,至今 MSC 的分析体系中依然有着 MARC 程序的身影,更值得一提的是 Pedro Marcal 早年也是毕业于伯克利分校。

在早期的商用软件舞台上,还有两位重要人物,他们是 David Hibbitt 和 Klaus J. Bathe。David Hibbitt 是 Pedro Marcal 在 Brown 的博士生,David Hibbitt 与 Pedro Marcal 合作到 1972 年,随后 Hibbitt 与 Bengt Karlsson 和 Paul Sorenson 于 1978 年共同建立 HKS 公司,推出了 ABAQUS 软件,使 ABAQUS 商业软件进入市场。因为该程序是能够引导研究人员增加用户单元和材料模型的早期有限元程序之一,所以它对软件行业带来了实质性的冲击。2002 年,HKS 公司改名为 ABAQUS,并于 2005 年被达索公司收购。

另外一位对有限元方法作出重大贡献的是 Klaus J. Bathe 博士。Klaus J. Bathe 20 世纪 60 年代末在伯克利分校 Clough 和 Wilson 博士的指导下攻读博士学位,从事结构动力学求解算法和计算系统的研究。由于 Bathe 博士对结构计算以及 SAP 软件所做的贡献,Bathe 博士毕业后被 MIT 聘请到机械与力学学院任教。

1975 年,于 MIT 任教的 Bathe 博士在 NONSAP 的基础上发表了著名的非线性求解器 ADINA(Automatic Dynamic Incremental Nonlinear Analysis),而在 1986 年 ADINA R&D Inc. 成立以前,ADINA 软件的源代码是公开的,即著名的 ADINA81 版和 ADINA84 版本的 Fortran 源程序,后期很多有限元软件都是根据这个源程序所编写的。

1977 年,Mechanical Dynamics Inc.(MDI)公司成立,致力于发展机械系统仿真软件,其软件 ADAMS 用于机械系统运动学、动力学仿真分析。后被 MSC 公司收购,成为 MSC 分析体系中一个重要的组成部分。

在 CAE 的历史中,另一个神奇的程序是显式有限元程序 DYNA,DYNA 程序由当时在美国 Lawrence Livermore 国家实验室的 John Hallquist 编写。之所以说 DYNA 神奇,是因为在现在我们熟知的众多软件中,都可以发现 DYNA 的踪迹,因此 LS-DYNA 系列也被公认为是显式有限元程序的鼻祖。下面我们来细数一下由 DYNA 所演变出来的有限元程序：

在 20 世纪 80 年代，DYNA 程序首先被法国 ESI 公司商业化，命名为 PAM-CRASH，现已成为 ESI 的明星产品。除此之外，ESI 公司还有多个被人熟知的软件，如铸造软件 ProCAST、钣金软件 PAM-STAMP、焊接软件 SYSWELD、振动噪声软件 VA One、空气动力学软件 CFDFASTRAN、多物理场软件 CFD-ACE + 等等。

1988 年，John Hallquist 创建了 LSTC（Livermore Software Technology Corporation）公司，发行和扩展 DYNA 程序商业化版本 LS-DYNA。

同样是 1988 年，MSC 在 DYNA3D 的框架下开发了 MSC. Dyna 并于 1990 年发布了第一个版本，随后于 1993 年发布了著名的 MSC. Dytran。

另外，ANSYS 收购了 Century Dynamics 公司，把该公司以 DYNA 程序开发的高速瞬态动力分析软件 AUTODYN 纳入 ANSYS 的分析体系中。并且在 1996 年，ANSYS 与 LSCT 公司合作推出了 ANSYS/LS-DYNA。

1984 年，ALGOR 公司成立，总部位于宾夕法尼亚州的匹兹堡，ALGOR 公司在购买 SAP5 源程序和 Vizicad 图像处理软件后，同年推出 ALGOR FEAS（Finite Element Analysis System）。

随着有限元技术的日趋成熟，市场上不断有新的公司成立并推出 CAE 软件，1983 年 AAC 公司成立，推出 COMET 程序，主要用于噪声及结构噪声优化分析等领域。随后，Computer Aided Design Software Inc. 推出提供线性静态、动态及热分析的 PolyFEM 软件包。1988 年，Flomerics 公司成立，提供用于空气流及热传递的分析程序。同时期还有多家专业性软件公司投入专业 CAE 程序的开发。由此，CAE 的分析已经逐渐扩展到了声学、热传导以及流体等更多的领域。

在早期有限元技术刚刚提出时，其应用范围仅限于航空航天领域，且研究的对象也只局限在线性问题与静力分析。而经过近十年的发展研究，有限元技术的应用范围已经囊括了力学、热、流体、电磁这四大自然界基本物理场，并且已经发展到多场耦合技术。可以说，有限元技术经过十年的研究发展，其应用范围与研究对象发生了翻天覆地的变化。

1.2.4　有限元法的成熟壮大期

20 世纪 90 年代至今是 CAE 技术的成熟壮大时期，这一时期的 CAE 领域呈现出了“大鱼吃小鱼”的市场局面，大的软件公司为了提升自己的分析技术、拓宽自己的应用范围而寻找机会收购、并购小的、专业的软件商，因此，CAE 软件本身的功能得到了极大提升。

MSC 公司作为最早成立的 CAE 公司，先后通过开发、并购，已经把数个 CAE 程序集成到其分析体系中。MSC 公司旗下拥有十几个产品，如 Nastran、Patran、Marc、Adams、Dytran 和 Easy 5 等，覆盖了线性分析、非线性分析、显式非线性分析以及流体动力学问题和流场耦合问题。另外，MSC 公司还推出了多学科方案（MD），以将上述诸多产品集成为一个单一的框架解决多学科仿真问题。

ANSYS 公司通过一连串的并购与自身壮大后，把其产品扩展为 ANSYS Mechanical 系列、ANSYS CFD（FLUENT/CFX）系列、ANSYS ANSOFT 系列以及 ANSYS Workbench 和 EKM 等。由此，ANSYS 塑造了一个体系规模庞大、产品线极为丰富的仿真平台，在结构分析、电磁场分析、流体动力学分析、多物理场、协同技术等方面都提供了完善的解决方案。

SDRC 把其有限元程序 Supertab 并入到 I-DEAS 中，并加入耐用性、NVH、优化与灵敏度、电子系统冷却、热分析等技术，且将有限元技术与实验技术有机地结合起来，开发了实验信号处理、实验与分析相关等分析能力。在 2001 年 SDRC 公司被 EDS 所收购,并将其与 UGS 合并重组后,SDRC 的有限元分析程序也演变成了 NX 中的 I-deas NX Simulation,与 NX Nastran 一起成为 NX 产品生命周期中仿真分析的重要组成部分。

说到 NX Nastran,大家都会想到另一个以 Nastran 为名的有限元软件 MSC. Nastran。MSC. Nastran 与 NX Nastran 可谓是同根同源,皆是由 NASA 推出的 Nastran 程序的源代码发展出来的。下面我们简单介绍下 MSC. Nastran 与 NX Nastran 的由来:

在当时开发 Nastran 程序的不止 MSC 一家公司,还有另外两家公司也推出了 Nastran 程序的商业版,1972 年 UAI 公司发布基于 COSMIC NASTRAN 的 UAI Nastran 软件,1985 年 CSAR 公司发布了基于 COSMIC NASTRAN 的 CSAR Nastran 软件。

而在 1999 年,MSC 收购了 UAI 和 CSAR,成为市场上唯一一家提供 Nastran 商业代码的供应商。而在此后的几年,独自享有源代码的 MSC Nastran 软件价格不断上涨,但是其功能和服务却没有得到相应的提升,从而引发大量客户的抱怨,为此 NASA 则向美国联邦贸易委员会(FTC)提出了申诉。

美国 FTC 判 MSC Nastran 垄断,MSC Nastran 源代码须公开,而这一决定也引来了 UGS 公司加入到 Nastran 的市场中来。而后,UGS 根据 MSC 所提供的源代码、测试案例、开发工具和其他技术资源开发出了 NX Nastran。至此,源于 NASA 的 Nastran 一分为二,齐头并进,为用户带来了更多的新技术与服务。

进入 21 世纪后,早期的三大软件商 MSC、ANSYS、SDRC 的命运各不相同:SDRC 被 EDS 收购后与 UGS 进行了重组,其产品 I-DEAS 已经逐渐淡出了人们的视线;MSC 自从 Nastran 被反垄断拆分后一蹶不振,2009 年 7 月被风投公司 STG 收购,前途至今还不明朗;而 ANSYS 则是三大软件商中最为强劲的一支,收购了 Fluent、CFX、Ansoft 等众多知名厂商后,逐渐塑造了一个体系规模庞大、产品线极为丰富的仿真平台。

而在 CAE 市场的其他厂商也发生了不少的并购和重组,一些新近的厂商也在逐渐崭露头角。如并入达索 SIMULIA 的 ABAQUS,自然也是希望如 SolidWorks 一样借助达索的强劲在 CAE 市场中打出一片天地;以前后处理而进入 CAE 领域的 Altair 公司,其 Hypermesh 软件自诞生之日起就备受业界的关注,而围绕前后处理建立起来的 Hyper Works 软件,也已经成为现在市场上很有竞争力的软件,近几年来收入也持续上涨;LMS 也是一个比较有特点的 CAE 软件公司,其软件的分析集 1D、3D、"试验"于一身,不仅可以加速虚拟仿真,还能使仿真结果更为准确可靠;COMSOL 则是以多物理场耦合仿真开辟出了一片新天地,为其发展、更为 CAE 技术的发展拨开迷雾。

另外,在市场中占有一定份额的还有如前后处理软件 ANSA、Truegrid,流体仿真软件 Fluent(被 ANSYS 收购)、CFX(被 ANSYS 收购)、Phoenics、NUMECA、Star-CD,铸造仿真软件 ProCAST、FLOW-3D、MAGMA SOFT 等一批专业 CAE 分析软件。

1.2.5　国内有限元法的发展之路

我国的力学工作者为有限元方法的初期发展作出了许多贡献,其中比较著名的有:陈伯屏(结构矩阵方法)、钱令希(余能原理)、钱伟长(广义变分原理)、胡海昌(广义变分原理)、冯康(有限单元法理论)。遗憾的是由于当时环境所致,我国有限元方法的研究工作受到阻碍,有限元理论的发展也逐渐与国外拉开了距离。

20 世纪 60 年代初期,我国的老一辈计算科学家较早地将计算机应用于土木、建筑和机械工程领域。当时黄玉珊教授就提出了"小展弦比机翼薄壁结构的直接设计法"和"力法—应力设计法";而在20世纪70年代初期,钱令希教授提出了"结构力学中的最优化设计理论与方法的近代发展"。这些理论和方法都为国内的有限元技术指明了方向。

1964年初,崔俊芝院士研制出国内第一个平面问题通用有限元程序,解决了刘家峡大坝的复杂应力分析问题。20世纪60~70年代,国内的有限元方法及有限元软件诞生之后,曾计算过数十个大型工程,应用于水利、电力、机械、航空、建筑等多个领域。

20世纪70年代中期,大连理工大学研制出了JEFIX有限元软件、航空工业部研制了HAJIF系列程序。20世纪80年代中期,北京大学的袁明武教授通过对国外SAP软件的移植和重大改造,研制出了SAP-84;北京农业大学的李明瑞教授研发了FEM软件;建筑科学研究院在国家"六五"攻关项目支持下,研制完成了"BDP-建筑工程设计软件包";中国科学院开发了FEPS、SEFEM;航空工业总公司开发了飞机结构多约束优化设计系统YIDOYU等一批自主程序。

20世纪90年代以来,大批国外CAE软件涌入国内市场,遍及国内的各个领域,国外的专家则深入到大学、院所、企业与工厂,展示他们的CAE技术、系统功能及使用技巧,因此,使得国内自主研发CAE软件受到强烈打压。同时,有关管理部门在对直接为先进装备制造业服务的CAE软件核心技术认识上产生了偏差:CAE既不属于基础科学,又不属于科技攻关,故而失去了必要的支持,使其发展举步维艰,以至于在20世纪的最后十几年,国内CAE自主创新的步伐已经非常缓慢,也逐渐拉开了与国外CAE软件的距离。

进入21世纪后,虽然国外CAE软件占据市场主流的现状短时间内已经无法撼动,但国内自主知识产权CAE软件逐渐市场化,且获得了一定的发展:北京飞箭软件有限公司推出的FEPG、郑州机械研究所推出的紫瑞CAE、大连大工安道公司的CAE软件Adopt. Smart;湖南大学与吉林大学开发了针对汽车结构的KMAS分析系统;华中科技大学针对铸造成型开发的华铸CAE软件;清华大学、上海交通大学在注塑成型CAE领域也推出了相应的分析软件。

1.3 有限元分析基本过程

有限元法的计算步骤为:结构离散、单元分析、整体分析。

1.3.1 结构离散

有限元法的基础是用有限个单元体的集合来代替原有的连续体,因此首先要对弹性体进行必要的简化,再将弹性体划分为有限个单元组成的离散体,离散后单元与单元之间利用单元的节点相互连接起来,将求解区域变成用点、线或面划分的有限数目的单元组合成的集合体。结构的离散包括几何形体的离散、协调方程的离散、物理方程的离散、平衡方程的离散、边界条件的离散。

在一个具体的结构中,确定单元的类型和数目以及哪些部位的单元可以取得大一些、哪些部位单元应该取得小一些,需要根据经验来作出判断。单元划分越细,则描述变形情况越精确,即越接近实际变形,但计算量越大。所以有限元法中分析的结构已不是原有的物体或结构物,而是同样材料的众多单元以一定方式连接成的离散物体,而用有限元分析计算所获得的结果只是近似的。如果划分单元数目非常多而又合理,则所获得的计算结果就逼近实际情况。

1.3.2　单元分析

有限元法中,将单元的节点位移作为基本变量。单元分析,就是建立各个单元的节点位移和节点力之间的关系式,进行单元分析首先要为单元内部的位移确定一个近似表达式,然后计算单元的应变、应力,再建立单元中节点力与节点位移的关系式,单元分析具体步骤如图1-6所示。

图1-6　单元分析的步骤

当物体或结构物离散化之后,就可把单元中的一些物理量如位移、应变和应力等用节点位移来表示。位移模式是表示单元内任意点的位移随位置变化的函数,常采用一些能逼近单元真实位移场的近似函数予以描述,一般不能精确地反映单元中真实的位移分布,这就带来了有限元法的另一种基本近似性。

物体离散化后,假定力是通过节点从一个单元传递到另一个单元。但是,对于实际的连续体,力是从单元的公共边界传递到另一个单元中去的。因而,这种作用在单元边界的表面力、体积力或集中力都需要等效地移到节点上去,也就是用等效的节点力来代替所有作用在单元上的力。

选定单元的类型和位移模式,并获得等效节点力以后,就可按虚功原理或最小势能原理建立单元平衡方程。

1.3.3　整体分析

有限元法的分析过程是先分后合,即先进行单元分析,在建立了单元刚度方程以后,再进行整体分析,把这些方程集成起来,形成求解区域的刚度方程,称为有限元位移法基本方程。集成所遵循的原则是各相邻单元在共同节点处具有相同的位移。求解整体平衡方程即可得出节点位移,之后可由弹性力学的几何方程和弹性方程来计算单元应变和应力。

通过上述分析可以看出,有限元法的基本思想是"一分一合",化整为零,集零为整,把复杂的结构看成由有限个单元组成的整体。

1.4　有限元软件介绍

经过几十年持续不断的研发,已有一大批著名的计算功能强大的大型通用商业软件,如ANSYS、ABAQUS、ADINA、MSC/NASTRAN、MSC/MARC、SAP2000。这些软件的分析功能和结构模型化功能较强,解题规模大,计算效率高,能够适应广泛的工程领域,而且经过长期的使用和维护,比较可靠。

1.4.1　美国 Computers and Structures，Inc. 的 SAP2000

SAP2000 程序是由 Edwards Wilson 创始的 SAP（Structure Analysis Program）系列程序发展而来的，至今已经有许多版本面世。SAP2000 是通用的结构分析设计软件，适用范围很广，主要适用于模型比较复杂的结构，如桥梁、体育场、大坝、海洋平台、工业建筑、发电站、输电塔、网架等结构形式，当然高层等民用建筑也能很方便地用 SAP 建模、分析和设计。SAP2000 拥有极强的功能，如建模功能（二维模型、三维模型等）、编辑功能（增加模型、增减单元、复制删除等）、分析功能（时程分析、动力反应分析、push-over 分析等）、荷载功能（节点荷载、杆件荷载、板荷载、温度荷载等）、自定义功能以及设计功能等等。先进的分析技术提供了逐步大变形分析、多重 P-Delta 效应、特征向量和 Ritz 向量分析、索分析、单拉和单压分析、Buckling 屈曲分析、爆炸分析、针对阻尼器、基础隔震和支承塑性的快速非线性分析、用能量方法进行侧移控制和分段施工分析等。

1.4.2　美国 Livermore Software Technology Corporation 的 LS-DYNA 系列软件

LS-DYNA 是一个通用显式非线性动力分析有限元程序，最初是 1976 年在美国 Lawrence Livermore National Lab. 由 J. O. Hallquist 主持开发完成的，主要目的是为核武器的弹头设计提供分析工具，后经多次扩充和改进，计算功能更为强大。此软件受到美国能源部的大力资助并且有世界十余家著名数值模拟软件公司（如 ANSYS、MSC. SOFTWARE、ETA 等）的加盟，极大地加强了其前后处理能力和通用性，在全世界范围内得到了广泛的使用。此软件可以求解各种三维非线性结构的高速碰撞、爆炸和金属成型等接触非线性、冲击荷载非线性和材料非线性问题。即使是这样一个被人们所称道的数值模拟软件，实际上仍在诸多不足，特别是在爆炸冲击方面，功能相对较弱，其欧拉混合单元中目前最多只能容许三种物质，边界处理很粗糙，在拉格朗日—欧拉结合方面不如 DYTRAN 灵活。虽然提供了十余种岩土介质模型，但每种模型都有不足，缺少基本材料数据和依据，让用户难于选择和使用。

1.4.3　美国 ABAQUS UNIFIED FEA 公司的 ABAQUS 软件

ABAQUS 是一套功能强大的工程模拟有限元软件，其解决问题的范围包括从相对简单的线性分析到许多复杂的非线性问题。ABAQUS 包括一个丰富的、可模拟任意几何形状的单元库。并拥有各种类型的材料模型库，可以模拟典型工程材料的性能，其中包括金属、橡胶、高分子材料、复合材料、钢筋混凝土、可压缩超弹性泡沫材料以及土壤和岩石等地质材料，作为通用的模拟工具，ABAQUS 除了能解决大量结构（应力/位移）问题外，还可以模拟其他工程领域的许多问题，例如热传导、质量扩散、热电耦合分析、声学分析、岩土力学分析（流体渗透/应力耦合分析）及压电介质分析。ABAQUS 有两个主要分析模块：ABAQUS/Standard 提供了通用的分析能力，如应力和变形、热交换、质量传递等；ABAQUS/Explicit 应用对时间进行显示积分求解，为处理复杂接触问题提供了有力的工具，适合于分析短暂、瞬时的动态事件，但对爆炸与冲击过程的模拟相对不如 DYTRAN 和 LS-DYNA3D。

1.4.4　美国 ADINA R&D 公司的 ADINA 软件

ADINA 是 K. J. Bathe 博士在 1975 年带领其研究小组共同开发出的 ADINA 有限元分

析软件。ADINA 的名称是 Automatic Dynamic Incremental Nonlinear Analysis 的首字母缩写。这表达了软件开发者的最初目标,即 ADINA 除了求解线性问题外,还要具备分析非线性问题的强大功能——求解结构以及设计结构场之外的多场耦合问题。

在 1984 年以前,ADINA 是全球最流行的有限元分析程序,这一方面是由于其强大的功能,被工程界、科学研究、教育等众多用户广泛应用;另一方面,是其源代码 Public Domain Code,后来出现的很多知名有限元程序均来源于 ADINA 的基础代码。

1986 年,K. J. Bathe 博士在美国马萨诸塞州 Watertown 成立了 ADINA R&D 公司,开始其商业化发展的历程。实际上,到 ADINA84 版本时已经具备基本功能框架,ADINA 公司成立的目标是使其产品 ADINA——大型商业有限元求解软件,能够专注求解结构、流体、流体与结构耦合等复杂非线性问题,并力求程序的求解能力、可靠性、求解效率全球领先。经过 30 余年的持续发展,ADINA 已经成为近年来发展最快的有限元软件及全球最重要的非线性求解软件,被广泛应用于各个行业的工程仿真分析,包括机械制造、材料加工、航空航天、汽车、土木建筑、电子电器、国防军工、船舶、铁道、石化、能源、科学研究及大专院校等各个领域。

1.4.5　美国 ANSYS 公司的 ANSYS 软件

ANSYS 有限元软件包是一个多用途的有限元法计算机设计程序,可以用来求解结构、流体、电力、电磁场及碰撞等问题。因此,它可应用于以下工业领域:航空航天、汽车工业、生物医学、桥梁、建筑、电子产品、重型机械、微机电系统、运动器械等。

软件主要包括三个部分:前处理模块、分析计算模块和后处理模块。前处理模块提供了一个强大的实体建模及网格划分工具,用户可以方便地构造有限元模型;分析计算模块包括结构分析(可进行线性分析、非线性分析和高度非线性分析)、流体动力学分析、电磁场分析、声场分析、压电分析以及多物理场的耦合分析,可模拟多种物理介质的相互作用,具有灵敏度分析及优化分析能力;后处理模块可将计算结果以彩色等值线显示、梯度显示、矢量显示、粒子流迹显示、立体切片显示、透明及半透明显示(可看到结构内部)等图形方式显示出来,也可将计算结果以图表、曲线形式显示或输出。软件提供了 100 种以上的单元类型,用来模拟工程中的各种结构和材料。该软件有多种不同版本,可以运行在从个人机到大型机的多种计算机设备上,如 PC、SGI、HP、SUN、DEC、IBM、CRAY 等。

1.4.6　美国 MSC 公司的 DYTRAN 软件

当前,另一款可以计算侵彻与爆炸的商业通用软件是 MSC 公司 的 MSC. DYTRAN 程序。该程序是在 LS-DYNA 3D 的框架下,在程序中增加荷兰 PISCES INTERNATIONAL 公司开发的 PICSES 的高级流体动力学和流体结构相互作用功能,还在 PISCES 的欧拉模式算法基础上,开发了流固耦合算法。在同类软件中,其高度非线性、流—固耦合方面有独特之处。

MSC. DYTRAN 的算法基本上可以概况为:MSC. DYTRAN 采用基于拉格朗日格式的有限单元方法(FEM)模拟结构的变形和应力,用基于纯欧拉格式的有限体积方法(FVM)描述材料(包括气体和液体)流动,对通过流体与固体界面传递相互作用的流体—结构耦合分析,采用基于混合的拉格朗日格式和纯欧拉格式的有限单元与有限体积技术,完成全耦合的流体—结构相互作用模拟。MSC. DYTRAN 用有限体积法跟踪物质的流动的流体功能,有效解决了大变形和极度大变形问题,如:爆炸分析、高速侵彻。

但 MSC. DYTRAN 本身是一个混合物,在继承了 LS-DYNA 3D 与 PISCES 的优点同时,也继承了其不足。首先,材料模型不丰富,对于岩土类处理尤其差,虽然提供了用户材料模型接口,但由于程序本身的缺陷,难于将反映材料特性的模型加上去;其次,没有二维计算功能,轴对称问题也只能按三维问题处理,使计算量大幅度增加;在处理冲击问题的接触算法上远不如当前版的 LS-DYNA 3D 全面。

1.4.7　有限元软件比较

为更为直观地比较各有限元软件的功能和优势,表 1-1 给出了市场上著名的有限元软件的功能对比,供选用时参考。

有限元软件功能简介　　　　　　　　　　表 1-1

比较项目		ADINA	ANSYS	ASKA	NASTRAN	SAP 2000	MARC	ABAQUS	LS-DYNA	PAFSH2	PAFEC	DIAL	BERSA-FE	TITUS	JIGFKX	DDJ-W
分析功能	静态	√		√	√	√	√	√	√	√	√	√	√	√	√	√
	动态、过渡过程	√	√	√	√	√	√	√	√		√	√	√	√	√	√
	谐波响应	√	√	√	√	√	√	√	√		√	√	√	√	√	√
	屈曲	√	√						√	√						√
	屈曲后响应	√			√	√			√			√				
	断裂	√					√		√	√		√				√
	热传导	√	√		√		√	√	√					√	√	√
	子结构分析	√	√	√	√	√			√			√		√	√	
单元类型	杆单元	√	√	√	√	√	√	√	√	√	√	√	√	√	√	√
	梁单元	√	√	√	√	√	√	√	√	√	√	√	√	√	√	√
	平面单元	√	√	√	√	√	√	√	√	√	√	√	√	√	√	√
	实体单元	√	√	√	√	√	√	√	√	√	√	√	√	√	√	√
	轴对称单元	√	√	√	√	√	√	√	√	√	√	√	√	√	√	√
	板壳单元	√	√	√	√	√	√	√	√	√	√	√	√	√	√	√
	边界元					√		√			√					
	流体元	√				×	√		√							
材料特性	线弹性	√	√	√	√	√	√	√	√	√	√	√	√	√	√	√
	几何非线性	√	√	√	√	√	√	√	√		√	√	√	√	√	√
	材料非线性	√	√	√	√	√	√	√	√		√	√	√	√	√	√
	黏弹性	√	√	√	√		√	√	√			√	√		√	√
	大变形					√	√	√					√	√		
前后处理	网格自动生成	√	√	√	√	√	√	√	√		√	√	√	√	√	√
	节点自动编号	√	√	√	√	√	√	√	√		√	√	√	√	√	√
	图形显示	√	√	√	√	√	√	√	√		√	√	√	√	√	√

本章参考文献

［1］ Turbinesv. 有限元法起源的回顾——Ray William Clough（ECCM99 上的演讲）［N/OL］. http：//blog. sina. com. cn/s/blog_4af9e17b010136h2. html.

［2］ Turner M Jone, Clough Ray William, Martin H C, Topp L J. Stiffness and deflection analysis of complex structures［J］. Journal of Aerosol Science, 1956, 23：805-823.

［3］ Argysis J. Energy theorems and structural analysis. London：Butterworth；1954.

［4］ Ray William Clough. The finite element method in plane stress analysis［C］. Proceeding ASCE Conference Electronics Computation, Pittsburg, PA, 1960.

［5］ Ray William Clough, Edward. L Wilson. Stress analysis of a gravity dam by the finite element method［C］. Proceeding Symposium on the Use of Computers in Civil Engineering, Lisbon, Portugal, 1962.

［6］ Ray William Clough. The finite element after 25 years-a personal view［C］. International Conference on Applications of the Finite Element Method. Veritas Center, Hovik, Norway：Computas：1979.

［7］ Ray William Clough. Original formulation of the finite element method［J］. Finite Elements in Analysis and Design, 1990, 7：89-101.

杆系结构有限单元法

2.1 杆件受力变形

杆件在外力作用下,形状和尺寸会发生变化。杆件变形有各种形式,但其基本形式有以下四种。

(1)拉伸或压缩:这类变形是由大小相等方向相反、力的作用线与杆件轴线重合的一对力引起的,在变形上表现为杆件长度的伸长或缩短。截面上的内力称为轴力,横截面上的应力分布为沿着轴线反向的正应力,整个截面应力近似相等。

(2)剪切:这类变形是由大小相等、方向相反、力的作用线相互平行的力引起的,在变形上表现为受剪杆件的两部分沿外力作用方向发生相对错动。截面上的内力称为剪力,横截面上的应力分布为沿着杆件截面平面内的切应力,整个截面应力近似相等。

(3)扭转:这类变形是由大小相等、方向相反、作用面都垂直于杆轴的两个力偶引起的,表现为杆件上的任意两个截面发生绕轴线的相对转动。截面上的内力称为扭矩,横截面上的应力分布为沿着杆件截面平面内的切应力,越靠近截面边缘,应力越大。

(4)弯曲:这类变形由垂直于杆件轴线的横向力,或由包含杆件轴线在内的纵向平面内的一对大小相等、方向相反的力偶引起,表现为杆件轴线由直线变成曲线。截面上的内力称为弯矩和剪力,在垂直于轴线的横截面上,弯矩产生垂直于截面的正应力,剪力产生平行于截面的切应力。另外,受弯构件的内力有可能只有弯矩,没有剪力,这时称之为纯弯构件。越靠近构件截面边缘,弯矩产生的正应力越大。

2.1.1 桁架变形特性

理想桁架有 3 点基本假定:各节点都是光滑的理想铰,各杆轴线都是直线且通过节点铰的中心,荷载和支座反力都作用在节点上且通过铰的中心[1],如图 2-1 所示。理想桁架是各直杆在两端用理想铰相连接而组成的几何不变体系(格构式结构、链杆体系)。理想桁架各杆其内力只有轴力(拉力或压力)而无弯矩和剪力,按理想桁架算出的内力(或应力),称为主内力(或主应力);由于不符合理想情况而产生的附加内力(或应力),称为次内力(或次应力)。大量的工程实践表明,一般情况下桁架中的主应力占总的应力的 80% 以上,所以桁架的内力主要是轴力。

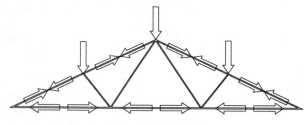

图 2-1　桁架受力特点

静定平面桁架的分类方式有很多:

(1)按桁架的几何组成方式分可分为简单桁架、联合桁架、复杂桁架。简单桁架是从一个基本铰接三角形或地基上,依次增加二元体而组成的桁架。联合桁架是由几个简单桁架按照两刚片或三刚片组成几何不变体系的规则构成的桁架。复杂桁架不是按上述两种方式组成的其他桁架。

(2)按桁架的外形分为平行弦桁架、三角形桁架、折弦桁架、梯形桁架。

(3)按支座反力的性质分梁式桁架、拱式桁架。

2.1.2　欧拉-伯努利梁变形特性

欧拉-伯努利梁有两点假设:梁在变形前垂直于梁轴线的横截面,变形后仍然为平面(平截面假定);横截面变形后的平面仍与变形后的轴线相互垂直,也就是说欧拉梁忽略了剪切变形和转动惯量,认为初始垂直于中性轴的截平面在变形时仍保持为平面且垂直于中性轴(Kirchhoff 假设),即认为截面的转动等于挠度曲线切线的斜率[2]。这两点假设只有在梁的高度远小于跨度情况下才成立。

横向荷载作用下梁横截面上除弯矩外尚有剪力,但工程上常用的梁其跨长往往大于横截面高度的 10 倍,此时剪力对梁的变形的影响可略去不计,等截面欧拉梁在线弹性范围内中性层的曲率 k 可表示为:

$$k(x) = \frac{1}{\rho(x)} = \frac{M(x)}{EI} \tag{2-1}$$

式中:ρ——中性层曲率半径;

　　　M——截面弯矩;

　　　E——弹性模量;

　　　I——截面惯性矩。

根据变形几何,梁体挠曲线的曲率可表示为:

$$\frac{1}{\rho(x)} = \pm \frac{\omega''}{(1 + \omega'^2)^{3/2}} \tag{2-2}$$

当设定 x 轴向右为正、y 轴向下为正时,曲线凸向上时曲率 k 为正,凸向下时曲率 k 为负。而按弯矩的正负号规定,梁弯曲后凸向下时为正,凸向上时为负,如图 2-2 所示。

于是,将式(2-2)代入式(2-1)得:

$$\frac{\omega''}{(1 + \omega'^2)^{3/2}} = -\frac{M(x)}{EI} \tag{2-3}$$

由于梁的挠曲线为一平坦的曲线,上式中的 ω'' 与 1 相比可略去,故上式可近似地写成:

$$\omega'' = -\frac{M(x)}{EI} \tag{2-4}$$

式(2-4)由于略去了剪力的影响,并在$(1+\omega'')^{3/2}$中略去了ω''项,故称为梁的挠曲线近似微分方程。

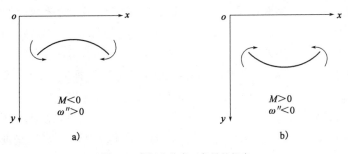

图 2-2　弯矩和曲率正负号的规定

2.1.3　铁木辛柯梁变形特性

铁木辛柯梁是 20 世纪早期由美籍俄裔科学家与工程师斯蒂芬·铁木辛柯提出并发展的力学模型,简单来说就是要考虑剪切变形的梁。对于剪切变形起重要作用的深梁,梁内的横向剪切力所产生的剪切变形将引起梁的附加挠度,使原来垂直于中面的截面变形后不再和中面垂直。如果梁材料的剪切模量接近无穷,即此时梁为剪切刚体,并且忽略转动惯性,则铁木辛柯梁理论趋同于一般梁理论。

铁木辛柯梁理论主要包括:

(1)梁在变形前垂直于梁轴线的横截面,变形后仍然为平面(平截面假定)。

(2)由于欧拉-伯努利梁忽略了梁的剪切变形,对于有效长度较短、复合材料梁或跨高比小于 1:2 的深梁,忽略剪切变形是不妥的,必须考虑剪切变形与转动惯量[4]。

铁木辛柯梁和欧拉梁的区别在于:欧拉梁是弯曲梁,线弹性理论的简化,只考虑横向弯曲,可以看作是铁木辛柯梁的特例;铁木辛柯梁考虑剪切和转动效应,可以处理"短梁""深梁"。

2.1.4　薄壁梁变形特性

薄壁梁是由薄板、薄壳及细长杆件组成的梁,它的截面最大尺寸远小于纵向尺寸,有的还在横向有坚硬的框架(如飞机机身的隔框和机翼的翼肋),以保证受力后横截面在自身平面内不产生大变形。由于薄壁梁中的材料被置于较能发挥承力作用的位置,所以在保证同样强度和刚度的前提下,它比实心梁轻得多,因此,在飞行器和大型桥梁等结构中得到了广泛的应用。

薄壁梁根据其截面几何形状的不同,可分为三种类型:截面中线为开曲线的,称为开截面薄壁梁(图 2-3a);截面中线为单连闭曲线的,称为单闭截面薄壁梁(图 2-3b);截面中线为多连闭曲线的,称为多闭截面薄壁梁(图 2-3c)。

在外力和外力矩作用下,薄壁梁一般既产生弯曲变形,又产生扭转变形。如果薄壁梁在弯曲时,正应变的分布满足平截面假设,则弯曲称为自由弯曲,反之称为约束弯曲;如果薄壁梁在扭转时截面符合平截面假定,则扭转称为自由扭转,反之称为约束扭转[5]。

自由弯曲的弯曲正应力和开口截面的弯曲剪应力均可以基于欧拉-伯努利梁理论计算得到,闭口截面的弯曲剪应力在截面内是超静定的,需要利用力法并考虑截面剪切变形的位移协调条件联立方程组求解。尤其应该注意的是宽翼缘的薄壁截面的翼缘板中会出现弯曲正应力分布不均匀的现象(剪力滞现象),且水平翼缘板内也存在水平剪应力,这些情况不容忽视[6]。约束弯曲主要有以下几种情况:①在加载区附近正应变分布随加载方式的不同而变化,因而正应变分布一般不满足平截面假设。②在截面几何形状突变处的两侧,正应变要通过一定区域才能由一种平面分布状态变为另一种平面分布状态。在截面形状的过渡区域内,平截面假设失效。③在薄壁梁的支撑端,支持部分限制了梁内剪应力所引起的纵向位移,即限制了梁的自由扭翘,因而梁中产生一组附加正应变。叠加上这一部分正应变后,平截面假设便得不到满足。总的来说,限制弯曲的内力可以看成在自由弯曲的内力上再叠加一个自身平衡力系,这个力系的合力和合力矩都等于零。根据圣维南原理,该力系在梁中引起的内力随距力系作用区距离的增大而迅速衰减。所以,约束弯曲只是薄壁梁中的局部情况。

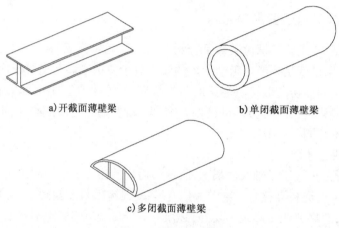

a) 开截面薄壁梁   b) 单闭截面薄壁梁

c) 多闭截面薄壁梁

图 2-3   薄壁梁的种类

薄壁梁自由扭转下剪应力或剪力流分布及其计算方法也随截面性质的不同而不同:①开截面薄壁梁在自由扭转下,窄矩形截面梁中剪应力 τ 的方向大体与长边方向平行且沿壁厚线性变化(图 2-4),其抗扭能力可近似地看成各矩形截面的抗扭能力之和,即扭转常数为各矩形截面的扭转常数之和。②闭口薄壁梁的扭转剪应力与截面周线平行且沿截面壁厚均匀分布,截面抗扭刚度与其中心线围成的面积成正比(图 2-5)。

如图 2-6 所示薄壁梁自由端作用扭矩 T 后,梁的上、下凸缘将产生剪力,剪力又引起上、下凸缘的弯矩,其值由端部向根部逐渐增大,这种上、下凸缘中成对出现的弯矩称为双弯矩,双弯矩将导致上、下凸缘中产生由凸缘弯矩引起的正应力。

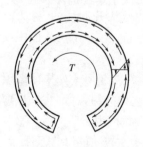

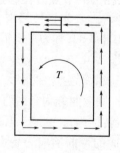

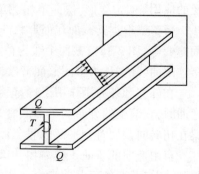

图 2-4   开口截面梁的自由扭转   图 2-5   闭口截面梁的自由扭转   图 2-6   工字梁的约束扭转

2.2 单 元 分 析

杆系结构的单元分析是将结构离散为若干个杆件单元后,通过研究其典型单元的力学特性,在单元坐标体系中建立单元杆端力与杆端位移之间的关系式,从而得到具有重要意义的单元坐标体系下的单元刚度矩阵的过程。

2.2.1 单元坐标系

单元坐标系的建立在分析模型中有极其重要的作用。它便于在计算过程中建立某一单元在单元坐标体系中的单元刚度矩阵,确定单元材料特性、截面的几何特性的方向与单元杆端位移和杆端力,以及便于单元荷载的输入和内力的输出。

单元坐标系又称局部坐标系,建立在每个离散单元之上,便于用相同的方法对每一个单元进行分析。单元坐标系规定如下:假设某一杆件单元在整个结构中编号为 e,它联系着 i、j 两个节点,以 i 为原点,沿着该单元的轴线指向 j 端的方向为该单元坐标系的 $\bar{x}$ 轴的正方向;再由 $\bar{x}$ 轴的正方向逆时针旋转 90° 为 $\bar{y}$ 轴的正方向;$\bar{z}$ 轴过原点垂直于 $\bar{x}-\bar{y}$ 所构成的平面,其方向满足右手定则,如图 2-7 所示。

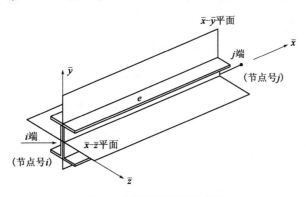

图 2-7　空间梁单元局部坐标系

2.2.2 梁单元形函数

梁单元形函数是利用梁单元节点变形描述梁单元内部变形的插值函数。它描述的是给定单元的一种假定变形,保证了相邻单元在公共节点处位移连续,反映了单元的刚体位移,也提供出了一种描述单元内部结果的方法。单元形函数与真实工作特性吻合程度的好坏直接关系到求解的精度。形函数一个复杂的函数,可以在待求解问题域的"全域"内通过正交函数基的组合描述结构变形,也可以在求解问题子域内使用分段函数描述结构变形。

现以平面二维欧拉梁(图 2-8)为例推导梁单元形函数,二维欧拉梁的节点自由度包括两个平动自由度 $\bar{u}$、$\bar{v}$ 和一个转动自由度 $\bar{\theta}$,所谓的形函数分析即是利用节点位移向量 $\boldsymbol{\delta}^e = \{\bar{u}_i \quad \bar{v}_i \quad \bar{\theta}_i \quad \bar{u}_j \quad \bar{v}_j \quad \bar{\theta}_j\}^{\mathrm{T}}$ 表达单元内部任意点的位移 $\boldsymbol{\delta}(\bar{x})$。为简化表达可以通过考察梁体的变形特征,采用工程宏观特征量来进行问题的描述。欧拉梁的变形主要为沿梁轴线的伸缩变形和垂直于梁轴线的挠曲变形,且变形前后梁截面保持平面。因此,在已知梁轴线的伸缩变形和挠曲变形后,即可实现梁单元位移场的准确描述。

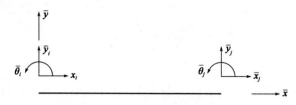

图 2-8 梁单元坐标系下的节点位移

梁轴线伸缩变形的形函数与杆单元类似,单元坐标系下的梁轴线上任意点的位移可以使用插值函数(形函数)$\bar{u}(\bar{x})$表示:

$$\bar{u}(\bar{x}) = \left[\begin{array}{cc} 1 - \dfrac{\bar{x}}{l} & \dfrac{\bar{x}}{l} \end{array}\right] \left[\begin{array}{c} \bar{u}_i \\ \bar{u}_j \end{array}\right] \tag{2-5}$$

对于仅承受端弯矩跨间无外载的欧拉梁而言,梁体任意一点挠度的3阶导数为一常量(梁内剪力$Q(\bar{x})$为一定值):

$$\frac{\mathrm{d}^3 \bar{v}}{\mathrm{d}\bar{x}^3} = \frac{Q(\bar{x})}{EI} = \mathrm{const} \tag{2-6}$$

因此,对于仅承受端弯矩跨间无外载的欧拉梁而言,梁体中心轴的挠曲变形$\bar{v}(\bar{x})$可以使用3次幂函数精确表达:

$$\bar{v}(\bar{x}) = a_0 + a_1\bar{x} + a_2\bar{x}^2 + a_3\bar{x}^3 \tag{2-7}$$

式中:a_0、a_1、a_2、a_3——待定系数,根据节点i、j处的位移边界条件:

$\bar{x} = 0$处, $\qquad \bar{v}(\bar{x},0) = \bar{v}_i, \quad \bar{v}'(\bar{x},0) = \bar{\theta}_i \tag{2-8}$

$\bar{x} = l$处, $\qquad \bar{v}(\bar{x},0) = \bar{v}_j, \quad \bar{v}'(\bar{x},0) = \bar{\theta}_j \tag{2-9}$

于是方便地求解得到:

$$\begin{cases} a_0 = \bar{v}_i \\[2mm] a_1 = \bar{\theta}_i \\[2mm] a_2 = -\dfrac{3}{l^2}\bar{v}_i - \dfrac{2}{l}\bar{\theta}_i + \dfrac{3}{l^2}\bar{v}_j - \dfrac{1}{l}\bar{\theta}_j \\[2mm] a_3 = \dfrac{2}{l^3}\bar{v}_i + \dfrac{1}{l^2}\bar{\theta}_i - \dfrac{2}{l^3}\bar{v}_j + \dfrac{1}{l^2}\bar{\theta}_j \end{cases} \tag{2-10}$$

将式(2-10)代入式(2-7)得:

$$\bar{v}(\bar{x}) = \bar{v}_i + \theta_i\bar{x} + \left(-\frac{3}{l^2}\bar{v}_i - \frac{2}{l}\bar{\theta}_i + \frac{3}{l^2}\bar{v}_j - \frac{1}{l}\bar{\theta}_j\right)\bar{x}^2 + \left(\frac{2}{l^3}\bar{v}_i + \frac{1}{l^2}\bar{\theta}_i - \frac{2}{l^3}\bar{v}_j + \frac{1}{l^2}\bar{\theta}_j\right)\bar{x}^3$$

$$= \left[\begin{array}{cccc} 1 - \dfrac{3\bar{x}^2}{l^2} + \dfrac{2\bar{x}^3}{l^3} & \bar{x} - \dfrac{2\bar{x}^2}{l} + \dfrac{\bar{x}^3}{l^2} & \dfrac{3\bar{x}^2}{l^2} - \dfrac{2\bar{x}^3}{l^3} & -\dfrac{\bar{x}^2}{l} + \dfrac{\bar{x}^3}{l^2} \end{array}\right] \left\{\begin{array}{c} \bar{v}_i \\ \bar{\theta}_i \\ \bar{v}_j \\ \bar{\theta}_j \end{array}\right\} \tag{2-11}$$

利用转角 $\bar{\theta}$ 和挠度 $\bar{v}$ 的几何关系,即可方便地得到梁轴线上任意点的转角变形:

$$\bar{\theta}(\bar{x}) = \bar{\theta}_i + 2\left(-\frac{3}{l^2}\bar{v}_i - \frac{2}{l}\bar{\theta}_i + \frac{3}{l^2}\bar{v}_i - \frac{1}{l}\bar{\theta}_j\right)\bar{x} + 3\left(\frac{2}{l^3}\bar{v}_i + \frac{1}{l^2}\bar{\theta}_i - \frac{2}{l^3}\bar{v}_j + \frac{1}{l^2}\bar{\theta}_j\right)\bar{x}^2$$

$$= \left[-\frac{6\bar{x}}{l^2} + \frac{6\bar{x}^2}{l^3} \quad 1 - \frac{4\bar{x}}{l} + \frac{3\bar{x}^2}{l^2} \quad \frac{6\bar{x}}{l^2} - \frac{6\bar{x}^2}{l^3} \quad -\frac{2\bar{x}}{l} + \frac{3\bar{x}^2}{l^2}\right]\begin{Bmatrix} \bar{v}_i \\ \bar{\theta}_i \\ \bar{v}_j \\ \bar{\theta}_j \end{Bmatrix} \tag{2-12}$$

综合式(2-5)、式(2-11)和式(2-12)三式,即可得到使用梁端节点位移表示的梁轴线任意点位移:

$$\begin{Bmatrix} \bar{u}(\bar{x}) \\ \bar{v}(\bar{x}) \\ \bar{\theta}(\bar{x}) \end{Bmatrix} = \begin{bmatrix} 1 - \dfrac{\bar{x}}{l} & 0 & 0 & \dfrac{\bar{x}}{l} & 0 & 0 \\ 0 & 1 - \dfrac{3\bar{x}^2}{l^2} + \dfrac{2\bar{x}^3}{l^3} & x - \dfrac{2\bar{x}^2}{l} + \dfrac{\bar{x}^3}{l^2} & 0 & \dfrac{3\bar{x}^2}{l^2} - \dfrac{2\bar{x}^3}{l^3} & -\dfrac{\bar{x}^2}{l} + \dfrac{\bar{x}^3}{l^2} \\ 0 & -\dfrac{6\bar{x}}{l^2} + \dfrac{6\bar{x}^2}{l^3} & 1 - \dfrac{4\bar{x}}{l} + \dfrac{3\bar{x}^2}{l^2} & 0 & \dfrac{6\bar{x}}{l^2} - \dfrac{6\bar{x}^2}{l^3} & -\dfrac{2\bar{x}}{l} + \dfrac{3\bar{x}^2}{l^2} \end{bmatrix}\begin{Bmatrix} \bar{u}_i \\ \bar{v}_i \\ \bar{\theta}_i \\ \bar{u}_j \\ \bar{v}_j \\ \bar{\theta}_j \end{Bmatrix}$$

$$= N(\bar{x})\,\bar{\boldsymbol{\delta}}^{\mathrm{e}} \tag{2-13}$$

式中矩阵 $N(\bar{x})$ 称为欧拉梁单元的形函数矩阵。

根据欧拉梁的几何方程,可以得到欧拉梁单元的应变场和应力场:

$$\bar{\varepsilon}_x(\bar{x},\hat{y}) = \frac{\mathrm{d}\bar{u}}{\mathrm{d}\bar{x}} - \hat{y}\frac{\mathrm{d}^2\bar{v}}{\mathrm{d}\bar{x}^2}$$

$$= -\hat{y}\left[\frac{1}{\hat{y}l} \quad -\frac{6}{l^2} + \frac{12\bar{x}}{l^3} \quad -\frac{4}{l} + \frac{6\bar{x}}{l^2} \quad -\frac{1}{\hat{y}l} \quad \frac{6}{l^2} - \frac{12\bar{x}}{l^3} \quad -\frac{2}{l} + \frac{6\bar{x}}{l^2}\right]\bar{\boldsymbol{\delta}}^{\mathrm{e}}$$

$$= \left[B_1 \quad -\hat{y}B_2 \quad -\hat{y}B_3 \quad B_4 \quad -\hat{y}B_5 \quad -\hat{y}B_6\right]\bar{\boldsymbol{\delta}}^{\mathrm{e}}$$

$$= B(\bar{x})\,\bar{\boldsymbol{\delta}}^{\mathrm{e}} \tag{2-14}$$

$$\bar{\sigma}_x(\bar{x},\hat{y}) = E\bar{\varepsilon}_x(\bar{x},\hat{y}) = EB(\bar{x})\,\bar{\boldsymbol{\delta}}^{\mathrm{e}} = D(\bar{x})\,\bar{\boldsymbol{\delta}}^{\mathrm{e}} \tag{2-15}$$

式中: $\hat{y}$——以中性层为起点的 y 方向的坐标;

矩阵 $B(\bar{x})$——欧拉梁单元的应变矩阵;

矩阵 $D(\bar{x})$——欧拉梁单元的应力矩阵;

E——材料弹性模量。

2.2.3　单元刚度矩阵

单元刚度矩阵的推导是单元分析的重要环节,可以利用平衡状态下弹性体的虚功原理、最小势能原理进行推导,弹性体的虚功原理可表述为:在外力作用下处于平衡状态的变形体,当给物体以微小虚位移时,外力所做的总虚功 δW 等于物体的总虚应变能 δU(即应力在由虚位移所产生虚应变上所做的功)。

如图 2-8 所示,单元节点发生虚位移 $\{\bar{\boldsymbol{\delta}}^{\mathrm{e}*}\} = \{\bar{u}_i^* \quad \bar{v}_i^* \quad \bar{\theta}_i^* \quad \bar{u}_j^* \quad \bar{v}_j^* \quad \theta_j^*\}^{\mathrm{T}}$ 时,节点力 $\{\bar{F}^{\mathrm{e}}\} = \{\bar{N}_i \quad \bar{Q}_i \quad \bar{M}_i \quad \bar{N}_j \quad \bar{Q}_j \quad \bar{M}_j\}^{\mathrm{T}}$ 在虚位移 $\bar{\boldsymbol{\delta}}^{\mathrm{e}*}$ 上的虚功为:

$$\delta W = \bar{\boldsymbol{\delta}}^{\mathrm{e}*\mathrm{T}}\bar{F}^{\mathrm{e}} = \bar{N}_i\bar{u}_i^* + \bar{Q}_i\bar{v}_i^* + \bar{M}_i\bar{\theta}_i^* + \bar{N}_j\bar{u}_j^* + \bar{Q}_j\bar{v}_j^* + \bar{M}_j\bar{\theta}_j^* \tag{2-16}$$

在发生虚位移 $\bar{\boldsymbol{\delta}}^{e*}$ 的同时还会引起虚应变 $\{\bar{\boldsymbol{\varepsilon}}^*\} = \{\begin{array}{cccccc} \bar{\varepsilon}_x^* & \bar{\varepsilon}_y^* & \bar{\varepsilon}_z^* & \bar{\gamma}_{xy}^* & \bar{\gamma}_{yx}^* & \bar{\gamma}_{zx}^* \end{array}\}^T$，因此，在弹性体内应力 $\{\bar{\boldsymbol{\sigma}}\} = \{\begin{array}{cccccc} \bar{\sigma}_x & \bar{\sigma}_y & \bar{\sigma}_z & \bar{\tau}_{xy} & \bar{\tau}_{yz} & \bar{\tau}_{zx} \end{array}\}^T$ 在虚应变上做的总虚功为：

$$\delta U = \int_V \bar{\boldsymbol{\varepsilon}}^{*T} \bar{\boldsymbol{\sigma}} \mathrm{d}v = \int_v (\bar{\sigma}_x \bar{\varepsilon}_x^* + \bar{\sigma}_y \bar{\varepsilon}_y^* + \bar{\sigma}_z \bar{\varepsilon}_z^* + \bar{\tau}_{xy} \bar{\gamma}_{xy}^* + \bar{\tau}_{yz} \bar{\gamma}_{yz}^* + \bar{\tau}_{zx} \bar{\gamma}_{zx}^*) \mathrm{d}v \quad (2\text{-}17)$$

根据虚功原理：

$$\bar{\boldsymbol{\delta}}^{e*T} \bar{\boldsymbol{F}}^e = \int_V \bar{\boldsymbol{\varepsilon}}^{*T} \bar{\boldsymbol{\sigma}} \mathrm{d}v$$

$$= \bar{\boldsymbol{\delta}}^{e*T} \int_V \boldsymbol{B}(\bar{x})^T E B(\bar{x}) \mathrm{d}v \, \bar{\boldsymbol{\delta}}^e$$

$$= \bar{\boldsymbol{\delta}}^{e*T} \bar{k}^e \bar{\boldsymbol{\delta}}^e \quad (2\text{-}18)$$

式中：$\bar{k}^e$——梁单元在单元坐标系下的单元刚度矩阵，对于等截面的梁单元：

$$\bar{k}^e = \int_V \boldsymbol{B}(\bar{x})^T E B(\bar{x}) \mathrm{d}x \mathrm{d}y \mathrm{d}z = \iint_{l\,A} \begin{bmatrix} B_1 \\ -\hat{y}B_2 \\ -\hat{y}B_3 \\ B_4 \\ -\hat{y}B_5 \\ -\hat{y}B_6 \end{bmatrix} E \begin{bmatrix} B_1 & -\hat{y}B_2 & -\hat{y}B_3 & B_4 & -\hat{y}B_5 & -\hat{y}B_6 \end{bmatrix} \mathrm{d}A \mathrm{d}x$$

$$= E \iint_{l\,A} \begin{bmatrix} B_1^2 & -\hat{y}B_1B_2 & -\hat{y}B_1B_3 & B_1B_4 & -\hat{y}B_1B_5 & -\hat{y}B_1B_6 \\ -\hat{y}B_2B_1 & \hat{y}^2B_2^2 & \hat{y}^2B_2B_3 & -\hat{y}B_2B_4 & \hat{y}^2B_2B_5 & \hat{y}^2B_2B_6 \\ -\hat{y}B_3B_1 & \hat{y}^2B_3B_2 & \hat{y}^2B_3^2 & -\hat{y}B_3B_4 & \hat{y}^2B_3B_5 & \hat{y}^2B_3B_6 \\ B_4B_1 & -\hat{y}B_4B_2 & -\hat{y}B_4B_3 & B_4^2 & -\hat{y}B_4B_5 & -\hat{y}B_4B_6 \\ -\hat{y}B_5B_1 & \hat{y}^2B_5B_2 & \hat{y}^2B_5B_3 & -\hat{y}B_5B_4 & \hat{y}^2B_5^2 & \hat{y}^2B_5B_6 \\ -\hat{y}B_6B_1 & \hat{y}^2B_6B_2 & \hat{y}^2B_6B_3 & -\hat{y}B_6B_4 & \hat{y}^2B_6B_5 & \hat{y}^2B_6^2 \end{bmatrix} \mathrm{d}A \mathrm{d}x$$

$$= E \int_l \begin{bmatrix} B_1^2 & -S_zB_1B_2 & -S_zB_1B_3 & B_1B_4 & -S_zB_1B_5 & -S_zB_1B_6 \\ -S_zB_2B_1 & I_zB_2^2 & I_zB_2B_3 & -S_zB_2B_4 & I_zB_2B_5 & I_zB_2B_6 \\ -S_zB_3B_1 & I_zB_3B_2 & I_zB_3^2 & -S_zB_3B_4 & I_zB_3B_5 & I_zB_3B_6 \\ B_4B_1 & -S_zB_4B_2 & -S_zB_4B_3 & B_4^2 & -S_zB_4B_5 & -S_zB_4B_6 \\ -S_zB_5B_1 & I_zB_5B_2 & I_zB_5B_3 & -\hat{y}B_5B_4 & I_zB_5^2 & I_zB_5B_6 \\ -S_zB_6B_1 & I_zB_6B_2 & I_zB_6B_3 & -\hat{y}B_6B_4 & I_zB_6B_5 & I_zB_6^2 \end{bmatrix} \mathrm{d}x \quad (2\text{-}19)$$

式中：$I_z = \int_A y^2 \mathrm{d}A$——截面对 z 轴的惯性矩；

$S_z = \int_A -\hat{y}\mathrm{d}A$ 表示截面对 z 轴的静矩，当单元局部坐标系与截面形心主轴重合时，$S_z = 0$，此时等截面直杆的单元刚度矩阵为：

$$
\bar{\boldsymbol{k}}^{\mathrm{e}} = \begin{bmatrix}
\dfrac{EA}{l} & 0 & 0 & -\dfrac{EA}{l} & 0 & 0 \\[2mm]
0 & \dfrac{12EI}{l^3} & \dfrac{6EI}{l^2} & 0 & -\dfrac{12EI}{l^3} & \dfrac{6EI}{l^2} \\[2mm]
0 & \dfrac{6EI}{l^2} & \dfrac{4EI}{l} & 0 & -\dfrac{6EI}{l^2} & \dfrac{2EI}{l} \\[2mm]
-\dfrac{EA}{l} & 0 & 0 & \dfrac{EA}{l} & 0 & 0 \\[2mm]
0 & -\dfrac{12EI}{l^3} & -\dfrac{6EI}{l^2} & 0 & \dfrac{12EI}{l^3} & -\dfrac{6EI}{l^2} \\[2mm]
0 & \dfrac{6EI}{l^2} & \dfrac{2EI}{l} & 0 & -\dfrac{6EI}{l^2} & \dfrac{4EI}{l}
\end{bmatrix}
\qquad (2\text{-}20)
$$

2.2.4　等效节点荷载

由于荷载作用的特殊性和局部性,结构中所有单元不可能均承受相同类型且等值的荷载,这也就意味着考虑节间荷载后梁单元失去了"一般性",不符合单元分析的目的和基本要求,因此,必须将作用于单元内部的节间荷载等效为作用于节点上的集中荷载。另外,只有当梁单元内不存在任何形式的节间荷载时,梁单元的变形才符合三次幂函数,当梁单元内部存在节间荷载时,三次幂函数的形函数不再能准确描述单元的变形,从这个角度上考虑也需要将单元内的节间荷载等效为节点荷载。

所谓的等效节点荷载是指变换后的节点荷载在原结构上产生的节点位移与非节点荷载所产生的位移相同,可以根据虚功原理实现求解。现以如图 2-9 所示的节间集中荷载为例阐述梁单元等效节点荷载的推导过程:

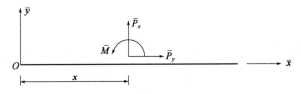

图 2-9　梁单元内集中力

设集中荷载 $\bar{P}_x$ 和 $\bar{P}_y$ 分别表示单元坐标系下作用于节点连线上 x 处沿 $\bar{x}$ 轴和 $\bar{y}$ 轴的集中力,$\bar{M}$ 表示作用于节点连线上 $\bar{x}$ 处的集中力偶,则集中荷载在虚位移 $\bar{\boldsymbol{\delta}}^*(\bar{x}) = \{\bar{u}^*(\bar{x})$ $\bar{v}^*(\bar{x})$ $\bar{\theta}^*(\bar{x})\}^{\mathrm{T}}$ 上做的虚功 W 为:

$$
W = \bar{u}^*(\bar{x})\bar{P}_x + \bar{v}^*(\bar{x})\bar{P}_y + \bar{\theta}^*(\bar{x})\bar{M} = \begin{bmatrix} \bar{u}^*(\bar{x}) & \bar{v}^*(\bar{x}) & \bar{\theta}^*(\bar{x}) \end{bmatrix} \begin{Bmatrix} \bar{P}_x \\ \bar{P}_y \\ \bar{M} \end{Bmatrix}
$$

$$
= \bar{\boldsymbol{\delta}}^{\mathrm{eT}} \boldsymbol{N}^{\mathrm{T}}(\bar{x}) \{\bar{P}_x \quad \bar{P}_y \quad \bar{M}\}^{\mathrm{T}} = \bar{\boldsymbol{\delta}}^{\mathrm{eT}} \bar{\boldsymbol{F}}_{\mathrm{P}}^{\mathrm{e}} \qquad (2\text{-}21)
$$

式中:$\boldsymbol{F}_{\mathrm{p}}^{\mathrm{e}} = \boldsymbol{N}^{\mathrm{T}}(\bar{x}) \{\bar{P}_x \quad \bar{P}_y \quad \bar{M}\}^{\mathrm{T}}$ 表示单元内集中荷载引起的等效节点荷载。

现在令 $\bar{x} = al$,则集中荷载 $\bar{P}_x$、$\bar{P}_y$ 和 $\bar{M}$ 三种荷载单独作用下的等效节点荷载为:

$\overline{P}_x$ 的等效节点荷载：

$$\{\overline{\pmb{F}}_{P_x}^{e}\} = \begin{bmatrix} \overline{P}_x(1-a) & 0 & 0 & \overline{P}_x a & 0 & 0 \end{bmatrix}^{T} \tag{2-22}$$

$\overline{P}_y$ 的等效节点荷载：

$$\{\overline{\pmb{F}}_{P_y}^{e}\} = \begin{bmatrix} 0 & P_y(1-3a^2+2a^3) & P_y la(1-a)^2 & 0 & P_x(3a^2-2a^3) & P_y la^2(1-a) \end{bmatrix}^{T} \tag{2-23}$$

$\overline{M}$ 等效节点荷载：

$$\{\overline{\pmb{F}}_{M}^{e}\} = \begin{bmatrix} 0 & \dfrac{6M(a^2-a)}{l} & M(3a^2-4a+1) & 0 & -\dfrac{6M(a^2-a)}{l} & M(3a^2-2a) \end{bmatrix}^{T} \tag{2-24}$$

2.3 整 体 分 析

2.3.1 整体坐标系

在一个复杂的结构中,各个杆件的杆轴方向不尽相同,各自的局部坐标系也不尽相同, 很难统一。为了方便进行整体分析,必须选用一个统一的公共坐标系,称为整体坐标系(也 叫结构坐标系)。为了区别,用 $\bar{x}$、$\bar{y}$ 表示局部坐标系,用 X、Y 表示整体坐标系,如图 2-10 所示。

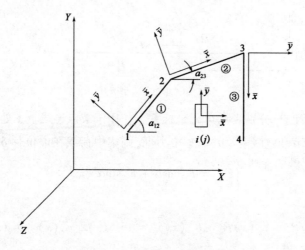

图 2-10　总体坐标系和单元坐标系

总体坐标系的作用有:

(1)输入节点坐标。所有单元的节点坐标都是基于总体坐标系建立,当采用其他坐标系 建立节点坐标时,程序会自动把这些节点转换到总体坐标系中。

(2)建立节点约束信息。包括节点与节点的连接(如主从约束、节点耦合等)、单元与单元间的连接、结构与地基间的连接,也要在总体坐标系中建立。

(3)输入节点荷载,如水平集中力、竖向集中力、力偶等,因力的方向与总体坐标系一致或相反,可直接在总体坐标系中输入。如果在节点上作用有斜向力,可以将其分解为平行于总体坐标轴方向的水平分力和竖向分力来输入。

(4)整体方程组的建立。单元刚度矩阵和荷载列阵都是基于单元坐标系建立的,运用坐标转换矩阵将其转换到总体坐标系中,通过刚度集成建立起整体方程组,求出节点位移。

(5)节点位移的输出。

2.3.2 坐标转换矩阵

从单元分析进入整体分析时,需要将参照坐标系统一为整体坐标系,才便于建立节点平衡方程;整体分析结束后,需计算单元杆端力以求取单元内力,此时又需将参照坐标系重新设为各单元坐标系。因此,有必要建立两套坐标系的转换关系。

令总体坐标系中单元杆端力和杆端位移列阵为 $\boldsymbol{F}^e$ 和 $\boldsymbol{\Delta}^e$,表示为:

$$\boldsymbol{F}^e = \begin{bmatrix} X_i^e & Y_i^e & M_i^e & X_j^e & Y_j^e & M_j^e \end{bmatrix}^T \tag{2-25}$$

$$\boldsymbol{\Delta}^e = \begin{bmatrix} u_i^e & v_i^e & \varphi_i^e & u_j^e & v_j^e & \varphi_j^e \end{bmatrix}^T \tag{2-26}$$

式中,力和线位移以与总体坐标系正轴方向一致为正,弯矩和转角位移以逆时针方向为正。局部坐标系 $\bar{x}$ 轴与总体坐标系 x 之间的夹角用 α 表示,以从 $\bar{x}$ 轴方向顺时针转到 x 轴方向为正,如图 2-11 所示。

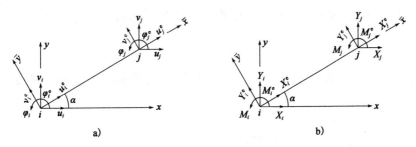

图 2-11 总体坐标系与局部坐标系转换示意

将 i 端单元坐标系中的杆端力用总体坐标系中的杆端表示,其投影关系为:

$$\begin{cases} \overline{F}_{Ni} = F_{xi}\cos\alpha + F_{yi}\sin\alpha \\[2mm] \overline{F}_{Qi} = -F_{xi}\sin\alpha + F_{yi}\cos\alpha \\[2mm] \overline{M}_i = M_i \\[2mm] \overline{F}_{Nj} = F_{xj}\cos\alpha + F_{yj}\sin\alpha \\[2mm] \overline{F}_{Qj} = -F_{xj}\sin\alpha + F_{yj}\cos\alpha \\[2mm] \overline{M}_j = M_j \end{cases} \tag{2-27}$$

写成矩阵形式：

$$\begin{Bmatrix} \bar{F}_{Ni} \\ \bar{F}_{Qi} \\ \bar{M}_i \\ \bar{F}_{Nj} \\ \bar{F}_{Qj} \\ \bar{M}_j \end{Bmatrix}^{(e)} = \begin{bmatrix} \cos\alpha & \sin\alpha & 0 & 0 & 0 & 0 \\ -\sin\alpha & \cos\alpha & 0 & 0 & 0 & 0 \\ 0 & 0 & 1 & 0 & 0 & 0 \\ 0 & 0 & 0 & \cos\alpha & \sin\alpha & 0 \\ 0 & 0 & 0 & -\sin\alpha & \cos\alpha & 0 \\ 0 & 0 & 0 & 0 & 0 & 1 \end{bmatrix} \begin{Bmatrix} F_{Ni} \\ F_{Qi} \\ M_i \\ F_{Nj} \\ F_{Qj} \\ M_j \end{Bmatrix}^{(e)} \tag{2-28}$$

或简写为：

$$\bar{F}^e = TF^e \tag{2-29}$$

其中

$$T = \begin{bmatrix} \cos\alpha & \sin\alpha & 0 & 0 & 0 & 0 \\ -\sin\alpha & \cos\alpha & 0 & 0 & 0 & 0 \\ 0 & 0 & 1 & 0 & 0 & 0 \\ 0 & 0 & 0 & \cos\alpha & \sin\alpha & 0 \\ 0 & 0 & 0 & -\sin\alpha & \cos\alpha & 0 \\ 0 & 0 & 0 & 0 & 0 & 1 \end{bmatrix} \tag{2-30}$$

称为单元坐标转换矩阵。它是一个正交矩阵，即有：

$$T^{-1} = T^{T} \tag{2-31}$$

如需将单元坐标系下的杆端力向量 $\bar{F}^e$ 转换为整体坐标系下的杆端力 F^e，则可使用下式：

$$F^e = T^{-1}\bar{F}^e = T^{T}\bar{F}^e \tag{2-32}$$

上述转换关系也同样适用于杆端位移 $\bar{\delta}^e$ 和 δ 之间的转换，即有：

$$\bar{\delta}^e = T\delta^e \tag{2-33}$$

$$\delta^e = T^{T}\bar{\delta}^e \tag{2-34}$$

类比单元坐标系中的单元刚度方程 $\bar{F}^e = \bar{K}^e\bar{\delta}^e$，整体坐标系中的单元刚度方程可以表示为：

$$F^e = K^e\delta^e \tag{2-35}$$

式中：K^e——整体坐标系中的单元刚度矩阵。

为获得 K^e，可在方程 $\bar{F}^e = \bar{K}^e\bar{\delta}^e$ 左右两边同时左乘坐标转换矩阵 T^{T}，得：

$$T^{T}\bar{F}^e = T^{T}\bar{K}^e\bar{\delta}^e = T^{T}\bar{K}^eT\delta^e = F^e \tag{2-36}$$

比对式（2-35），可得整体坐标系中的单元刚度矩阵 K^e：

$$K^e = T^{T}\bar{K}^eT \tag{2-37}$$

整体坐标系下的单元刚度矩阵 K^e 除与单元本身属性有关外，还与两坐标的夹角 α 有关。

2.3.3 整体刚度矩阵的组集

为了求得结构的所有节点位移，需要在整体坐标系中建立结构的未知节点位移与已知节点力之间的关系，即整体平衡方程：

$$K\Delta = F \tag{2-38}$$

式中：K——结构整体刚度矩阵；

$\boldsymbol{\Delta}$——节点位移未知量列阵；

$\boldsymbol{F}$——综合节点荷载列阵。

整体刚度矩阵中的元素 K_{ij} 表示第 j 个节点自由度发生单位位移而其余自由度位移均为 0 时所对应的第 i 个自由度上节点力，这与单元刚度矩阵中相应元素的物理含义相同。因此，在组集整体刚度矩阵时，只需将整体坐标系中各单元刚度矩阵的元素按照自由度编号送入整体刚度矩阵的相应位置处，并将送入同一位置的元素叠加，就可形成整体刚度矩阵。为方便整体刚度矩阵的组集，可以将每个单元中的节点自由度按顺序排列组成单元定位向量 $\{\boldsymbol{\lambda}\}^e$，用以确定单元刚度矩阵中的各元素在结构整体刚度矩阵中的位置，并以此组集整体刚度矩阵。

下面以一平面刚架为例，说明单元定位向量和整体刚度矩阵的组集过程。图 2-12 为一仅承受节点荷载的平面刚架，整体坐标系和各单元坐标系的设定如图 2-12 所示，假设刚架的各种几何、物理参数均为已知，按照单元局部坐标对节点、单元和自由度进行编号，结果如图 2-12 所示。

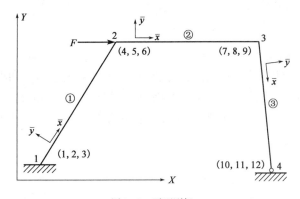

图 2-12 平面刚架

按照定位向量的定义，三个单元的定位向量分别为：

$$\lambda^{(1)}=[1\quad 2\quad 3\ \vdots\ 4\quad 5\quad 6]^{\mathrm{T}} \tag{2-39}$$

$$\lambda^{(2)}=[4\quad 5\quad 6\ \vdots\ 7\quad 8\quad 9]^{\mathrm{T}} \tag{2-40}$$

$$\lambda^{(3)}=[7\quad 8\quad 9\ \vdots\ 10\quad 11\quad 12]^{\mathrm{T}} \tag{2-41}$$

为形象说明整体刚度矩阵的组集过程，可以将三个单元的定位向量分别书写于三个单元刚度矩阵对应自由度旁边，如图 2-13 所示。

$$[\boldsymbol{k}]_1^e=\begin{array}{c|cccccc} & 1 & 2 & 3 & 4 & 5 & 6\\ \hline 1 & \times & 0 & 0 & \times & 0 & 0\\ 2 & 0 & \times & \times & 0 & \times & \times\\ 3 & 0 & \times & \times & 0 & \times & \times\\ 4 & \times & 0 & 0 & \times & 0 & 0\\ 5 & 0 & \times & \times & 0 & \times & \times\\ 6 & 0 & \times & \times & 0 & \times & \times \end{array}$$

a) ①号单元

$$[\boldsymbol{k}]_2^e=\begin{array}{c|cccccc} & 4 & 5 & 6 & 7 & 8 & 9\\ \hline 4 & \times & 0 & 0 & \times & 0 & 0\\ 5 & 0 & \times & \times & 0 & \times & \times\\ 6 & 0 & \times & \times & 0 & \times & \times\\ 7 & \times & 0 & 0 & \times & 0 & 0\\ 8 & 0 & \times & \times & 0 & \times & \times\\ 9 & 0 & \times & \times & 0 & \times & \times \end{array}$$

b) ②号单元

$$[\boldsymbol{k}]_3^e=\begin{array}{c|cccccc} & 7 & 8 & 9 & 10 & 11 & 12\\ \hline 7 & \times & 0 & 0 & \times & 0 & 0\\ 8 & 0 & \times & \times & 0 & \times & \times\\ 9 & 0 & \times & \times & 0 & \times & \times\\ 10 & \times & 0 & 0 & \times & 0 & 0\\ 11 & 0 & \times & \times & 0 & \times & \times\\ 12 & 0 & \times & \times & 0 & \times & \times \end{array}$$

c) ③号单元

图 2-13 单元刚度矩阵旁的定位向量

由于结构自由度数量为 12，整体刚度矩阵应该是一个 12×12 的方阵，利用定位向量组集整体刚度矩阵的方法如图 2-14 所示，即将每个单元的刚度矩阵按照其定位向量放入整体刚度矩阵的相应位置处，在叠加重叠区域的元素后得到整体刚度矩阵。在组集整体刚度矩阵时,①号单元和②号单元的刚度矩阵会有一部分区域发生重叠,其原因在于:①号单元和②号单元共用节点2,节点2发生变形后,既会在①号单元 j 端产生杆端力也会在②号单元 i 端产生杆端力,即节点2的刚度是①号单元和②号单元刚度的叠加。

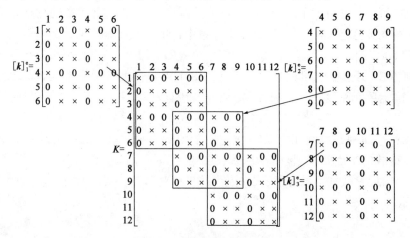

图2-14 整体刚度矩阵的组集

杆系结构各构件之间的"连接"在数学上的体现是:各构件"连接"自由度方向刚度的叠加,如果两个"相连"构件的某个自由度被释放,在形成单元定位向量和组集整体刚度矩阵时应该注意该自由度的处理,如将图2-12平面刚架的①号单元和②号单元用铰连接起来(图2-15),其自由度编号也将发生变化,各单元的定位向量也将发生改变。

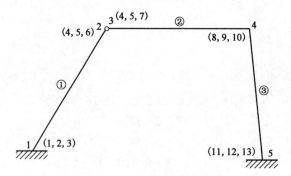

图2-15 带有铰的刚架

$$\lambda^{(1)} = \begin{bmatrix} 1 & 2 & 3 & \vdots & 4 & 5 & 6 \end{bmatrix}^{\mathrm{T}} \qquad (2\text{-}42)$$

$$\lambda^{(2)} = \begin{bmatrix} 4 & 5 & 7 & \vdots & 8 & 9 & 10 \end{bmatrix}^{\mathrm{T}} \qquad (2\text{-}43)$$

$$\lambda^{(3)} = \begin{bmatrix} 8 & 9 & 10 & \vdots & 11 & 12 & 13 \end{bmatrix}^{\mathrm{T}} \qquad (2\text{-}44)$$

2.4 结构位移和内力计算

2.4.1 边界条件处理

边界条件用来表示物理模型与它周边物体之间的相互作用关系,杆系结构的约束类型有:①固定支座;②滚轴支座;③铰支座;④定向支座;⑤铰接点;⑥刚节点;⑦组合节点。在进行整体分析时,对边界条件的处理有"先处理"和"后处理"两种做法。先处理法,即在形成整体刚度矩阵时事先根据结构的边界条件进行处理,适用于手算。后处理法的特点是,先不考虑边界条件,按单元集成法得出原始的整体刚度矩阵,然后再引入边界条件,进行处理,得出整体刚度矩阵。

对于后处理法,边界条件的处理通常采用三种方法[7][8]:

(1)降阶法

若结构整体平衡方程为:

$$K\Delta = F \tag{2-45}$$

假定节点位移 $\Delta = \{\Delta_A, \Delta_B\}$,其中 Δ_A 为未知位移,Δ_B 为已知位移,利用分块矩阵可将方程(2-45)表示为:

$$\begin{bmatrix} K_{AA} & K_{AB} \\ K_{BB} & K_{BB} \end{bmatrix} \begin{Bmatrix} \Delta_A \\ \Delta_B \end{Bmatrix} = \begin{Bmatrix} F_A \\ F_B \end{Bmatrix} \tag{2-46}$$

将分块矩阵的第一行展开进行整理后,得:

$$K_{AA}\Delta_A = F_A - K_{AB}\Delta_B \tag{2-47}$$

若 Δ_B 为零位移,则上式变为:

$$K_{AA}\Delta_A = F_A \tag{2-48}$$

上式相当于在原结构平衡方程中,将与零位移约束对应的行与列划去。如此处理虽然缩减了平衡方程的阶数,提高了计算速度,但是降阶会打乱原来的总体刚度矩阵及节点力的存储顺序,所以在程序设计中一般不采用。

(2)对角置一法

为说明对角置一法是如何处理边界条件的,将式(2-44)展开:

$$\begin{bmatrix} K_{11} & \cdots & K_{1i} & \cdots & K_{1n} \\ \vdots & \ddots & \vdots & \ddots & \vdots \\ K_{i1} & \cdots & K_{ii} & \cdots & K_{in} \\ \vdots & \ddots & \vdots & \ddots & \vdots \\ K_{n1} & \cdots & K_{ni} & \cdots & K_{nn} \end{bmatrix} \begin{bmatrix} \Delta_1 \\ \vdots \\ \Delta_i \\ \vdots \\ \Delta_n \end{bmatrix} = \begin{bmatrix} F_1 \\ \vdots \\ F_i \\ \vdots \\ F_n \end{bmatrix} \tag{2-49}$$

当第 i 个自由度的位移 Δ_i 已知为 Δ_0 时,将其引入平衡方程中,为了不改变原刚度矩阵的列数,将第 i 列元素调整为:

$$\begin{bmatrix} K_{11} & \cdots & 0 & \cdots & K_{1n} \\ \vdots & \ddots & \vdots & \ddots & \vdots \\ K_{i1} & \cdots & K_{ii} & \cdots & K_{in} \\ \vdots & \ddots & \vdots & \ddots & \vdots \\ K_{n1} & \cdots & 0 & \cdots & K_{nn} \end{bmatrix} \begin{bmatrix} \Delta_1 \\ \vdots \\ \Delta_i \\ \vdots \\ \Delta_n \end{bmatrix} = \begin{bmatrix} F_1 - K_{1i}\Delta_0 \\ \vdots \\ F_i \\ \vdots \\ F_n - K_{ni}\Delta_0 \end{bmatrix} \tag{2-50}$$

为了不改变原刚度矩阵的行数,将第 i 行元素调整为:

$$\begin{bmatrix} K_{11} & \cdots & 0 & \cdots & K_{1n} \\ \vdots & \ddots & \vdots & \ddots & \vdots \\ 0 & \cdots & 1 & \cdots & 0 \\ \vdots & \ddots & \vdots & \ddots & \vdots \\ K_{n1} & \cdots & 0 & \cdots & K_{nn} \end{bmatrix} \begin{bmatrix} \Delta_1 \\ \vdots \\ \Delta_i \\ \vdots \\ \Delta_n \end{bmatrix} = \begin{bmatrix} F_1 - K_{1i}\Delta_0 \\ \vdots \\ \Delta_0 \\ \vdots \\ F_n - K_{ni}\Delta_0 \end{bmatrix} \tag{2-51}$$

上式可以看作将式(2-49)中已知位移 Δ_i 对应主对角元素置1,主对角元素所在的行、列上的副元素置0,同时右侧减去 Δ_0 乘以刚度矩阵 K 中的相应系数。

（3）对角元素乘大数法

为说明对角元素乘大数法对边界条件的处理方式,将式(2-45)展开成式(2-52)所示的形式,当 i 节点的位移 Δ_i 已知且为 Δ_0 时,对第 i 行的主对角元素 K_{ii} 乘上一个大数,如 10^{50},并令 $F_i = 10^{50}K_{ii}\Delta_0$。这样将第 i 行展开,得到:

$$K_{i1}\Delta_1 + K_{i2}\Delta_2 + \cdots + 10^{50}K_{ii}\Delta_i + \cdots + K_{in}\Delta_n = 10^{50}K_{ii}\Delta_0 \tag{2-52}$$

同除 10^{50} 得:

$$\frac{1}{10^{50}}(K_{i1}\Delta_1 + K_{i2}\Delta_2 + \cdots + K_{i,i-1}\Delta_{i-1} + K_{i,i+1}\Delta_{i+1} + \cdots + K_{in}\Delta_n) + K_{ii}\Delta_i = K_{ii}\Delta_0$$

$$\tag{2-53}$$

显然 $K_{ii}\Delta_i \approx K_{ii}\Delta_0$, $\Delta_i = \Delta_0$,若 $\Delta_0 = 0$,可直接将 F_i 置零。这种处理方法不改变 K 的维数,便于计算机的运算处理。

2.4.2　结构位移和单元内力计算

引入边界条件后,结构整体平衡方程将具有唯一解,而平衡方程(2-45)的求解可归结为多元一次方程组的求解。目前解方程的方法有很多,如高斯消去法、三角分解法、子空间迭代法等等。本节介绍三角分解法,其他方法可参阅相关有限元书籍。

将方程组的刚度矩阵 K 三角分解为:

$$K = LU \tag{2-54}$$

式中: L——下三角矩阵;

　　U——上三角矩阵。

三角分解后方程组(2-45)转化为两个容易求解的三角方程组:

$$\begin{cases} Ly = F \\ U\Delta = y \end{cases} \tag{2-55}$$

对刚度矩阵进行三角分解后,使用直接带入法自上而下地求解出向量 y 后,再利用代入法自下而上的求解位移向量 Δ。

结构平衡方程的求解完成后,即可得到总体坐标系下的节点位移 Δ^e,而单元内力的求解必须在单元局部坐标系下完成,因此,在计算单元内力之前需要利用式(2-33)将节点位移由整体坐标系转换到单元局部坐标系。节点位移 $\bar{\delta}^e$ 所产生的单元内力 $\bar{F}^e$ 为:

$$\bar{F}^e = \bar{k}^e\bar{\delta}^e \tag{2-56}$$

2.5　矩阵位移法和杆系结构有限元法的异同

尽管矩阵位移法和杆系结构有限元法在计算步骤上有诸多相似之处,但它们有本质的区别。矩阵位移法本质上是位移法,以节点位移为基本未知量,利用节点平衡条件建立基本方程,叠加节点强迫位移和节间荷载两部分效应得到结构内力。矩阵位移法中节点强迫位移和节间荷载的内力效应是梁单元微分方程的解析解。矩阵位移法是以矩阵形式表达的位移法,与位移法相比矩阵位移法将杆件都归结为两端固结杆件,且计入杆件轴向变形的影响,计算步骤更为程式化、规格化。

杆系结构的有限元法利用假设的位移插值形函数进行单元分析,推导并建立单元杆端力与杆端位移之间的关系,利用节点平衡条件建立结构整体平衡方程,求解平衡方程获得未知节点位移并带入杆件单元平衡方程,获得结构内力。在有限元法中,节间荷载效应是通过细分单元尺寸考虑,而非像矩阵位移法一样将其叠加。

对比矩阵位移法和杆系结构有限元法的计算过程,不难发现两者的不同主要体现在:

(1)单元刚度矩阵推导方法不同

矩阵位移法和有限元分析方法的单元刚度可能是相同的,但一般来讲,得到单元刚度矩阵的方法、手段一般是不同的。矩阵位移法更多的是对位移法的继承,而有限元法则更多的是借助能量原理向更为一般的问题扩充,应用弹性力学中的几何方程和物理方程来建立力和位移的方程式,从而导出单元刚度矩阵,只有选择了合适的单元形函数后才与矩阵位移法殊途同归。

矩阵位移法的基础是两端固结梁的"转角位移方程",所谓"近 4 远 2 侧负 6"便是等截面两端固结直杆在无节间荷载条件下杆端位移和杆端力之间的关系,这种"转角位移方程"是通过解析求解梁微分方程或者使用力法获得的。

有限元法的出发点在一开始时便同矩阵位移法不同。有限元法不去精确地解出转角位移方程或单元刚度方程,而是利用形函数人为地假设单元变形,然后应用能量原理得到单元刚度矩阵,如果单元满足问题的收敛性要求,那么随着缩小单元的尺寸,增加求解区域内单元的数目,解的近似程度将不断改进,近似解最终将收敛于精确解。对于等截面梁来讲,若形函数采用三次 hermite 插值函数,则可得到与矩阵位移法相同的单元刚度矩阵[9]。

(2)等效节点荷载计算方法不同

矩阵位移法在计算等效节点荷载时,对于作用在单元上的荷载,首先求得局部坐标系下的单元固端力,再将其转换成整体坐标系下的单元固端力并将其反号得到单元等效节点荷载,等效的原则是两种荷载在基本结构中产生相同的节点位移和等效力系。

杆系有限元法在计算等效节点荷载时,荷载移置的原则是能量等效的原则,即单元的实际荷载与移置后的等效节点荷载在相应的虚位移上所做的虚功相等。

(3)杆件内力计算方法的不同

在计算如图 2-16 所示的刚架结构的杆件内力时,矩阵位移法将原问题分解为 Ⅰ 和 Ⅱ 的叠加:Ⅰ 刚架无侧移无转角变形时节点约束力和节间荷载作用下结构内力;Ⅱ 刚架节点变形(侧移或转动)所产生的杆件内力。对于节点位移,问题 Ⅱ 的解即是真实解,而内力的真实解则是两种情况的叠加。

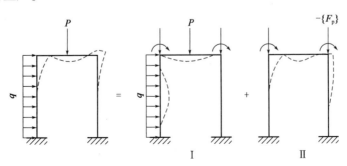

图 2-16　矩阵位移法求解示意图

无论是矩阵位移法还是一般的有限元法都是在求解问题 Ⅱ 的解,并且不管 Ⅱ 是从 Ⅰ 折换过来的还是本身就是如此,只有当节点位移解出之后欲求杆端力时,才要回头顾及 Ⅰ 。正是在杆端力的确定上,矩阵位移法同一般的有限元法开始出现差异。矩阵位移法在计算杆端(单元节点)力时要叠加 Ⅰ 中的固端力一项,而有限元法则略去了这一步骤。

有限元法最大的优势在于可以取用各种各样的形函数,不管是精确的还是近似的,都统一地用一个模式来处理。这就大大扩充了有限元的效力,但也导致了有限元的致命的弱点,那就是内(应)力一般是通过对位移求导数获得的,而单元节点力中的固端力一项被甩掉了,致使有限元中的(应)力结果的精度呈数量级地下降,而且每做一次求导,精度就下降一个阶次。

本章参考文献

[1] 龙驭球. 结构力学(上)[M]. 北京:高等教育出版社,2018.

[2] 孙训方,方孝淑,关来泰. 材料力学(Ⅰ)[M]. 北京:高等教育出版社,2009.

[3] 李廉锟. 结构力学(上)[M]. 北京:中国建筑工业出版社,2006.

[4] Richard G. Budynas. 高等材料力学和实用应力分析[M]. 北京:清华大学出版社,2001.

[5] 包世华,周坚. 薄壁杆件结构力学[M]. 北京:高等教育出版社,2010.

[6] 项海帆. 高等桥梁结构理论[M]. 2 版. 北京:人民交通出版社,2013.

[7] 王元汉,李丽娟,李银平. 有限元法基础与程序设计[M]. 广州:华南理工大学出版社,2001.

[8] 张海龙. 桥梁的结构分析·程序设计·施工监控[M]. 北京:中国建筑工业出版社,2003.

[9] 袁驷. 从矩阵位移法看有限元精度的损失与恢复[J]. 力学与实践,1998(20):1-6.

第**3**章 ▶▶▶

平面问题有限元法

3.1 平面问题概述

严格地说,任何弹性体总是处于空间受力状态,因而任何实际问题都是空间问题。当结构形状、荷载性质满足一定条件时,空间问题可以简化为平面问题。这样处理,分析和计算的工作量将大为减少,而所得的结果仍然可以满足工程上对精度的要求。平面问题是指弹性体内一点的应力、应变或位移只和两个坐标方向的变量有关。平面问题可分为平面应力问题和平面应变问题[1]。

3.1.1 平面应力问题

图 3-1 是很薄的等厚度薄板,作用在板上的所有面力、体力和约束的方向都与板面平行,且不沿厚度方向发生变化。

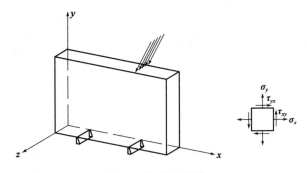

图 3-1 平面应力问题

因为没有垂直于板面方向的外力,所以在板面有 $(\sigma_z)_{y=0} = (\sigma_z)_{y=h} = 0$、$(\tau_{zx})_{z=0} = (\tau_{zx})_{z=h} = 0$、$(\tau_{zy})_{z=0} = (\tau_{zy})_{z=h} = 0$。由于板很薄,外力又不沿厚度发生变化,应力沿着板的厚度又是连续分布的,因此,可以认为在整个薄板内部的所有各点都有 $\sigma_z = 0$、$\tau_{zx} = 0$、$\tau_{zy} = 0$。注意到剪应力的互等性,又可以得到 $\tau_{xz} = 0$、$\tau_{yz} = 0$。这样就只剩下平行于 xy 面的三个平面应力分量,即 $\sigma_x, \sigma_y, \tau_{xy}$,所以这种问题就被称为平面应力问题,分析时只取板面研究即可。

归纳起来讲,所谓平面应力问题,就是只有平面应力分量(σ_x, σ_y 和 τ_{xy})存在,且仅为 x、

y 的函数的弹性力学问题。根据弹性力学的知识,给出平面应力问题的几何方程(3-1)与物理方程(3-2):

$$\begin{cases} \varepsilon_x = \dfrac{\partial u}{\partial x} \quad \varepsilon_y = \dfrac{\partial v}{\partial y} \\ \gamma_{xy} = \dfrac{\partial u}{\partial y} + \dfrac{\partial v}{\partial x} \end{cases} \tag{3-1}$$

$$\begin{cases} \sigma_x = \dfrac{E}{1-\mu^2}(\varepsilon_x + \mu\varepsilon_y) \\ \sigma_y = \dfrac{E}{1-\mu^2}(\mu\varepsilon_x + \varepsilon_y) \\ \tau_{xy} = \dfrac{E}{2(1+\mu)}\gamma_{xy} \end{cases} \tag{3-2}$$

3.1.2 平面应变问题

图 3-2 是无线长的柱形体,它的横截面不沿长度发生变化,在柱面上受平行于横截面而且不沿长度变化的面力、体力和约束。

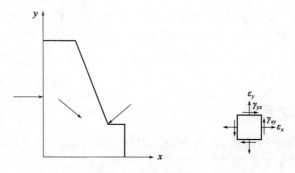

图 3-2 平面应变问题

取任一横截面为 xy 面,长度方向任一纵线为 z 轴,则所有应力分量、应变分量和位移都不沿 z 轴发生变化,而只是 x、y 的函数。此外在这种情况下,任一横截面都可以看为对称面,所有的点都只会沿 x 和 y 方向移动,关于 z 方向的位移处处为零,就有 $\varepsilon_z = 0$。由对称条件和剪应力互等性可知,$\tau_{zx} = \tau_{zx} = 0$、$\tau_{zy} = \tau_{yz} = 0$,根据胡克定律,相应的切应变 $\gamma_{zx} = \gamma_{zy} = 0$。这样只剩下平行于 xy 面的三个平面形变分量,即 ε_x、ε_y、γ_{xy},所以这种问题就被称为平面应变问题。

归纳起来讲,所谓平面应变问题,就是只有平面应变分量(ε_x、ε_y 和 γ_{xy})存在,且仅为 x、y 的函数的弹性力学问题。根据弹性力学的知识,平面应变问题的几何方程与平面应力问题一样,现给出平面应变问题的物理方程(3-3):

$$\begin{cases} \sigma_x = \dfrac{E(1-\mu)}{(1+\mu)(1-2\mu)}\left(\varepsilon_x + \dfrac{\mu}{1-\mu}\varepsilon_y\right) \\ \sigma_y = \dfrac{E(1-\mu)}{(1+\mu)(1-2\mu)}\left(\dfrac{\mu}{1-\mu}\varepsilon_x + \varepsilon_y\right) \\ \tau_{xy} = \dfrac{E}{2(1+\mu)}\gamma_{xy} \end{cases} \tag{3-3}$$

3.2 平面问题的离散化

有限元法的解题思路是把结构看作是由有限个单元组成的集合体。在弹性力学问题中,需要经过离散化,才能使结构变成有限个单元的组合体。例如,将一个受力的连续弹性体离散化,就是将连续体划分为有限个互不重叠、互不分离的三角形单元,这些三角形在其顶点(取为节点)处互相铰接。所有作用在单元上的荷载,包括集中荷载、表面荷载和体积荷载,都按虚功等效的原则移置到节点上,成为等效节点荷载。再按结构的位移约束情况设置约束支承。这样就得到了有限单元法的计算模型,见图3-3。

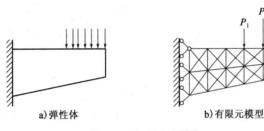

图3-3 平面结构离散化

这里有三点注意事项[2]:

(1)对称性的利用

如果结构与荷载都是对称的,则可以利用对称性进行分析以减少计算量。例如,具有一个对称轴的结构,若荷载也对称,可取其中的一半作为分析对象,此时,位于对称轴上的节点无垂直对称轴方向的位移。

(2)节点的选择和单元的划分

有限单元的网格划分是很自由的,形状和尺寸可自由调整。通常,集中荷载的作用点、分布荷载强度的突变点,分布荷载与自由边界的分界点、支承点等都应取为节点。

在划分单元的时候,单元的大小要根据精度的要求和计算机的速度及容量来确定。单元划分得越小,计算结果越精确,但计算时间越长、所需要的计算机储存容量越大,因此,需要综合考虑单元尺寸大小和计算量的影响。为了解决精度和计算量的矛盾,在划分单元时,可以在同一结构的不同位置采用不同的网格密度。例如,在结构边界比较曲折的部位,单元应该小一些;边界比较平滑的部位,单元应该大一些。对于应力应变需要了解比较详细的部位或应力应变变化比较剧烈的部位,单元应该小一些;对于次要部位或应力应变变化比较平缓的部位,单元应该大一些。当结构受到有集度梯度突变的分布荷载或集中荷载的时,在荷载突变点及其附近,单元应该小一些。而"中间地带"则以大小逐渐变化的单元来过渡。

另外,当遇到平面问题结构的厚度或结构使用的材料等有突变时,在突变线位置附近的单元应该小一些,而且必须把突变线作为单元的界限,不能使突变线穿过单元,因为这种突变不可能在同一种单元内得到反映。

(3)节点的编号

在节点编号时,应注意尽量使同一单元的相邻节点的号码差值尽可能地小些,以便缩小刚度矩阵的带宽,节约计算机存储空间。如图3-4a)、b)所示单元划分相同,但图3-4b)的编号要比图3-4a)的编号为好,即节点应沿短边进行编号。

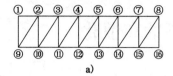 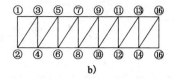

$$a) \qquad\qquad\qquad b)$$

图 3-4　结构离散时不同的节点编号

在平面问题的有限元解法之中,结构离散时使用的是平面单元,其常用的类型有如图 3-5 所示的 3 节点三角形单元、6 节点三角形单元、4 节点四边形单元和 8 节点曲边四边形单元等。本章将重点介绍 3 节点三角形单元。在使用划分三角形单元时,三个内角不能相差太大,即单元最好不要有较大的锐角或钝角,否则,将产生较大的计算误差。

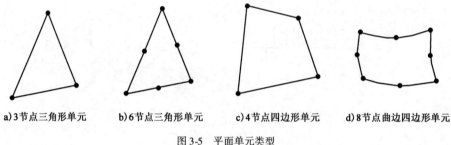

a)3节点三角形单元　　b)6节点三角形单元　　c)4节点四边形单元　　d)8节点曲边四边形单元

图 3-5　平面单元类型

3.3　单元分析:以 3 节点三角形单元为例

在结构离散化之后,需要进行单元分析。单元分析的主要任务是推导基本未知量单元节点位移与其对应量单元节点力之间的转换关系,即单元平衡方程,现在以弹性力学平面问题中的 3 节点三角形单元为例进行单元分析。

3.3.1　位移函数

把单元内任意一点的位移分量表示为坐标的函数,该函数被称为位移函数,它反映了单元内的位移情况并决定了单元的力学特性。显然,在问题求解之前位移函数是未知的,为此需要首先假设一个函数。该函数要满足两个条件:第一,在单元节点上的值应等于其真实的位移;第二,基于该函数得出的有限元解收敛于真实解[3]。

在有限元法中,各种计算公式都依赖于位移函数。位移函数选择恰当与否,将影响到有限元法的计算精度和收敛性。由于多项式不仅能逼近任何复杂函数,也便于微分与积分等数学处理,所以广泛使用多项式来构造位移函数。从理论上讲,只有无穷阶的多项式才能与真实解相等,但是在一般情况下,通常只取有限阶多项式。

对于平面问题,位移函数的一般形式为:

$$\begin{cases} \bar{u}(\bar{x},\bar{y}) = \alpha_1 + \alpha_2\bar{x} + \alpha_3\bar{y} + \alpha_4\bar{x}^2 + \alpha_5\overline{xy} + \alpha_6\bar{y}^2 + \cdots + \alpha_m\bar{y}^n \\ \bar{v}(\bar{x},\bar{y}) = \alpha_{m+1} + \alpha_{m+2}\bar{x} + \alpha_{m+3}\bar{y} + \alpha_{m+4}\bar{x}^2 + \alpha_{m+5}\overline{xy} + \alpha_{m+6}\bar{y}^2 + \cdots + \alpha_{2m}\bar{y}^n \end{cases} \tag{3-4}$$

式中:$\alpha_1,\alpha_2,\cdots,\alpha_{2m}$——待定系数,也称为广义坐标。

在确定位移函数时,应按照式(3-5)所示的巴斯卡三角形选择多项式,这样写出来的位移函数与局部坐标系的方位无关,满足几何各向同性,选取位移函数通常需要遵循以下原则:

(1)多项式的阶次和项数,应该由单元的节点数及自由度来确定。多项式的项数必须等于或稍大于单元边界上的外界点的自由度数。通常是取项数与单元的外界点的自由度数相等。

(2)多项式中必须包含巴斯卡三角形对称轴两侧的对应项。例如,有 x^2y,则必须有 xy^2。

$$
\begin{array}{cccccccc}
 & & & 1 & & & & \text{常数项 } 1 \\
 & & x & & y & & & \text{线性项 } 2 \\
 & x^2 & & xy & & y^2 & & \text{二次项 } 3 \\
 x^3 & & x^2y & & xy^2 & & y^3 & \text{三次项 } 4 \\
 x^4 & x^3y & & x^2y^2 & & xy^3 & y^4 & \text{四次项 } 5 \\
 x^5 & x^4y & x^3y^2 & & x^2y^3 & xy^4 & y^5 & \text{五次项 } 6
\end{array} \tag{3-5}
$$

下面来讨论 3 节点三角形单元,设三角形单元的各节点坐标分别为 $(\bar{x}_i,\bar{y}_i)$、$(\bar{x}_j,\bar{y}_j)$、$(\bar{x}_m,\bar{y}_m)$ 各节点的位移分别为 $(\bar{u}_i,\bar{v}_i)$、$(\bar{u}_j,\bar{v}_j)$、$(\bar{u}_m,\bar{v}_m)$,如图 3-6 所示。

3 节点三角形单元共有 6 个自由度,位移函数可取巴斯卡三角形中的常数项和一次项,即:

$$
\begin{cases}
\bar{u}(\bar{x},\bar{y}) = \alpha_1 + \alpha_2\bar{x} + \alpha_3\bar{y} \\
\bar{v}(\bar{x},\bar{y}) = \alpha_4 + \alpha_5\bar{x} + \alpha_6\bar{y}
\end{cases} \tag{3-6}
$$

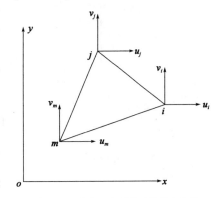

图 3-6　3 节点三角形单元的节点位移

为了确定这六个待定系数,将节点 i、j、m 的位移值和坐标值带入式(3-6)得到方程组:

$$
\begin{cases}
\bar{u}_i = \alpha_1 + \alpha_2\bar{x}_i + \alpha_3\bar{y}_i \\
\bar{u}_j = \alpha_1 + \alpha_2\bar{x}_j + \alpha_3\bar{y}_j \\
\bar{u}_m = \alpha_1 + \alpha_2\bar{x}_m + \alpha_3\bar{y}_m
\end{cases}
\qquad
\begin{cases}
\bar{v}_i = \alpha_4 + \alpha_5\bar{x}_i + \alpha_6\bar{y}_i \\
\bar{v}_j = \alpha_4 + \alpha_5\bar{x}_j + \alpha_6\bar{y}_j \\
\bar{v}_m = \alpha_4 + \alpha_5\bar{x}_m + \alpha_6\bar{y}_m
\end{cases} \tag{3-7}
$$

求解得:

$$
\begin{cases}
\alpha_1 = \dfrac{1}{2\Delta}\begin{vmatrix} \bar{u}_i & \bar{x}_i & \bar{y}_i \\ \bar{u}_j & \bar{x}_j & \bar{y}_j \\ \bar{u}_m & \bar{x}_m & \bar{y}_m \end{vmatrix} \\[6mm]
\alpha_2 = \dfrac{1}{2\Delta}\begin{vmatrix} 1 & \bar{u}_i & \bar{y}_i \\ 1 & \bar{u}_j & \bar{y}_j \\ 1 & \bar{u}_m & \bar{y}_m \end{vmatrix} \\[6mm]
\alpha_3 = \dfrac{1}{2\Delta}\begin{vmatrix} 1 & \bar{x}_i & \bar{u}_i \\ 1 & \bar{x}_j & \bar{u}_j \\ 1 & \bar{x}_m & \bar{u}_m \end{vmatrix}
\end{cases}
\qquad
\begin{cases}
\alpha_4 = \dfrac{1}{2\Delta}\begin{vmatrix} \bar{v}_i & \bar{x}_i & \bar{y}_i \\ \bar{v}_j & \bar{x}_j & \bar{y}_j \\ \bar{v}_m & \bar{x}_m & \bar{y}_m \end{vmatrix} \\[6mm]
\alpha_5 = \dfrac{1}{2\Delta}\begin{vmatrix} 1 & \bar{v}_i & \bar{y}_i \\ 1 & \bar{v}_j & \bar{y}_j \\ 1 & \bar{v}_m & \bar{y}_m \end{vmatrix} \\[6mm]
\alpha_6 = \dfrac{1}{2\Delta}\begin{vmatrix} 1 & \bar{x}_i & \bar{v}_i \\ 1 & \bar{x}_j & \bar{v}_j \\ 1 & \bar{x}_m & \bar{v}_m \end{vmatrix}
\end{cases} \tag{3-8}
$$

式中:Δ——三角形单元的面积:

$$\Delta = \frac{1}{2} \begin{vmatrix} 1 & \bar{x}_i & \bar{y}_i \\ 1 & \bar{x}_j & \bar{y}_j \\ 1 & \bar{x}_m & \bar{y}_m \end{vmatrix} \tag{3-9}$$

要注意的是,为了使得出的面积的值不为负值,节点 i、j、m 的次序必须是逆时针转向,至于将那个节点作为起始节点 i,则没有关系。

将式(3-8)代入式(3-6),整理后得到:

$$\begin{cases} \bar{u} = \frac{1}{2\Delta} [(a_i + b_i\bar{x} + c_i\bar{y})\bar{u}_i + (a_j + b_j\bar{x} + c_j\bar{y})\bar{u}_j + (a_m + b_m\bar{x} + c_m\bar{y})\bar{u}_m] \\ \bar{v} = \frac{1}{2\Delta} [(a_i + b_i\bar{x} + c_i\bar{y})\bar{v}_i + (a_j + b_j\bar{x} + c_j\bar{y})\bar{v}_j + (a_m + b_m\bar{x} + c_m\bar{y})\bar{v}_m] \end{cases} \tag{3-10}$$

式中:

$$\begin{cases} a_i = \begin{vmatrix} \bar{x}_j & \bar{y}_j \\ \bar{x}_m & \bar{y}_m \end{vmatrix} = \bar{x}_j\bar{y}_m - \bar{y}_j\bar{x}_m \\ b_i = - \begin{vmatrix} 1 & \bar{y}_j \\ 1 & \bar{y}_m \end{vmatrix} = \bar{y}_j - \bar{y}_m \qquad (i,j,m) \text{ 表示轮换} \\ c_i = \begin{vmatrix} 1 & \bar{x}_j \\ 1 & \bar{x}_m \end{vmatrix} = \bar{x}_m - \bar{x}_j \end{cases} \tag{3-11}$$

令:

$$\bar{N}_i(\bar{x}, \bar{y}) = \frac{1}{2\Delta}(a_i + b_i\bar{x} + c_i\bar{y}) \qquad (i,j,m) \tag{3-12}$$

则式(3-10)可以写为:

$$\begin{cases} \bar{u} = \bar{N}_i\bar{u}_i + \bar{N}_j\bar{u}_j + \bar{N}_m\bar{u}_m \\ \bar{v} = \bar{N}_i\bar{v}_i + \bar{N}_j\bar{v}_j + \bar{N}_m\bar{v}_m \end{cases} \tag{3-13}$$

式中:$\bar{N}_i$、$\bar{N}_j$、$\bar{N}_m$——单元位移的形状函数,反映了单元的位移形态,因而称为位移函数的形函数。其性质将在下一节进一步讨论。

把式(3-13)写为矩阵形式:

$$\left\{ \begin{matrix} \bar{u} \\ \bar{v} \end{matrix} \right\} = \begin{bmatrix} \bar{N}_i & 0 & \bar{N}_j & 0 & \bar{N}_m & 0 \\ 0 & \bar{N}_i & 0 & \bar{N}_j & 0 & \bar{N}_m \end{bmatrix} \left\{ \begin{matrix} \bar{u}_i \\ \bar{v}_i \\ \bar{u}_j \\ \bar{v}_j \\ \bar{u}_m \\ \bar{v}_m \end{matrix} \right\} \tag{3-14}$$

进一步写为:

$$\bar{f} = \bar{N}\bar{\delta}^e \tag{3-15}$$

3.3.2 形函数的性质

从形函数的定义可知,形函数 $\bar{N}_i$ 是单元局部坐标 $\bar{x}$、$\bar{y}$ 的函数,形函数是与位移函数有相同阶次。形函数具有以下性质[4]:

(1)形函数 $\bar{N}_i$ 在节点 i 处等于1,在其他节点上的值等于0;对于 $\bar{N}_j$、$\bar{N}_m$ 也有同样的性质。即：

$$
\begin{cases}
\overline{N}_i(\bar{x}_i,\bar{y}_i) = 1, \overline{N}_i(\bar{x}_j,\bar{y}_j) = 0, \overline{N}_i(\bar{x}_m,\bar{y}_m) = 0 \\
\overline{N}_j(\bar{x}_i,\bar{y}_i) = 0, \overline{N}_j(\bar{x}_j,\bar{y}_j) = 1, \overline{N}_j(\bar{x}_m,\bar{y}_m) = 0 \\
\overline{N}_m(\bar{x}_i,\bar{y}_i) = 0, \overline{N}_m(\bar{x}_j,\bar{y}_j) = 0, \overline{N}_m(\bar{x}_m,\bar{y}_m) = 1
\end{cases}
\tag{3-16}
$$

证明：由行列式的性质可知，行列式任意一行或列的元素与其对应的代数余子式乘积之和等于行列式的值；而行列式任一行或列的元素与其他行或列对应的元素代数乘积之和为零。很容易看出，常数 a_i、b_i、c_i、a_j、b_j、c_j 和 a_m、b_m、c_m 依次是行列式 2Δ 的第一行、第二行和第三行各元素的代数余子式，则推出上述性质。

（2）在单元的任意一点处，三个形函数之和等于 1。

证明：

$$
\overline{N}_i(\bar{x},\bar{y}) + \overline{N}_j(\bar{x},\bar{y}) + \overline{N}_m(\bar{x},\bar{y})
$$

$$
= \frac{1}{2\Delta}(a_i + b_i\bar{x} + c_i\bar{y} + a_j + b_j\bar{x} + c_j\bar{y} + a_m + b_m\bar{x} + c_m\bar{y})
$$

$$
= \frac{1}{2\Delta}[(a_i + a_j + a_m) + (b_i + b_j + b_m)\bar{x} + (c_i + c_j + c_m)\bar{y}]
\tag{3-17}
$$

根据行列式的性质，式中右端 $(a_i + a_j + a_m)$ 等于将行列式 2Δ 按一列展开，其值为 2Δ；$(b_i + b_j + b_m)$、$(c_i + c_j + c_m)$ 等于行列式 2Δ 第一列元素与第二列、第三列对应元素代数余子式的乘积之和，故等于零，证毕。

（3）三角形边界上一点的形函数，与相对顶点的坐标无关。

证明：设 $p(\bar{x},\bar{y})$ 为 ij 边上的一点，则 ij 边的方程为：

$$
\frac{\bar{y} - \bar{y}_i}{\bar{x} - \bar{x}_i} = \frac{\bar{y}_j - \bar{y}_i}{\bar{x}_j - \bar{x}_i} = \frac{b_m}{c_m}
\tag{3-18}
$$

进一步写为：

$$
\bar{y} = -\frac{b_m}{c_m}(\bar{x} - \bar{x}_i) + \bar{y}_i
\tag{3-19}
$$

将该方程式（3-17）带入形函数中得到：

$$
\overline{N}_m(\bar{x},\bar{y}) = \frac{1}{2\Delta}\left\{a_m + b_m\bar{x} + c_m\left[-\frac{b_m}{c_m}(\bar{x} - \bar{x}_i) + \bar{y}_i\right]\right\}
$$

$$
= \frac{1}{2\Delta}(a_m + b_m\bar{x} - b_m\bar{x} + b_m\bar{x}_i + c_m\bar{y}_i)
$$

$$
= \frac{1}{2\Delta}(a_m + b_m\bar{x}_i + c_m\bar{y}_i) = 0
\tag{3-20}
$$

$$
\overline{N}_j(\bar{x},\bar{y}) = \frac{1}{2\Delta}\left\{a_j + b_j\bar{x} + c_j\left[-\frac{b_m}{c_m}(\bar{x} - \bar{x}_i) + \bar{y}_i\right]\right\}
$$

$$
= \frac{1}{2\Delta}\left[a_j + b_j\bar{x} + c_j\bar{y}_i + b_j(\bar{x} - \bar{x}_i) - \frac{c_j b_m}{c_m}(\bar{x} - \bar{x}_i)\right]
$$

$$
= \frac{1}{2\Delta}\left[\frac{b_j c_m - c_j b_m}{c_m}(\bar{x} - \bar{x}_i)\right]
\tag{3-21}
$$

利用式(3-11),得:

$$b_j c_m - c_j b_m = b_j(-\bar{x}_i + \bar{x}_j) - b_m(-\bar{x}_m + \bar{x}_i)$$

$$= b_j \bar{x}_j + b_m \bar{x}_m - (b_j + b_m)\bar{x}_i$$

$$= b_j \bar{x}_j + b_m \bar{x}_m - (\bar{y}_m - \bar{y}_i + \bar{y}_i - \bar{y}_j)\bar{x}_i$$

$$= b_j \bar{x}_j + b_m x_m + (\bar{y}_j - \bar{y}_m)\bar{x}_i$$

$$= b_j \bar{x}_j + b_m \bar{x}_m + b_m \bar{x}_i = 2\Delta \tag{3-22}$$

所以:

$$\overline{N}_j(\bar{x},\bar{y}) = \frac{(\bar{x} - \bar{x}_i)}{c_m} = \frac{(\bar{x} - \bar{x}_i)}{\bar{x}_j - \bar{x}_i} \tag{3-23}$$

最后:

$$\overline{N}_i(\bar{x},\bar{y}) = 1 - \overline{N}_m(\bar{x},\bar{y}) - \overline{N}_j(\bar{x},\bar{y}) = 1 - \frac{\bar{x} - \bar{x}_i}{\bar{x}_j - \bar{x}_i} \tag{3-24}$$

证毕。

3.3.3 位移函数与解答的收敛性

在有限元法中,荷载的移置、应力矩阵和刚度矩阵的建立都依赖于位移函数。因此,为了能从有限元法得出正确的解答,即所谓收敛性,首先必须使位移函数能够正确反映弹性体中的真实位移情况,这就要求满足下列条件[5-6]。

(1)位移函数必须能反映单元的刚体位移

每个单元的位移一般包含两部分:一部分是由本单元的形变引起的位移;另一部分是与本单元的形变无关,由其他单元发生了形变而连带引起的位移,即刚体位移。因此,为了正确反映单元的位移形态,位移函数应当能反映单元的刚体位移。在位移函数中,常数项就是用于提供刚体位移的。

(2)位移函数必须能反映单元的常量应变

每个单元的应变一般包含两部分:一部分是与单元各点的位置坐标有关,即所谓变量应变;另一部分是与位置坐标无关、各点是相同的,即所谓常量应变。而且,当单元的尺寸较小时,单元中各点的应变趋于相等,也就是单元的形变趋于均匀,因而常量应变就成为应变的主要部分。因此,为了正确反映单元的形态状态,位移函数应当能反映该单元的常量应变。在位移函数中的一次项提供单元中的常量应变。

(3)位移函数应尽可能反映位移的连续性

在连续弹性体中位移是连续的。为了保证弹性体受力变形后仍是连续体,要求所选择的位移函数既能使单元内部的位移保持连续,又能使相邻单元之间的位移保持连续,后者是指单元之间不出现互相脱离和互相嵌入的现象,如图3-7所示。为了使单元内部的位移保持连续,必须把位移函数取为坐标的单值连续函数。为了使相邻单元的位移保持连续,就要使它们在公共点处具有相同的位移,才能在公共边界上具有相同的位置。这样就能使相邻单元在受力后既不互相脱离,也不互相嵌入。

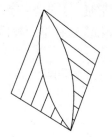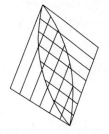

a)相邻单元互相脱离的现象　　　　b)相邻单元互相嵌入的现象

图 3-7　单元边界处位移不连续现象

理论与实践都已证明,为使有限元法的解答在单元尺寸逐步取小时能收敛于正确解答,反映刚体位移和常量应变是必要条件,反映相邻单元的位移连续性为充分条件,在一般的平面单元与空间单元选取位移函数时,是容易满足上述要求的。

在有限元法中,把能够满足上述条件(1)、(2)的单元,称为完备单元;满足条件(3)的单元,称为协调单元。顺便指出,目前仅满足两个条件,而不满足第(3)条件的单元,通常称为完备而非连续的单元也已经获得应用。

3.3.4　单元应变与单元应力

有了单元的位移模式,就可以利用单元几何方程求得单元的应变。将式(3-10)代入几何方程,得到应变和节点位移的关系式:

$$\begin{cases} \bar{\varepsilon}_x = \dfrac{\partial \bar{u}}{\partial \bar{x}} = \dfrac{1}{2\Delta}(b_i\bar{u}_i + b_j\bar{u}_j + b_m\bar{u}_m) \\[2mm] \bar{\varepsilon}_y = \dfrac{\partial \bar{v}}{\partial \bar{y}} = \dfrac{1}{2\Delta}(c_i\bar{v}_i + c_j\bar{v}_j + c_m\bar{v}_m) \\[2mm] \bar{\gamma}_{xy} = \dfrac{\partial \bar{u}}{\partial \bar{y}} + \dfrac{\partial \bar{v}}{\partial \bar{x}} = \dfrac{1}{2\Delta}(c_i\bar{u}_i + b_i\bar{v}_i + c_j\bar{u}_j + b_j\bar{v}_j + c_m\bar{u}_m + b_m\bar{v}_m) \end{cases} \tag{3-25}$$

写为矩阵形式:

$$\begin{Bmatrix} \bar{\varepsilon}_x \\ \bar{\varepsilon}_y \\ \bar{\gamma}_{xy} \end{Bmatrix} = \frac{1}{2\Delta} \begin{bmatrix} b_i & 0 & b_j & 0 & b_m & 0 \\ 0 & c_i & 0 & c_j & 0 & c_m \\ c_i & b_i & c_j & b_j & c_m & b_m \end{bmatrix} \begin{Bmatrix} \bar{u}_i \\ \bar{v}_i \\ \bar{u}_j \\ \bar{v}_j \\ \bar{u}_m \\ \bar{v}_m \end{Bmatrix} \tag{3-26}$$

进一步写成:

$$\bar{\boldsymbol{\varepsilon}} = \begin{bmatrix} \boldsymbol{B}_i & \boldsymbol{B}_j & \boldsymbol{B}_m \end{bmatrix} \bar{\boldsymbol{\delta}}^e = \boldsymbol{B}\bar{\boldsymbol{\delta}}^e \tag{3-27}$$

式(3-27)就是由节点位移求应变的转换式,其 $\boldsymbol{B}$ 称作几何矩阵。其中:

$$\begin{bmatrix} \boldsymbol{B}_i \end{bmatrix} = \frac{1}{2\Delta} \begin{bmatrix} b_i & 0 \\ 0 & c_i \\ c_i & b_i \end{bmatrix} \tag{3-28}$$

几何矩阵 $\boldsymbol{B}$ 中所有的参数都只与 x、y 有关,都是常量。3 节点三角形单元中任一点的应变分量是矩阵 $\boldsymbol{B}$ 与节点位移的乘积,也都是常量。因此,这种单元被称为常应变三角形单元,这是采用线性位移函数的结果。

在求得应变之后,再利用平面问题的物理方程,单元应力可表示为:

$$\bar{\boldsymbol{\sigma}} = \boldsymbol{D}\bar{\boldsymbol{\varepsilon}} = \boldsymbol{D}\boldsymbol{B}\bar{\boldsymbol{\delta}}^e \tag{3-29}$$

式中:$\boldsymbol{D}$ 是弹性矩阵,只与材料有关。

令:

$$\boldsymbol{S} = \boldsymbol{D}\boldsymbol{B} \tag{3-30}$$

则:

$$\bar{\boldsymbol{\sigma}} = \boldsymbol{S}\bar{\boldsymbol{\delta}}^e \tag{3-31}$$

这就是应力与节点位移的关系式。其中 $\boldsymbol{S}$ 称为单元应力矩阵,它可写为分块形式:

$$\boldsymbol{S} = \begin{bmatrix} \boldsymbol{S}_i & \boldsymbol{S}_j & \boldsymbol{S}_m \end{bmatrix} \tag{3-32}$$

将几何矩阵式(3-30)代入得:

$$\boldsymbol{S}_i = \boldsymbol{D}\boldsymbol{B}_i = \frac{E}{2(1-\mu^2)A} \begin{bmatrix} b_i & \mu c_i \\ \mu b_i & c_i \\ \dfrac{1-\mu}{2}c_i & \dfrac{1-\mu}{2}b_i \end{bmatrix} \quad (i,j,m) \tag{3-33}$$

对于平面应变问题,将上式中的 E 换为 $E/(1-\mu^2)$,μ 换为 $\mu/(1-\mu)$,就得到平面应变问题应力矩阵的子矩阵:

$$\boldsymbol{S}_i = \boldsymbol{D}\boldsymbol{B}_i = \frac{E(1-\mu)}{(1+\mu)(1-2\mu)A} \begin{bmatrix} b_i & \dfrac{\mu}{1-\mu}c_i \\ \dfrac{\mu}{1-\mu}b_i & c_i \\ \dfrac{1-2\mu}{2(1-\mu)}c_i & \dfrac{1-2\mu}{2}(1-\mu)b_i \end{bmatrix} \quad (i,j,m) \tag{3-34}$$

3 节点三角形单元中的 $\boldsymbol{D}$、$\boldsymbol{B}$ 矩阵都是常数矩阵,所以应力矩阵 $\boldsymbol{S}$ 也是常矩阵。也就是说,3 节点三角形单元内的应力分量也是常量。当然,相邻单元的 E、μ、A 和 b_i、$c_i(i,j,m)$ 一般是不完全相同的,故它们将具有不同的应力,这就造成在相邻单元的公共边上存在着应力突变现象。但是,随着网格的细分,这种突变将会迅速减小,有限元法的解答将收敛于精确解。

3.3.5　单元平衡方程

有限元法的任务是要建立和求解整个弹性体的节点位移和节点力之间的平衡方程。为此,首先要建立每一个单元体的节点位移和节点力之间关系的平衡方程。本节先讨论单元的应变能和外力势能的计算公式,再建立单元总势能泛函的表达式,利用变分原理或最小势能原理,求总势能泛函的极值,最后得到单元的平衡方程。

（1）单元的应变能

在平面应力状态下，厚度为 t 的三角形单元的应变能为：

$$U^e = \frac{1}{2}\iint_A (\overline{\sigma}_x\overline{\varepsilon}_x + \overline{\sigma}_y\overline{\varepsilon}_y + \overline{\tau}_{xy}\overline{\gamma}_{xy})t\mathrm{d}x\mathrm{d}y = \frac{1}{2}\iint_A \overline{\boldsymbol{\sigma}}^\mathrm{T}\overline{\boldsymbol{\varepsilon}}t\mathrm{d}x\mathrm{d}y \tag{3-35}$$

把几何方程（3-27）和应力方程（3-29）代入上式得：

$$U^e = \frac{1}{2}\overline{\boldsymbol{\delta}}^{e\mathrm{T}}\left(\iint_A \boldsymbol{B}^\mathrm{T}\boldsymbol{D}\boldsymbol{B}t\mathrm{d}x\mathrm{d}y\right)\overline{\boldsymbol{\delta}}^e \tag{3-36}$$

令：

$$\overline{\boldsymbol{k}} = \iint_A \boldsymbol{B}^\mathrm{T}\boldsymbol{D}\boldsymbol{B}t\mathrm{d}x\mathrm{d}y \tag{3-37}$$

应变能可写为：

$$U = \frac{1}{2}\overline{\boldsymbol{\delta}}^{e\mathrm{T}}\overline{\boldsymbol{k}}\,\overline{\boldsymbol{\delta}}^e \tag{3-38}$$

（2）单元的外力势能

单元受到的外力通常包括体积力、表面力和集中力。首先求体积力产生的势能，设单位体积中的体积力为 $\overline{\boldsymbol{P}}_v$，则单元上体积力具有的势能为：

$$W_p = -\iint_A \overline{\boldsymbol{f}}^\mathrm{T}\overline{\boldsymbol{P}}_v t\mathrm{d}x\mathrm{d}y = -\iint_A (\overline{\boldsymbol{N}}\,\overline{\boldsymbol{\delta}}^e)^\mathrm{T}\overline{\boldsymbol{P}}_v t\mathrm{d}x\mathrm{d}y = -\overline{\boldsymbol{\delta}}^{e\mathrm{T}}\iint_A \overline{\boldsymbol{N}}^\mathrm{T}\overline{\boldsymbol{P}}_v t\mathrm{d}x\mathrm{d}y \tag{3-39}$$

单元上的表面力可能有分布荷载如风力、压力，以及相邻单元互相作用的内力。由于单元之间公共边上互相作用的内力成对出现，互相抵消，故在进行弹性体整体分析时可以不加考虑，因此，亦可在进行单元特性分析时就不予考虑。这样，把表面力看作仅包含弹性体外边界上的分布荷载并不影响计算结果。设单元的表面力为 $\overline{\boldsymbol{P}}_S$，则单元表面力的势能为：

$$W_q = -\int_l \overline{\boldsymbol{f}}^\mathrm{T}\overline{\boldsymbol{P}}_S t\mathrm{d}l = -\overline{\boldsymbol{\delta}}^{e\mathrm{T}}\int_l \overline{\boldsymbol{N}}^\mathrm{T}\overline{\boldsymbol{P}}_S t\mathrm{d}l \tag{3-40}$$

如果弹性体受到集中力 $\overline{\boldsymbol{g}}^e$，通常在划分单元网格时可将集中力的作用点设置为节点。于是单元集中力的势能可表示为：

$$W_g = -\overline{\boldsymbol{\delta}}^{e\mathrm{T}}\overline{\boldsymbol{g}}^e \tag{3-41}$$

综合以上诸式，单元外力的势能为：

$$W = W_p + W_q + W_g = -\overline{\boldsymbol{\delta}}^{e\mathrm{T}}\left(\iint_A \overline{\boldsymbol{N}}^\mathrm{T}\overline{\boldsymbol{P}}_v t\mathrm{d}x\mathrm{d}y + \int_l \overline{\boldsymbol{N}}^\mathrm{T}\overline{\boldsymbol{P}}_S t\mathrm{d}l + \overline{\boldsymbol{g}}^e\right) \tag{3-42}$$

则可以得到单元体积力与单元表面力的等效荷载计算公式：

$$\begin{cases} \overline{\boldsymbol{F}}_v = \iint_A \overline{\boldsymbol{N}}^\mathrm{T}\overline{\boldsymbol{P}}_v t\mathrm{d}x\mathrm{d}y \\[2mm] \overline{\boldsymbol{F}}_S = \int_l \overline{\boldsymbol{N}}^\mathrm{T}\overline{\boldsymbol{P}}_S t\mathrm{d}l \end{cases} \tag{3-43}$$

单元总的等效节点力：

$$\overline{F} = \overline{F}_v + \overline{F}_S + \overline{g}^e \tag{3-44}$$

因此,单元外力势能可以写为:

$$W = - \overline{\boldsymbol{\delta}}^{eT}\overline{F} \tag{3-45}$$

(3)单元的总势能泛函和最小势能原理

由单元的应变能和外力势能,可得单元的总势能泛函的表达式:

$$\mathrm{II} = U + W = \frac{1}{2}\overline{\boldsymbol{\delta}}^{eT}\overline{\boldsymbol{k}}\,\overline{\boldsymbol{\delta}}^e - \overline{\boldsymbol{\delta}}^{eT}\overline{F} \tag{3-46}$$

若取节点位移为未知量,从弹性力学最小势能原理出发,总势能的极值问题就变成了一个多元函数的极值问题。根据总势能求极值的条件,应有:

$$\frac{\partial \mathrm{II}}{\partial \overline{\boldsymbol{\delta}}^e} = 0 \tag{3-47}$$

解得:

$$\iint_A \boldsymbol{B}^{\mathrm{T}}\boldsymbol{D}\boldsymbol{B}t\mathrm{d}x\mathrm{d}y\overline{\boldsymbol{\delta}}^e = \iint_A \overline{\boldsymbol{N}}^{\mathrm{T}}\overline{\boldsymbol{P}}_v t\mathrm{d}x\mathrm{d}y + \int_l \overline{\boldsymbol{N}}^{\mathrm{T}}\overline{\boldsymbol{P}}_s t\mathrm{d}l + \overline{\boldsymbol{g}}^e \tag{3-48}$$

进一步写为:

$$\overline{\boldsymbol{k}}^e\overline{\boldsymbol{\delta}}^e = \overline{\boldsymbol{F}}^e \tag{3-49}$$

上式为单元平衡方程,建立了单元节点力与节点位移之间的关系。

3.3.6 单元刚度矩阵

单元刚度矩阵表达了单元节点位移与节点力之间的转换关系,上一节推导单元平衡方程式,已经得到三角形单元的单元刚度矩阵计算式,即:

$$\overline{\boldsymbol{k}}^e = \iint_A \boldsymbol{B}^{\mathrm{T}}\boldsymbol{D}\boldsymbol{B}t\mathrm{d}x\mathrm{d}y \tag{3-50}$$

由于三角形单元是常应变单元,矩阵 $\boldsymbol{B}$、$\boldsymbol{D}$ 与单元坐标无关,故可写成:

$$\begin{aligned}
\overline{\boldsymbol{k}}^e &= \iint_A \boldsymbol{B}^{\mathrm{T}}\boldsymbol{D}\boldsymbol{B}t\mathrm{d}x\mathrm{d}y = \boldsymbol{B}^{\mathrm{T}}\boldsymbol{D}\boldsymbol{B}t\iint_A \mathrm{d}x\mathrm{d}y = \boldsymbol{B}^{\mathrm{T}}\boldsymbol{D}\boldsymbol{B}tA \\
&= [\boldsymbol{B}_i \quad \boldsymbol{B}_j \quad \boldsymbol{B}_m]^{\mathrm{T}}[S_i \quad S_j \quad S_m]tA \\
&= \begin{bmatrix} k_{ii} & k_{ij} & k_{im} \\ k_{ji} & k_{jj} & k_{jm} \\ k_{mi} & k_{mj} & k_{mm} \end{bmatrix}
\end{aligned} \tag{3-51}$$

单元刚度矩阵中任意子矩阵:

$$\overline{\boldsymbol{k}}_{rs} = \boldsymbol{B}_r^{\mathrm{T}}\boldsymbol{D}\boldsymbol{B}_s tA = \frac{Et}{4(1-\mu^2)}\begin{bmatrix} b_r b_s + \dfrac{1-\mu}{2}c_r c_s & \mu b_r c_s + \dfrac{1-\mu}{2}c_r b_s \\ \mu c_r b_s + \dfrac{1-\mu}{2}b_r b_s & c_r c_s + \dfrac{1-\mu}{2}b_r b_s \end{bmatrix} \quad r,s = (i,j,m)$$

$$\tag{3-52}$$

对于平面应变问题,将上式中的 E 换为 $E/(1-\mu^2)$,μ 换为 $\mu/(1-\mu)$,就得到平面应变问题单元刚度矩阵的子矩阵：

$$\bar{\pmb{k}}_{\mathrm{rs}} = \frac{E(1-\mu)t}{4(1+\mu)(1-2\mu)A}\begin{bmatrix} b_{\mathrm{r}}b_{\mathrm{s}} + \dfrac{1-2\mu}{2(1-\mu)}c_{\mathrm{r}}c_{\mathrm{s}} & \dfrac{\mu}{1-\mu}b_{\mathrm{r}}c_{\mathrm{s}} + \dfrac{1-2\mu}{2(1-\mu)}c_{\mathrm{r}}b_{\mathrm{s}} \\[3mm] \dfrac{\mu}{1-\mu}c_{\mathrm{r}}b_{\mathrm{s}} + \dfrac{1-2\mu}{2(1-\mu)}b_{\mathrm{r}}b_{\mathrm{s}} & c_{\mathrm{r}}c_{\mathrm{s}} + \dfrac{1-2\mu}{2(1-\mu)}b_{\mathrm{r}}b_{\mathrm{s}} \end{bmatrix}$$

$$r,s = (i,j,m) \tag{3-53}$$

单元刚度矩阵具有以下性质：

(1)单元刚度矩阵中每个元素有明确的物理意义。矩阵 $\bar{\pmb{k}}^{\mathrm{e}}$ 中每一个元素是一个刚度系数,它的物理意义是单位节点位移分量所引起的节点力分量。例如,k_{ij} 表示节点在 j 方向产生单位位移,而其他位移均为零时,引起的 i 方向的节点力。

(2)单元刚度矩阵的对角线元素恒为正值,元素 k_{ii} 是欲使第 i 个自由度发生单位位移、其他自由度为零时,在第 i 个自由度上施加的力。显然,在该自由度上施加的力与单元位移方向是一致的,因此,主对角线元素恒为正值。

(3)单元刚度矩阵是对称阵。例如,节点 i 作用有水平节点力 $\bar{U}_i$、节点 j 作用有垂直节点力 $\bar{V}_j$、$\bar{U}_i$ 在节点 j 的垂直方向引起位移 $\bar{v}_{ij}$、力 $\bar{V}_j$ 在节点 i 的水平方向引起位移 $\bar{u}_{ji}$,根据功的互等定理,有：

$$\bar{U}_i\bar{u}_{ji} = \bar{V}_j\bar{v}_{ij} \tag{3-54}$$

由刚度系数的物理意义可知：

$$\begin{cases} \bar{k}_{ji} = \dfrac{\bar{V}_j}{\bar{u}_{ji}} \\[3mm] \bar{k}_{ij} = \dfrac{\bar{U}_i}{\bar{v}_{ij}} \end{cases} \tag{3-55}$$

从而得到：

$$\bar{k}_{ij} = \bar{k}_{ji} \tag{3-56}$$

由 $\bar{\pmb{k}}_{\mathrm{rs}}$ 的表达式,可见 $\bar{\pmb{k}}_{\mathrm{rs}} = \bar{\pmb{k}}_{\mathrm{rs}}^{\mathrm{T}}$,由此可知 $\bar{\pmb{k}}_{\mathrm{rs}}$ 具有对称性。

(4)单元刚度矩阵是奇异阵。由于作用于单元上的外力是静力平衡的,单元刚度方程中各方程不是完全独立的,有无穷解。因此,单元刚度矩阵是奇异矩阵,不存在逆矩阵,所对应的行列式值为零。

(5)单元刚度矩阵仅与单元本身有关,只与单元的几何特性和材料特性有关,与单元受力无关。

3.3.7　等效节点荷载

有限元法的离散思想是将所有力学量转换为节点的量。荷载也是如此,必须将其转换为等效的节点荷载。单元体积力和单元表面力的等效节点力计算公式为：

$$\begin{cases} \bar{\pmb{F}}_{\mathrm{v}} = \iint_A \bar{\pmb{N}}^{\mathrm{T}}\bar{\pmb{P}}_{\mathrm{v}}t\mathrm{d}x\mathrm{d}y \\[3mm] \bar{\pmb{F}}_{\mathrm{S}} = \int_l \bar{\pmb{N}}^{\mathrm{T}}\bar{\pmb{P}}_{\mathrm{S}}t\mathrm{d}l \end{cases} \tag{3-57}$$

下面介绍几种常用荷载作用下的等效节点力。

(1) 单元自重

设三角形单元 (i,j,m) 厚度为 t、重度为 ρ、面积为 A、自重沿 y 轴负方向，故有：

$$\overline{\boldsymbol{P}}_{\mathrm{v}} = \left\{ \begin{matrix} 0 \\ -\rho \end{matrix} \right\} \tag{3-58}$$

代入式 (3-57)，得到：

$$\overline{\boldsymbol{F}}_{\mathrm{v}} = \iint_A \overline{\boldsymbol{N}}^{\mathrm{T}} \overline{\boldsymbol{P}}_{\mathrm{v}} t \mathrm{d}x\mathrm{d}y$$

$$= \iint_A \begin{bmatrix} \overline{N}_i & 0 \\ 0 & \overline{N}_i \\ \overline{N}_j & 0 \\ 0 & \overline{N}_j \\ \overline{N}_m & 0 \\ 0 & \overline{N}_m \end{bmatrix} \left\{ \begin{matrix} 0 \\ -\rho \end{matrix} \right\} t \mathrm{d}\overline{x}\mathrm{d}\overline{y}$$

$$= \iint_A \begin{bmatrix} 0 & -\overline{N}_i\rho & 0 & -\overline{N}_j\rho & 0 & -\overline{N}_m\rho \end{bmatrix}^{\mathrm{T}} t \mathrm{d}\overline{x}\mathrm{d}\overline{y}$$

$$= -\rho t \begin{bmatrix} 0 & \iint_A \overline{N}_i \mathrm{d}\overline{x}\mathrm{d}\overline{y} & 0 & \iint_A \overline{N}_j \mathrm{d}\overline{x}\mathrm{d}\overline{y} & 0 & \iint_A \overline{N}_m \mathrm{d}\overline{x}\mathrm{d}\overline{y} \end{bmatrix}^{\mathrm{T}}$$

$$= -\frac{1}{3}\rho t A \begin{bmatrix} 0 & 1 & 0 & 1 & 0 & 1 \end{bmatrix}^{\mathrm{T}} \tag{3-59}$$

上式表明受自重荷载情形的等效节点力为单元质量的 $1/3$。

(2) 均布压力

设单元 (i,j,m) 的 ij 边上作用了均匀的分布力，如图 3-8 所示，其集度为：

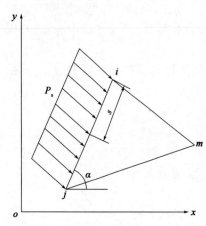

$$\overline{\boldsymbol{P}}_{\mathrm{S}} = \left\{ \begin{matrix} \overline{P}_{sx} \\ \overline{P}_{sy} \end{matrix} \right\} = \left\{ \begin{matrix} \overline{P}_s\sin\alpha \\ \overline{P}_s\cos\alpha \end{matrix} \right\} = \left\{ \begin{matrix} \dfrac{\overline{P}_s}{l}(\overline{y}_i - \overline{y}_j) \\ \dfrac{\overline{P}_s}{l}(\overline{x}_i - \overline{x}_j) \end{matrix} \right\} \tag{3-60}$$

通过形函数的性质易知：

$$\begin{cases} \overline{N}_i = 1 - \dfrac{\overline{s}}{l} \\ \overline{N}_j = \dfrac{\overline{s}}{l} \\ \overline{N}_m = 0 \end{cases} \tag{3-61}$$

图 3-8　均布荷载

将式 (3-60)、式 (3-61) 代入式 (3-57)：

$$\overline{\boldsymbol{F}}_{\mathrm{S}} = \int_{l} \overline{\boldsymbol{N}}^{\mathrm{T}} \overline{\boldsymbol{P}}_{\mathrm{S}} t \mathrm{d}l$$

$$= \int_{l} \begin{bmatrix} 1 - \dfrac{\bar{s}}{l} & 0 \\ 0 & 1 - \dfrac{\bar{s}}{l} \\ \dfrac{\bar{s}}{l} & 0 \\ 0 & \dfrac{\bar{s}}{l} \\ 0 & 0 \\ 0 & 0 \end{bmatrix} \begin{Bmatrix} \dfrac{\overline{P}_{\mathrm{s}}}{l}(\bar{y}_i - \bar{y}_j) \\ \dfrac{\overline{P}_{\mathrm{s}}}{l}(\bar{x}_i - \bar{x}_j) \end{Bmatrix} t \mathrm{d}l$$

$$= \frac{1}{2}\overline{P}_{\mathrm{s}} t \begin{bmatrix} \bar{y}_i - \bar{y}_j & \bar{x}_i - \bar{x}_j & \bar{y}_i - \bar{y}_j & \bar{x}_i - \bar{x}_j & 0 & 0 \end{bmatrix}^{\mathrm{T}} \tag{3-62}$$

上式相当于把作用于 ij 边上的表面力按静力等效平均分配到该边两端的节点上。

（3）三角形荷载

当某边界单元 ij 边上作用了三角形分布面力，如图 3-9 所示。设表面力集度在 i 点为 $\overline{P}_{\mathrm{s}}$，在 j 点为 0，则有：

$$\overline{\boldsymbol{P}}_{\mathrm{S}} = \begin{Bmatrix} \left(1 - \dfrac{\bar{s}}{l}\right)\overline{P}_{\mathrm{s}} \\ 0 \end{Bmatrix} \tag{3-63}$$

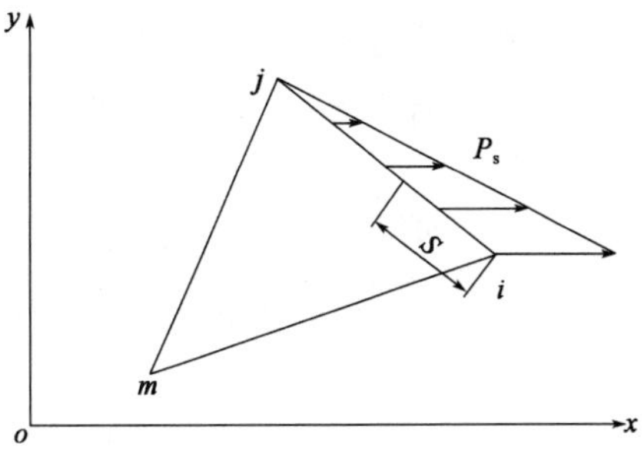

图 3-9　三角形荷载

将式（3-63）代入式（3-57）：

$$\overline{\boldsymbol{F}}_{\mathrm{S}} = \int_{l} \overline{\boldsymbol{N}}^{\mathrm{T}} \overline{\boldsymbol{P}}_{\mathrm{S}} t \mathrm{d}l$$

$$= \int_{l} \begin{bmatrix} 1 - \dfrac{\bar{s}}{l} & 0 \\ 0 & 1 - \dfrac{\bar{s}}{l} \\ \dfrac{\bar{s}}{l} & 0 \\ 0 & \dfrac{\bar{s}}{l} \\ 0 & 0 \\ 0 & 0 \end{bmatrix} \begin{Bmatrix} \left(1 - \dfrac{\bar{s}}{l}\right)\overline{P}_{\mathrm{s}} \\ 0 \end{Bmatrix} t \mathrm{d}l$$

$$= \frac{1}{2}\overline{P}_{\mathrm{s}} l t \begin{bmatrix} \dfrac{2}{3} & 0 & \dfrac{1}{3} & 0 & 0 & 0 \end{bmatrix}^{\mathrm{T}} \tag{3-64}$$

这相当于将总荷载的 2/3 分配给 i 点，1/3 分配给 j 点。

从上面的结果可以看出，单元上的体积力和表面力向节点的移置都是符合直观的静力等效原理的，并与工程中简单的处理方法相一致。应当指出，这种移置方法是线性位移模式 3 节点三角形单元的必然结果。对于非线性位移模式的单元，上述这种简单的荷载移置方法一般是不成立的。

3.4 整体分析

结构的整体分析就是将离散后的所有单元通过节点连接成原结构物进行分析,分析过程是将所有单元平衡方程组集成总体平衡方程,引进边界条件后求解整体节点位移向量。

在3.3节中得到了单元平衡方程(3-49),建立了单元节点力与节点位移之间的关系。对于每个单元,都可以建立单元平衡方程,然后将这些方程集成在一起,就得到结构的整体平衡方程:

$$K\Delta = F \tag{3-65}$$

式中:Δ——整个结构上节点位移列阵;

$\quad\quad F$——整个结构上节点力列阵;

$\quad\quad K$——总体刚度矩阵。

整体平衡方程是一个以节点位移为未知数的线性代数方程组,求解它可以得到结构的节点位移。但是由于整体刚度矩阵 K 是奇异矩阵,方程组有无穷解,从物理意义上讲,此时结构具有刚体位移。为此,必须要引入位移约束条件,限制结构的刚体位移,保证整体平衡方程有唯一解。

在一般情况下,所考虑问题的边界往往已有一定的位移约束条件,否则,可适当指定某些节点的位移值,以避免出现刚体运动。引用这些边界条件以后,待求节点未知量的数目和方程的数目便可相应减少。

另外,位移条件的引入通常是在形成了整体刚度矩阵和节点荷载列阵之后进行的,这时 K 和 F 中的各元素已经按照一定的顺序分别储存在相应的数组中了,引入边界条件时,应尽量不改变 K 和 F 中各元素的储存顺序,并保证整体刚度矩阵为对称矩阵,而且处理的元素越少越好。

引入已知节点位移最常用的方法有三种:化1置0法、乘大数法、降阶法。

3.5 计算结果的整理

求解整体平衡方程后,直接得到结构的节点位移列阵 Δ,在此基础上可以计算出结构的应力和应变等结果。

3.5.1 单元应变及应力的计算

解出结构的节点位移后,也就相当于得到了各个单元的节点位移 δ^e。根据式(3-24),单元内任意一点的应变为:

$$\begin{cases} \bar{\varepsilon}_x = \dfrac{\partial \bar{u}}{\partial \bar{x}} = \dfrac{1}{2\Delta}(b_i \bar{u}_i + b_j \bar{u}_j + b_m \bar{u}_m) \\[2mm] \bar{\varepsilon}_y = \dfrac{\partial \bar{v}}{\partial \bar{y}} = \dfrac{1}{2\Delta}(c_i \bar{v}_i + c_j \bar{v}_j + c_m \bar{v}_m) \\[2mm] \bar{\gamma}_{xy} = \dfrac{\partial \bar{u}}{\partial \bar{y}} + \dfrac{\partial \bar{v}}{\partial \bar{x}} = \dfrac{1}{2\Delta}(c_i \bar{u}_i + b_i \bar{v}_i + c_j \bar{u}_j + b_j \bar{v}_j + c_m \bar{u}_m + b_m \bar{v}_m) \end{cases} \tag{3-66}$$

由式(3-2)可知,平面应力状态下单元内任意一点的应力与应变关系为:

$$\begin{cases} \bar{\sigma}_x = \dfrac{E}{1-\mu^2}(\bar{\varepsilon}_x + \mu\bar{\varepsilon}_y) \\[2mm] \bar{\sigma}_y = \dfrac{E}{1-\mu^2}(\mu\bar{\varepsilon}_x + \bar{\varepsilon}_y) \\[2mm] \bar{\tau}_{xy} = \dfrac{E}{2(1+\mu)}\bar{\gamma}_{xy} \end{cases} \tag{3-67}$$

将式(3-66)带入式(3-67),即可得到单元内任意一点的应力为:

$$\begin{cases} \bar{\sigma}_x = \dfrac{E}{2\Delta(1-\mu^2)}\big[(b_i\bar{u}_i + b_j\bar{u}_j + b_m\bar{u}_m) + \mu(c_i\bar{v}_i + c_j\bar{v}_j + c_m\bar{v}_m)\big] \\[2mm] \bar{\sigma}_y = \dfrac{E}{2\Delta(1-\mu^2)}\big[\mu(b_i\bar{u}_i + b_j\bar{u}_j + b_m\bar{u}_m) + (c_i\bar{v}_i + c_j\bar{v}_j + c_m\bar{v}_m)\big] \\[2mm] \bar{\tau}_{xy} = \dfrac{E}{4\Delta(1+\mu)}(c_i\bar{u}_i + b_i\bar{v}_i + c_j\bar{u}_j + b_j\bar{v}_j + c_m\bar{u}_m + b_m\bar{v}_m) \end{cases} \tag{3-68}$$

对于平面应变问题,将上式中的 E 换为 $E/(1-\mu^2)$,μ 换为 $\mu/(1-\mu)$,就得到平面应变问题的单元内任意一点的应力。

3.5.2 节点应力

在相邻单元的边界上,位移函数是连续的,但应变、应力不一定是连续的。3 节点三角形单元为常应变、常应力单元,相邻单元的结果一般是不相等的。因此,在公共节点处各相关单元的应力往往是不同的,一般要通过某种平均计算得到节点应力。下面介绍两种节点应力的计算方法[7]:

(1)绕节点平均法。计算与公共节点有关单元的算数平均值作为该点的应力。如图 3-10 所示节点 i 的应力为:

$$\sigma_i = \frac{\sum\limits_{e=1}^{3}\sigma^e}{3} \tag{3-69}$$

式中:σ^e——第 e 单元的应力。

(2)绕节点单元面积的加权平均法。以相关各单元的面积作为加权系数,计算各单元应力的加权平均值作为节点应力。如图 3-10 所示节点 i 的应力为:

$$\sigma_i = \frac{\sum\limits_{e=1}^{3}A_e\sigma^e}{\sum\limits_{e=1}^{3}A_e} \tag{3-70}$$

式中:A_e——第 e 个单元的面积。

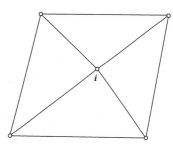

图 3-10 绕节点平均法

采用上述两种应力平均法时还必须注意两点:

(1)相连单元间的应力连续性只有当相连单元具有相同厚度和材料时才存在,平均法才有意义。因此,对于那些不等厚度或不同材料的相连单元不能采用平均法整理应力结果。

(2)位于结构边界或介质间断线上的应力点是无法用平均法得到应力值的,若用绕节点平均法也因其相连单元太少而不能得到较佳的近似值。这种情况往往改用内部应力点外推的办法去求它的近似值。

本章参考文献

[1] 徐芝纶.弹性力学简明教程[M].北京:高等教育出版社,2013.

[2] 王元汉,李丽娟,李银平.有限元法基础与程序设计[M].广州:华南理工大学出版社,2001.

[3] 曾攀.有限元基础教程[M].北京:高等教育出版社,2009.

[4] 彭细荣,杨庆生,孙卓.有限单元法及其应用[M].北京:清华大学出版社,北京交通大学出版社,2012.

[5] Saeed Moaveni.有限元分析——ANSYS理论与运用[M].李继荣,王蓝婧,邵绪强,等,译.北京:电子工业出版社,2015.

[6] 高耀东,张玉宝,任学平,等.有限元理论及ANSYS应用[M].北京:电子工业出版社,2016.

[7] 尹飞鸿.有限元法基本原理及应用[M].北京:高等教育出版社,2010.

第 4 章

土木工程结构的有限元模拟方法

4.1 土木工程结构力学描述方法

土木工程构筑物一般由承重结构和附属结构两部分组成。承重结构又称为工程结构，用来承受各种荷载和作用，起骨架支撑、传递荷载的作用，如：房屋建筑中的梁、柱、剪力墙，公路和铁路中的桥梁、隧道、涵洞，水工建筑物中的坝体都属于承重结构，附属结构主要用于提供维护（如门、窗）并满足使用要求。按照工程结构的连接形式可以将土木工程结构归结为两类力学体系。

（1）离散结构体系，整个结构体系是由有限个离散的构件通过共用的节点连接而成的，构件的几何特征是其横截面上两个方向的几何尺度远小于长度，如框架结构、工业车间、桁架梁、斜拉桥、悬索桥等（图4-1），这类结构的受力行为可以使用结构力学、材料力学进行描述和分析。

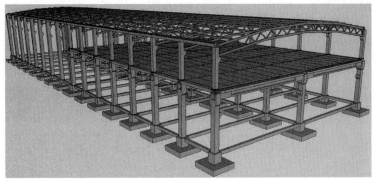

a) 工业厂房

b) 悬索桥

图4-1 离散结构体系

（2）连续结构体系,整个结构是一块密不可分的连续体,如大坝、挡土墙、隧道、烟囱、冷却塔等(图4-2),这类结构的受力行为必须使用弹性力学、板壳力学等高等力学建立微分方程及其边界条件进行描述和分析。根据结构几何尺度的特征,又可以将其分为板壳结构和实体结构,板壳结构也称为薄壁结构,它的几何特征是其厚度远小于其余两个方向上的尺度。房屋建筑中的楼板、壳体屋盖均属于薄壳结构;实体结构也成为三维连续结构,其几何特征是结构的长、宽、高三个方向的尺度大小相仿。重力式挡土墙和水工建筑中的重力坝等属于实体结构。

a) 拱坝

b) 挡土墙

图 4-2　连续结构体系

4.2　工程结构的基本构件及其受力特征

工程结构的类型随着建筑材料与工程力学的发展和人类的需求而不断发展,但工程结构的基本构件并未发生太大变化,仍可按其受力特点将其分为梁、板、柱、壳、膜、墙、体等几大类。梁、板是承受竖向荷载的水平构件,柱、墙是承受水平荷载的竖向构件,壳、膜是承受横向荷载的空间受力构件,体则是承受和传递复杂荷载形式的三维空间构件。这些基本构件可以单独使用,也可组合使用[1]。

4.2.1　梁

梁是工程结构中承受和传递竖向荷载的水平受弯构件,以弯曲变形为主,主要承受弯矩、剪力,有时也承受一定的扭矩。梁的截面尺寸远小于其跨度,梁的截面高度一般为跨度的1/12~1/10,梁截面宽度是其截面高度的1/3~1/2。

按照其功能的不同,可以将其分为圈梁、过梁、连梁、框架梁、框支梁、盖梁、系梁等。按照截面形式可分为矩形梁、T梁、工字梁、箱梁等。按照支撑方式的不同可以分为简支梁、悬臂梁、连续梁、框架梁等。

按照跨高比的不同,又可将其分为深梁和细长梁(图4-3)。深梁的跨径与梁高之比通常较小(如剪力墙结构中的连梁、桥梁中的盖梁),工程上将跨高比小于2.0的简支梁和跨高比小于2.5的连续梁称为深梁,与细长梁相比,深梁的截面应力分布不服从平截面假定,剪切变形对挠度的贡献更为显著,破坏模式也与普通梁有很大区别。

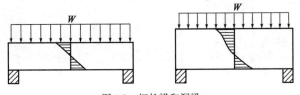

图4-3 细长梁和深梁

4.2.2 板

板也是工程结构中承受和传递竖向荷载的水平受弯构件,以弯曲变形为主,主要承受弯矩。与梁不同的是板的平面尺寸较大而厚度较小,通常支撑在梁、墙或柱上。板在工程结构中应用广泛,如房屋建筑中的楼板、屋面板,桥梁结构中的桥面板等。

按平面形式的不同,可以将板分为方形板、矩形板、槽形板、T形板、密肋板等;按材料可分为木板、钢板、钢筋混凝土板、预应力混凝土板等;按长宽比和荷载传递方式可以分为单向板和双向板,通常将长宽比不小于2.0的板称为单向板,单向板上的荷载主要是通过沿板的短边方向的弯曲(及剪切)作用传递的,沿长边方向传递的荷载可以忽略不计;长宽比小于2.0的板称为双向板,荷载作用下将在纵横两个方向产生弯矩(图4-4)。

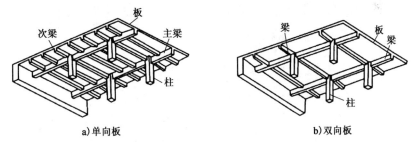

a)单向板 　　　　　　　　　　　b)双向板

图4-4 单向和双向板

按照板的厚宽比可以分为薄板和厚板,厚宽比介于1/80~1/10的板属于薄板,厚宽比介于1/10~1/5的板属于厚板,而厚宽比小于1/80的板受力与薄膜类似。薄板垂直于中面方向的正应变通常较小,薄板横向剪力引起的剪切变形与弯曲变形相比可以忽略不计,中面因弯曲变形伸长而产生的薄膜应力也可忽略;对于厚板而言,横向剪力引起的剪切变形与弯曲变形大小同阶,分析时不能忽略剪切变形的影响。

4.2.3 壳

壳是具有良好空间传力性能的曲面构件,利用其空间几何形状的合理性减小沿厚度变化的弯曲应力,承受以压力为主且沿壳体厚度方向均匀分布的薄膜内力,并据此抵抗外荷载。壳可以做成各种形状,以适应工程造型需要,房屋建筑中的顶盖、屋面板,隧道工程中的衬砌,双曲面冷却塔(图4-5),核反应堆安全壳都属于壳结构。

a) 立面图   b) 俯视图

图4-5 冷却塔

按照壳的厚度与最小曲率半径的比值可分为薄壳、中厚壳和厚壳,厚径比小于1/20 的壳一般称为薄壳,多用于房屋的屋盖,中厚壳和后壳多用于地下结构及防护结构中。壳体各点的位移比壳体厚度小得多,壳体中面的法线在变形后仍为直线且垂直于中面;壳体垂直于中面方向的应力可以忽略不计。

4.2.4 膜

膜结构采用高强度柔性薄膜材料与辅助结构通过一定方式使其内部产生一定的预张应力,并形成应力控制下的某种空间形状,作为覆盖结构或建筑物主体,并具有足够刚度以抵抗外部荷载作用的一种空间结构。膜依靠内部的预张力形成几何刚度抵抗横向荷载。

膜结构质量轻盈、造型灵活美观,被广泛应用于体育场馆、火车站、候机大厅、收费站等公共建筑中,国家游泳中心(水立方)就是膜结构的典型代表(图4-6)。

图4-6 水立方膜结构

4.2.5 柱

柱是工程结构中主要承受压力的构件,主要承受压力及弯矩。当作用在柱上的力作用线通过柱截面形心时称为轴心受压构件;当力作用线偏离柱截面重心或同时作用有轴心压力及弯矩时,称为偏心受压构件,实际工程中大部分柱为偏心受压构件。

柱的截面形式可分为方柱、圆柱、薄壁空心柱、双肢柱、格构柱等;按材料可分为石柱、砖柱、钢柱、钢筋混凝土柱、钢管混凝土柱、劲性骨架混凝土柱等;按柱的破坏特征或长细比可分为短柱、长柱及中长柱。

钢柱常用于工业厂房、公共建筑、高层建筑中,按照截面可分为实腹柱和格构柱;钢筋混凝土柱是最常见的柱,广泛应用于各类建筑中,如房屋建筑中的框架柱、桥梁结构中的空心薄壁墩等;钢管混凝土柱是用钢管作为外壳,内浇混凝土,多用于桥梁工程和高层建筑中。

4.2.6　墙

墙是承受水平荷载的竖向平面构件,其厚度小于墙面尺寸,当承受平行于墙面的荷载时,墙主要承担压力;当承受垂直于墙面的荷载时,墙主要承受弯矩和剪力。房屋建筑中的钢筋混凝土剪力墙、砖墙,道路工程中的挡土墙都是典型的墙构件。

房屋建筑中,截面长边(长度)与短边(厚度)之比大于8.0的墙为典型的以整体弯曲变形为主的剪力墙,介于4.0~8.0的剪力墙称为短肢剪力墙,小于4.0的墙受力特性接近于柱,应按柱进行截面设计和考虑配筋构造(图4-7)。

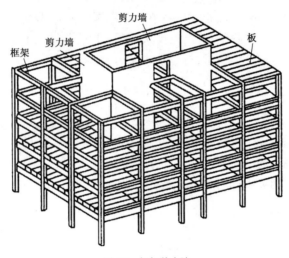

图 4-7　框架剪力墙

按照材料类型可分为砖墙、石墙、钢筋混凝土墙和砌体墙;按墙体的受力特点又可分为承重墙和非承重墙,非承重墙只承担自身的重量,主要起到分割空间和围护的作用,又称为隔墙。

4.3　有限元分析的一般过程

在采用有限元方法分析结构受力行为时,离散结构通常会根据结构受力特点选择合适的单元,并通过定义节点和单元直接建立有限元模型,而连续结构则会根据分析对象的形状和尺寸建立几何模型,然后选择合适的单元划分网格形成有限元模型。图4-8给出了离散结构和连续结构在进行有限元分析时的一般过程。

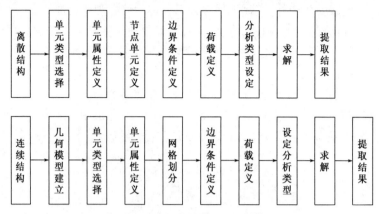

图4-8 有限元分析的一般过程

下面分别对上述过程中每个步骤的主要工作做简要说明。

4.3.1 几何模型建立

几何模型是对分析对象形状和尺寸的描述,应根据分析对象的具体特征对形状和大小进行必要的简化、变换和处理,以适应有限元分析的特点。所以几何模型的维数特征、形状和尺寸有可能与原结构完全相同,也可能存在一些差异。几何模型在计算机中的表示形式有实体模型、曲面模型和线框模型三种,具体采用哪种形式与结构类型有关,如板、壳结构采用曲面模型,空间结构采用实体模型,杆系结构采用线框模型等。

4.3.2 单元类型选择

单元类型的选择综合考虑结构的类型、形状、受力和变形特点、精度要求和硬件条件等因素。例如,如果结构是一个形状非常复杂的不规则空间结构,则应选择四面体空间实体单元;如果结构是比较规则的空间结构,则应选择六面体单元;如果结构具有轴对称性,且承受的荷载也是轴对称的,则可以选用平面单元简化结构建模和分析过程。

4.3.3 单元属性定义

有限单元是对结构构件的数学和力学抽象,在抽象过程中可能会将结构的某些特性以单元属性的形式进行表达,而不直接反映于有限元模型上,这些单元属性数据用于定义材料特性、物理特性、辅助几何特征、截面形状和大小等。所以在建立有限元模型之前,首先应定义描述单元属性的各种特性表。

4.3.4 网格划分

网格划分是建立有限元模型的主要工作,有限元模型的求解精度在很大程度上取决于网格的形式和质量,它需要考虑的问题较多,如网格数量、疏密、质量、布局、位移协调性等。为了提高建模速度,目前广泛采用自动或半自动分网方法,在几何模型的基础上,通过一定的人为控制、由计算机自动划分出网格。

4.3.5 边界条件和荷载的定义

边界条件和荷载反映了分析对象与外界之间的相互作用,是实际工况条件在有限元模型上的表现形式。只有定义了完整的边界条件和荷载,才能计算出需要的计算结果。边界条件和荷载的定义一般需要两个环节,一是对实际工况条件进行量化,即将工况条件表示为模型上可以定义的数学形式,如确定表面压力的分布规律、对流换热的换热系数、接触表面的接触刚度、动态荷载的作用规律等。二是将量化的工况条件定义为模型上的边界条件和荷载,如单元面力和棱边力、惯性体力、单元表面的对流换热等。

4.4　几何模型的建模原则

几何建模时并不总是能完全准确模拟结构的实际形状,而应根据形状和边界条件的特点对结构进行必要的简化、变换和处理,以建立适合于网格划分和降低模型规模的几何模型。几何模型直接影响分网过程和网格形式,因此在建立几何模型时需要遵循以下原则[2-3]:

(1)降维处理

由于平面问题和轴对称问题的几何模型是平面模型,在平面上划分网格比在空间内划分要容易得多、单元数量也少得多,因此当实际结构满足平面问题或轴对称问题条件时,应当使用降维处理将三维问题简化为二维问题。

(2)简化细节

结构中常常存在一些相对尺寸很小的细节,如倒圆、倒角、退刀槽、加工凸台等。细节的存在将影响网格的大小、数量和分布。因为在自动分网时,一段直线或曲线至少划分一个单元边,一个平面或曲面至少划分一个单元面,一个圆最少也应由三个单元边来离散,细节将限制网格的大小,从而影响整个模型的网格数量和分布。因此,几何建模时应尽量忽略一些不必要的细节。而在决定细节取舍时应当考虑以下两方面内容:

①细节处的应力大小

如果细节处于结构的高应力区,这种细节常常会引起应力集中,细节的尺寸和形状对应力大小有很大影响,因此这类细节不能忽略,且在分网时应加以特别注意。

如果细节的取舍事先难以判断,这时可以先考虑所有细节,并采用较稀疏的网格进行粗算,然后根据计算出的应力分布决定细节的取舍。大应力区域内的细节应加以考虑,并细化这些细节处的网格。小应力区域内的细节可以忽略,且网格可以适当加大。

②分析内容

细节对结构内部的应力大小和分布影响较大,所以在计算应力或者动应力时,应对细节特别注意。但在动态分析时,由于结构的固有频率和模态振型主要取决于重量分布和刚度,细节的影响不大,这时就可考虑较少的细节。

(3)等效变换

当结构的形状很复杂或者网格划分很困难时,可以对结构形式做适当变换以方便网格划分。为提高钢箱梁顶底板的刚度,通常会设置各种各样的加劲肋(图4-9)。如果建立几何模型时考虑所有加劲肋,势必会导致模型相当复杂,也极大地加剧了网格划分难度。如果去掉那些加劲肋,则钢箱梁主要由平板构件组成,这样便能极大地简化模型,提高求解效率和精度,但如果在建模时不考虑加劲肋,则需要按照刚度等效的原则将加劲肋等效为相应厚度的钢板。

图 4-9　钢箱梁的横断面

为将带肋板变换为平板,可以按照刚度等效的原则进行简化,等刚度变换要求等效平板与原有带肋板在相同的边界条件下对应节点的位移相同,由于板单元的刚度矩阵与弹性模量成正比,因此可以通过调整弹性模量或者板厚的方法进行等效处理。

(4)仅建立局部结构

工程中有些结构只是在某一局部受力较大,而其他部位不受力或受力很小,这时就可以从整个结构中取出受力最严重、应力或变形最大的局部区域来建立几何模型。有些结构即使是整体受力,也可以只取出所关心的重要部位进行分析,而舍去部分的影响可用边界上的力或位移代替。由于局部结构的求解区域缩小,因而能使建模和计算简化。

局部结构是从整体结构中人为划分出来的,进行局部结构分析的关键是如何确定划分边界的位置及边界上的力或位移条件,以便较准确地考虑舍去部分的作用。

(5)利用对称性

当结构形状和边界条件具有某种对称性时,应力和变形也将呈相应的对称分布。当结构和荷载都对称或反对称时,可以仅取出结构的一半建模,减小模型规模。对称性有反射对称和周期对称两种基本形式。

当结构的某一部分相对某一平面进行映射时,如果该部分的形状、荷载和约束条件与另一部分完全重合,则这种对称形式称为反射对称。反射对称又包括两种情况:一是荷载对称,即荷载反射后大小和方向均重合;二是荷载反射对称,即荷载反射后大小重合,但方向相反。如果结构具有反射对称性,就可以取出对称面任一侧的结构进行分析。如果取出的结构还具备反射对称性,那么还可以进一步取结构的一半,直到取出的结构无对称性为止。即当结构不止具有一个反射对称面时,可以取出结构的1/4、1/8甚至更小进行分析。

值得注意的是,反射对称不仅要求结构的形状、荷载对称,而且还要求位移约束也对称。有些结构的荷载虽然不对称,但只要结构形状和位移约束是对称的,将荷载进行适当分解,仍可将一般荷载化为几种对称荷载的组合。

若结构可以划分为若干形状完全相同的子结构,则当任一子结构绕对称中心旋转一定角度后,该子结构的形状、荷载和位移约束将与其他子结构完全重合。工程中如发动机叶片、花键、螺旋桨等均属于周期对称结构。

当结构具有周期对称性时,其内部应力和变形也将呈周期变化。和反射对称相似,周期对称不仅要求结构形状对称,还应保证荷载和位移约束对称,而且各子结构的材料特性和物理特性也应相同。

在利用对称性时,要正确定义对称面上的位移条件,以准确考虑舍去部分对分析部分的作用。

对于反射对称结构,当荷载是对称荷载时,对称面上的位移条件为:垂直于对称面的移动位移分量为零;方向矢量平行于对称面的转动位移分量为零。当荷载是反对称荷载时,对称面上的位移条件为:平行于对称面的移动位移分量为零;方向矢量垂直于对称面的转动位移分量为零。反射对称结构在两种荷载条件下的位移条件刚好是互补的,即对称荷载时为零的位移分量在逆对称荷载时一定不为零,而不为零的位移分量则一定为零,反之亦然。

对于周期对称结构,其对称面上的位移条件处处相等。比较反射对称和周期对称的位移条件可以看出,反射对称的位移条件是绝对位移约束,可以消除结构的刚体位移。而周期对称的位移条件是相关位移约束,不能消除结构的刚体位移,分析时还需要其他的绝对位移约束。

利用结构对称性进行分析时,应注意以下几个问题。

①若对称面上作用有荷载,则应取荷载的 1/2 进行分析。

②若对称面上存在板或梁,则离散板和梁的单元所有节点均位于对称面上,这时板或梁单元的刚度应取整个单元刚度的 1/2,而不是取 1/2 单元的全部刚度。

③用对称面剖分结构时,应尽量使剖分面不在结构的最大应力位置。

4.5 单元类型的选取及特性的定义

在选择单元类型时,首先应对分析对象的形状、尺寸、工况条件、材料类型、计算内容、应力和变形的大致规律等进行仔细分析。只有正确掌握了分析对象的具体特征,才能选择合适的单元并建立合理的有限元模型。在选择单元类型之前,需要思考并明确以下几个问题[3]:

(1)结构类型

弹性力学中将结构分为平面问题、轴对称问题、空间问题、杆件结构、薄板弯曲问题、薄壳问题和轴对称薄壳问题等类型。对于不同类型的结构,划分网格时所选择的单元类型是不一样的,几何模型的形式、形状处理方法等也可能不相同。结构类型一般应根据结构的几何形状、边界条件、材料类型等进行判断。例如,如果结构的形状、位移约束、荷载、材料特性等都具有轴对称性时,则结构属于轴对称问题。

(2)分析类型

分析类型可分为静力分析、动态分析、热分析以及接触分析、断裂分析等,也可分为线性和非线性分析。不同的分析类型对有限元模型的要求也不尽相同。例如,动态分析要求整个模型的网格趋于均匀,而静力分析时,则应根据应力分布采用疏密不同的网格。由于动态分析计算量很大,所以建模时应特别注意控制模型规模;而在热分析时,由于节点只有一个自由度,且计算只是求解线性方程组,所以相比之下模型规模就没有动态分析时那样重要。

(3)分析内容

分析内容不同,对模型的要求也可能不一样。例如在静力分析时,如果只需要计算变形,则网格可以划分得比较均匀和相对少一些;若需要计算应力,则应力集中区域的网格应加密,整个模型的网格也应分得多一些。又如在动态分析时,如果只需要计算结构的少数低阶动态特性,则网格可以分得较稀;但若需要计算高阶动态特性,则应使用较密的网格。

(4)计算精度要求

不同分析对象对计算精度的要求不完全一样。例如,对于结构中一些关键构件,要求构件应具有绝对可靠的强度,但受使用功能的严格限制又不可能将构件尺寸设计得太大,这就要求非常准确地掌握构件的应力大小和分布,这样既能保证强度要求,又不致将构件设计得太过笨重。而对于一些非关键性的构件,计算精度就可以取得相对低一些。

不同的精度要求对建模有很大影响。当精度要求高时,就需要对几何模型、网格数量、网格形状以及边界条件等进行认真考虑,也可能采用组合建模等措施来提高精度。当精度要求不是很高时,建模时就可能采用较多的近似处理,如空间问题近似为平面问题或轴对称问题,忽略一些结构细节等,网格数量也可以取得少一些。

(5)模型规模

网格划分之前还不能准确知道模型的大小,但根据分析对象的形状、尺寸、类型、精度要求等条件,可以判断单元和节点数量的大致量级。根据模型规模的大小和具体的硬件条件,建模时可采取相应的建模策略。例如,当模型规模很大而硬件条件有限时,就可能采用分步计算方法、子结构方法等建模方法,网格密度也尽可能取得小一些,一些影响网格划分的细节也要尽可能忽略。

(6)计算数据的大致规律

根据结构形状和工况条件的特点,有时在计算前便可对应力和变形的分布规律进行粗略的估计。计算数据的分布特点对于网格的相对密度、位移约束条件的定义以及几何模型的建立等都有直接影响。例如,如果能够判断结构某一部位有严重的应力集中,则划分网格时该部位应划分得非常密集,网格质量和边界几何离散精度也应尽可能高,这些部位的细节也必须仔细考虑,而其他应力变化平滑的部位则可以采用相对较低的要求。如果能够判断结构中某些位置的变形非常小,就可以将位移约束条件定义在这些位置上,或者只取出变形较大的局部结构进行分析。

4.5.1 单元类型

选择单元首先应明确单元的类型。在结构有限元分析中,主要有质量单元、杆单元、梁单元、平面应力单元、平面应变单元、轴对称实体单元、轴对称壳单元、板单元、壳单元、实体单元、间隙单元、弹簧单元等。按照不同的分类方法,上述单元可分为以下不同的形式[4]:

(1)一维、二维和三维单元

根据网格的维数特征,单元可分为一维单元、二维单元和三维单元。一维单元的网格为一条直线或曲线。直线表示由两个节点确定的线性单元,曲线代表由两个以上节点确定的高次单元,或具有特定形状的线性单元(如曲梁单元)。杆单元、梁单元、轴对称壳单元等都属于一维单元。

二维单元的网格是一个平面或曲面,它没有厚度方向的尺寸。这类单元包括平面单元、轴对称实体单元、板单元、壳单元等。二维单元的形状通常有三角形和四边形两种,在自动划分网格时,这类单元要求的几何模型是表面模型或实体模型的边界面。

三维单元的网格具有空间三个方向的尺寸,其形状有四面体、五面体和六面体,这类单元包括空间实体单元和厚壳单元,在自动分网时它要求的几何模型是实体模型。

（2）线性、二次和三次单元

根据单元插值函数完整多项式的最高阶次数的多少,单元可分为线性单元、二次单元和三次单元。

线性单元具有线性形式的插值函数,其网格通常只有角节点而无边节点,网格边界为直线或平面。这类单元的优点是节点数较少,在精度要求不高或结果数据梯度不大的场合,采用线性单元可以得到较小的模型规模。但由于单元位移函数是线性的,单元内的位移呈线性变化,而应力则是常数,因此单元之间的应力不连续,单元边界上存在应力突变。

二次单元的插值函数是二次多项式,其网格不仅在每个顶点处有角节点,而且在棱边上还存在边节点,因此网格边界可以是二次曲线或曲面。这类单元的优点是几何和物理离散精度都较高,单元内的位移呈二次变化,应力呈线性变化,因此单元边界上的应力是连续的。但在单元数量相同的条件下,二次单元的节点数比线性单元多,模型规模偏大。

三次单元的插值函数是三次多项式,其网格的每条边上存在两个边节点,有些三次单元还具有内部节点。这类单元的离散精度更高,但由于单元节点数较多,网格划分较困难,模型规模很大,一般用于具有特殊精度要求的场合。

（3）等参元、次参元和超参元

根据插值单元形状所用的节点数 n 和插值单元位移场的节点数 m 是否相等,单元可分为等参元、次参元和超参元,如图 4-10 所示,其中小圈点表示插值单元形状用的节点,小圆圈表示插值位移用的节点。当 $n < m$ 时,单元称为次参元,这类单元可用于结构边界简单但位移计算精度要求较高的场合,例如在计算一个矩形截面梁的高阶振型时就可以用这类单元。当 $n > m$ 时,单元称为超参元,这类单元可用于有复杂边界但位移计算精度要求不高的结构。当 $n = m$ 时,单元称为等参元,目前这类单元应用最普遍。

a) 次参元　　　　　　　b) 等参元　　　　　　　c) 超参元

图 4-10　次参元、等参元和超参元

本节介绍结构分析中一些常见的单元及其应用特点。

（1）平面单元

平面单元包括平面应力单元和平面应变单元,分别用于模拟平面应力结构和平面应变结构。平面单元的网格形状有三角形和四边形两种,每种形状的单元可以有线性、二次和三次,如图 4-11 所示。

三角形单元的边界适应能力比四边形强,常用于曲线边界的离散,有时也用于不同大小四边形单元的过渡。四边形单元多用于形状比较规则的结构,其精度要高于同阶次的三角形单元。在三种阶次中,二次单元具有合适的计算精度和计算量,实际分析中应用较多。线性单元是常应变（应力）单元,精度较低,常用于精度要求不高的初算或结构中的次要部位。三次单元则用于精度具有特殊要求的场合。

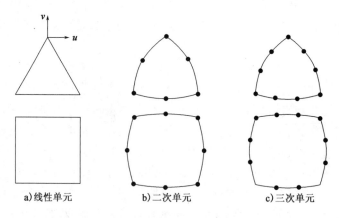

图 4-11　平面单元类型

　　平面单元的节点具有沿单元平面内 x、y 轴方向的两个平动自由度。单元上可以施加单元平面内的节点力、分布力、面力和体力等荷载,可用于分析各向同性和正交各向异性材料,可以输出位移、应力、应变能、约束反力和单元力等计算结果。平面单元的物理特性包括厚度值和单位面积上的非结构质量。

　　(2)实体单元

　　实体单元模拟空间结构或厚壳结构,可进行静力和动力分析。网格形状有四面体、五面体和六面体三种,每种形状可以有线性、二次和三次三种阶次,图 4-12 示出了三种形状、三种阶次共九种实体单元。

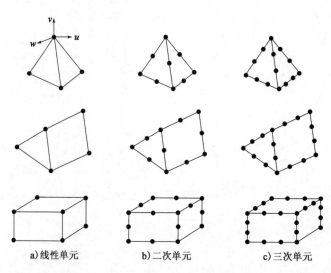

图 4-12　空间实体单元类型

　　四面体网格的边界适应能力较强,常用于具有复杂边界曲面的不规则结构的离散,而五面体和六面体网格多用于形状较规则的结构。在三种阶次中,二次单元具有较合适的计算精度和计算量,应用较普遍。线性单元是常应变(应力)单元,精度较低,常用于精度要求不高的初算或结构中的次要部位和应力梯度较小的部位,三次单元则用于精度具有特殊要求的场合。实体单元的节点具有三个平动自由度。单元上可以施加节点力、面力和体积力以及温度荷载,输出位移、应力、应变、应变能、单元力和反作用力等计算结果。

（3）轴对称实体单元

轴对称实体单元用于模拟轴对称实体结构,可进行静力分析和动力分析。轴对称模型是一平面图形,而单元本身描述的是环状空间结构。网格形状有三角形和四边形两种,每种形状一般具有线性和二次两种形式。

轴对称实体单元的节点具有沿子午面内的两个平动自由度。单元上可以施加节点力、膜荷载、体力和温度荷载,但不能施加面荷载。由于轴对称条件要求结构的材料也应具有轴对称性,所以这类单元只能分析各向同性和正交各向异性材料,而不能分析完全各向异性材料。计算结果包括位移、应力、应变、应变能、单元力和约束反力。

（4）杆单元

杆单元用于模拟桁架结构,可进行静力和动力分析。空间杆单元具有三个平动自由度,平面杆单元只有两个平动自由度。杆单元上可以施加节点力、轴向力、沿截面 y 向和 z 向的荷载,由于节点不具有转动自由度,所以不能在杆单元上施加节点力矩和扭矩。杆单元可计算结果包括位移、应力、应变、应变能、单元力和约束反力。

（5）梁单元

梁单元用于模拟刚架结构,可进行静力和动力分析。常见的单元形式有等截面梁、变截面梁和曲梁三种,其中等截面梁有线性和二次两种阶次,空间梁单元节点具有三个平动自由度和三个转动自由度,共六个自由度,平面梁单元节点具有两个平动自由度和一个转动自由度共三个自由度,所以单元特性不仅与截面大小有关,还与截面形状和方位有关。梁单元上可以施加的荷载包括节点力、节点力矩、轴向分布力、轴向分布扭矩、沿截面 y 向或 z 向的分布荷载、沿截面 y 向和 z 向的分布弯矩以及体力和温度荷载等。单元可以输出位移、应力、应变、应变能、单元力和约束反力等计算结果。

梁单元的物理特性包括单位长度上的非结构质量、初始应变等。用梁单元建模时应注意以下几个问题。

①截面方位

梁单元的网格形状只能确定梁长度方向的尺寸,截面特性也只能反映截面的形状和大小,它们均不能反映梁截面的方位。在建立有限元模型时,梁截面仍可绕质心轴旋转而具有不同的方位,如图4-13所示。由于梁单元可以承受弯矩作用,而梁截面在不同的方向可能具有不同的抗弯刚度,所以建立梁单元时还应按结构的实际方位确定单元截面方位。

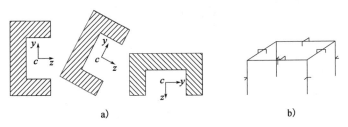

图4-13 梁单元截面方位及其显示

建立梁单元时,如果不明确定义截面的方位,有限元分析软件一般会按规定的缺省方式确定截面方位,分析人员可利用有限元软件中截面形状的显示功能判断截面方位与实际方位是否一致,并利用截面旋转功能将截面旋转到正确的方位上。

②节点偏移

一般情况下,杆系结构的有限元模型是截面形心的连线,而有些结构由于连接部位尺寸的差异和限制,导致两个相邻单元的节点不能重合[5]。例如在图 4-14 所示的几种结构中,连接部位的节点之间均存在一定量的偏移,这在有限元模型中是不允许的,因为一个单元的力和力矩无法传递到另一个单元。

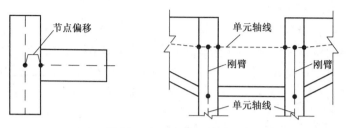

图 4-14　存在节点偏移的结构

对于上述存在节点偏移的结构,应在偏移的节点之间建立连接条件,以保证单元间的位移协调。为模拟图 4-14 所示的结构,可以在两个偏移节点之间人为连接一个刚度很大的梁单元,这种刚度很大的梁单元被称为刚臂。

③自由度释放

一般情况下,梁单元在节点所有自由度方向上均与相邻单元刚性连接在一起,单元所有方向的力或力矩均能完全传递到另一个单元。但有些梁结构之间并非在所有自由度方向上都具有约束连接,例如图 4-15 所示的带简支挂孔的单悬臂箱梁,简支挂孔与悬臂梁之间是支座连接,两者之间不能传递弯矩,因此在建立有限元模型时必须释放掉两者之间的转角变形[6]。

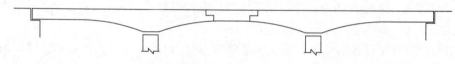

图 4-15　自由度释放

（6）板单元

板单元用以模拟平直薄板结构,可进行静力和动力分析,形状有三角形和四边形两种,每种形状也可以有线性、二次和三次。板单元类似平面单元的网格。板单元是在薄板结构的中面上划分的,所以单元坐标系建立在板的中面上,板厚通过单元实常数定义。

目前使用的板单元有三自由度和六自由度两种类型。三自由度板单元的节点只有三个自由度,这种单元是根据薄板弯曲理论建立的,只能承受横向弯曲荷载的作用,所以也称为横向弯曲板单元。但实际上板结构通常是受任意力系的作用,受力后的板也是处于连弯带扭的复杂变形状态,所以工程中应用较多的还是六自由度板单元,即单元每个节点有六个自由度。这种单元可以承受任意荷载的作用,也可以和梁单元直接进行组合。

板单元物理特性包括板的厚度和单位面积上的非结构质量等。单元的输出计算结果包括位移、应力、应变、应变能、单元力和约束反力。使用板单元时应注意不同厚度板的连接。例如图 4-16a）所示的变厚度平板,由于不同厚度部位的中面连续,所以离散各个部位的单元在变厚度线上的节点是重合的。这类结构只需要以变厚度线作为单元分界线,并建立不同的单元特性表以定义不同的厚度值。但对于图 4-16b）所示的变厚度平板,由于不同厚度部位的中面不连续,所以在变厚度线上两边单元的节点不重合。如果要考虑这种偏心影响,就应在各自连续的中面上划分网格,并在变厚度处建立不重合节点的连接关系。一般可以在每对节点之间加入刚臂。

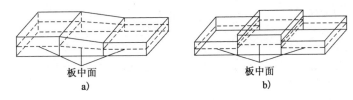

板中面
a)

板中面
b)

图 4-16　不同厚度的板结构

（7）薄壳单元

薄壳单元用于模拟薄壳结构，可进行静力和动力分析，薄壳形状有三角形和四边形两种，每种形状的单元也有线性、二次和三次。与板单元相似，薄壳单元也是在结构的中面上划分的，但这时中面可能是曲面。壳单元的每个节点具有三个平动自由度和三个转动自由度。

壳单元上可以施加节点力、节点力矩、表面压力、体力和温度荷载等，可以输出位移、应力、应变、应变能、单元力、约束反力和壳应力合力矢量等计算结果。壳单元物理特性包括单元厚度和单位面积上的非结构质量，用壳单元离散变厚度的薄壳结构时，如果不同厚度部位的中面不连续，则应对变厚度线上的节点进行和板单元相似的连接处理。

（8）轴对称薄壳单元

轴对称薄壳单元用以模拟轴对称薄壳结构，可进行静力和动力分析。网格形状为一条直线（线性单元）或抛物线（二次单元），但单元本身具有环状的空间结构。

轴对称壳单元的节点具有两个平动自由度和一个转动自由度。单元上可以施加节点力、节点力矩、膜荷载、弯矩、体力和温度荷载，这些荷载的大小都是指实际结构单位角度上所对应的值。单元物理特性为壳的厚度值。

（9）弹簧单元

弹簧单元分为拉压弹簧单元和扭转弹簧单元两种，前者能在三个平动方向上提供三个拉伸刚度，后者可在绕三个轴的转动方向上提供三个扭转刚度。根据节点数量不同，弹簧单元又可分为边界弹簧单元和中间弹簧单元。前者只有一个节点，另一端与基础相连，所以这种单元只能建在模型的边界上；后者具有两个节点，节点的位置可以重合，这种单元一般建在模型内部。

拉压弹簧单元节点有三个平动自由度，因此只能承受三个自由度方向的节点力作用。单元物理特性是三个拉伸刚度系数和一个刚度参考系，刚度系数表示节点产生绝对或相对单位位移时需要的节点力大小，刚度参考系规定单元在哪三个相互垂直的方向上提供刚度。如果单元是节点不重合的中间弹簧单元，则这种单元只能在两个节点的连线方向上提供刚度。

扭转弹簧单元节点具有三个转动自由度，因此单元只能承受三个自由度方向的节点力矩。物理特性包括三个扭转刚度系数和一个刚度参考系，刚度系数表示节点产生绝对或相对单位位移时需要的节点力矩大小，刚度参考系规定单元在绕哪三个相互垂直的方向上提供刚度。如果单元是节点不重合的中间弹簧单元，则这种单元只能在绕两个节点的连线方向上提供刚度[7]。

由于弹簧单元的刚度是直接定义的，所以没有材料特性。单元可以输出节点位移、单元力、应变能和反作用力等计算结果，不能输出单元内部的应力和应变。

4.5.2　单元属性

有限单元是对结构构件的数学和力学抽象,在抽象过程中可能会将结构的某些特性以单元属性的形式进行表达,而不直接反映于有限元模型上。因此,一个单元具有可视的外部形状和不可见的内部特性。

单元属性通常有材料属性、物理属性和截面特性三种形式。下面依次介绍三种属性:

(1)材料属性

材料属性用于定义分析对象的材料在力学、热学等方面的特性,有限元模型中,一个单元只能由一种材料或几种材料组合而成,但一种材料可以赋予多个单元。目前,有限元法中能够处理各向同性、各向异性、正交各向异性等材料。

如果材料在力学、热学等方面的性能与方向无关,即材料内的任一点沿任意方向的性能均相同,则称这类材料为各向同性材料。这类材料在工程中应用最普遍,所有金属材料均为各向同性材料。各向同性材料的主要材料特性有弹性模量、泊松比、切变弹性模量、线膨胀系数、导热系数、比热容、密度等。这些材料特性值有时并不需要全部输入。例如,仅对结构进行静力分析时,若则只需要输入弹性模量、泊松比两个参数就行了,而材料的线膨胀系数、导热系数、比热容等热工参数仅在热分析时才需要输入。

如果材料的力学、热学等方面的性能是材料方向的函数,即材料内的某一点在各个方向上具有不同的性能,则称这种材料为各向异性材料。工程中许多非金属材料(如木材纤维增强复合材料等)都是各向异性材料。在各向异性材料中,如果材料沿某一平面的任意两个对称方向上具有相同的弹性性能,则称该平面为弹性对称面。例如,单向纤维复合材料从宏观上讲是各向异性体,不论纤维按什么方式排列,垂直于纤维的各个横截面都是弹性对称面。垂直于弹性对称面的轴称为材料主轴,或弹性主轴。对于均匀材料,过不同点的弹性对称面相互平行。如果各向异性材料具有三个互相垂直的材料主轴,则称这种材料为正交各向异性材料。

(2)物理属性

物理特性用于定义单元物理参数或辅助几何特征,常见的单元物理属性中有:

①板、壳单元的厚度值。支持不等厚板、壳单元的软件允许在单元的每个节点处分别定义不同的厚度值。

②平面应力单元的厚度值。以上厚度值是二维单元网格形状不能描述的辅助几何参数。

③单位面积或单位长度上的非结构质量。非结构质量是指与单元本身体积无关的质量,在计算惯性荷载时,它可用于考虑连接于单元上但并没包括在模型中的其他结构质量的影响。

④弹簧单元的刚度系数和刚度参考坐标系。

⑤间隙单元的间距、接触方向、切变方向和摩擦因数。

⑥集中质量单元的质量、转动惯量和惯性积参考坐标系。

⑦空间实体单元的积分规则码等。

(3)截面特性

杆、梁单元的网格是一条直线或曲线,它们只能表示杆件长度方向的几何特征,无法描述截面的形状和大小,而杆件的力学性能又与截面形状和大小有关,因此这类一维单元需要定义其截面特性。截面特性的定义方式有两种:一种是参数定义方式,即直接输入截面的各个特性值,这时需要预先计算出各个截面特性值;另一种为图形定义方式,即利用前处理软件提供的截面定义功能,首先按截面的实际尺寸画出截面形状,然后基于该形状由软件自动计算截面的各个特性值。显然后一种方式更加方便,利用它可以定义任意形状截面的特性表,图形定义方式也是衡量分析软件功能的指标之一。

桁架结构只承受拉压,因此杆单元的截面特性只有截面积。而梁结构可以承受拉压、弯曲和扭转,因此其截面特性主要包括截面积、面积矩、主惯性矩、极惯性矩等。截面积用于梁单元拉压应力和变形的计算,面积矩用于梁单元的剪切应力和变形计算,主惯性矩用于梁单元的弯曲应力和变形计算,极惯性矩用于梁单元扭转应力和扭转变形的计算。

4.6 有限元分析误差和计算精度

建立有限元模型时需要考虑的因素很多,不同分析问题所考虑的侧重点也不一样。但不论什么问题,建模时都应考虑两条基本原则:一是保证计算结果的精度,二是要适当控制模型的规模。精度和规模是一对相互矛盾的因素,建模时应根据具体的分析对象、分析要求和分析条件权衡考虑。保证精度是必需的,通过减小规模来降低精度将使分析失去意义。在保证精度的前提下,减小模型规模是必要的,它可在有限的条件下使有限元计算更好、更快地完成。

4.6.1 有限元分析误差

从有限元分析的整个过程来看,计算结果的误差主要来自两个方面:一是模型误差,二是计算误差。模型误差是指将实际问题抽象为适合计算机求解的有限元模型时所产生的误差,即有限元模型与实际问题之间的差异。它包括有限元法离散处理所固有的原理性误差,也可能包括几何模型处理、实际工况量化为模型边界条件时所带来的偶然性误差。

计算误差是指采用数值方法对有限元模型进行计算所产生的误差,误差的性质是舍入误差和截断误差。

(1)模型误差

模型误差是建立有限元模型所产生的误差,产生这类误差的主要原因可分为离散误差、边界误差和单元形状误差。

①离散误差

有限元法是将一个连续的弹性体离散为由有限个单元组成的组合体,并在单元内用一假设的插值函数逼近真实函数。这样,插值函数与真实函数之间就存在一定的差异,组合体的形状也可能与原有结构不完全相同,这种由于有限元法离散处理所引起的原理性误差称为离散误差,它包括物理离散误差和几何离散误差。

物理离散误差是插值函数与真实函数之间的差异,其量级可用下式来估计[3]:

$$E = O(h^{p+1-m}) \tag{4-1}$$

式中:h——单元特征长度尺寸;

p——单元插值多项式的最高阶次;

m——函数在泛函中出现的最高阶导数。

式(4-1)只是对误差的量级作出了估计,并没给出误差的绝对大小,只有通过解析法求出精确解后,才能判断误差的具体值。

从式(4-1)可以看出,物理离散误差的大小与单元尺寸和插值多项式的阶次有关。单元尺寸减小(网格划分越密)、插值函数阶次增高,都将使误差减小。通常称前者为 h 方法,后者为 p 方法。因此式(4-1)也对有限元解的收敛速度作出了量级估计。

例如,对于三节点三角形位移单元,插值函数是线性函数,即 $p=1$。由于在能量泛函中只有位移函数本身,没有位移导数,即 $m=0$,所以位移误差是 $O(h^2)$,收敛的速度也是 $O(h^2)$。若用六节点三角形单元,插值函数是二次函数,则误差和收敛速度的量级变为 $O(h^3)$。因此,如果所有单元的尺寸减半,则三节点单元的误差将减小 1/4,而六节点单元的误差将减小 1/8,后者的收敛速度比前者要快一倍。

应力和应变是位移的一阶导数,即 $m=1$,因此其精度量级和收敛速度要比位移数据低。如三节点三角形单元的误差和收敛速度量级为 $O(h)$、六节点单元为 $O(h^2)$。这时若所有单元尺寸减半,误差减小为之前的 1/2 和 1/4,这表明应力和应变的收敛速度要比位移慢一个数量级。

物理离散误差除与插值函数阶次和单元尺寸有关外,与真实函数的性态也有很大关系。在某些情况下,即使采用较少的单元和较低的插值函数阶次,也能获得满意的离散精度。例如,假设场函数在整个结构内的分布是二次函数,则用一个二次单元离散就能得到场函数的精确解。如果场函数为线性或接近于线性分布,则用线性单元离散也能得到很好的离散精度。但实际问题的场函数往往很复杂(如存在应力集中),在整个结构内很难遵循某一种函数规律,某些部位可能按高阶函数规律分布,某些部位又可能接近低阶函数的性质。因此在划分网格时,结构不同部位可能采用不同密度和阶次的网格形式。

几何离散误差是指离散后的组合体与原有结构在几何形状上的差异。对于由直线或平面边界组成的规则结构,这类误差可能很小或者为零。但对于具有复杂曲线或曲面边界的结构,离散后就有可能产生较大的形状误差。

②边界条件误差

进行有限元分析时,分析结构与其他结构或外部环境的相互作用通过在模型上设置已知的边界条件来表示。这样,将结构实际工况量化为模型边界条件时,两者之间也可能存在一定的差异,这种差异便称为边界条件误差。

边界条件误差来自两个方面:第一个是对实际工况进行定量表示时产生的,这类误差并不是有限元法固有的误差,而属于测量误差,误差大小有较大的偶然性。如果结构实际工况很简单,则误差可能很小,甚至为零。例如,如果结构仅在某一位置承受大小为 1000N 的恒定集中力作用,则将该集中力定量表示为有限元模型上作用点处的节点力时就不会带来误差。但很多结构的实际工况往往很复杂,要相当准确地定量表示实际工况的大小并不是件容易的事。

荷载大小的取值误差有较大的偶然性,所以难以作出定量的或量级上的估计,其大小也难以通过理论方法进行控制。只有较准确地掌握了实际受力大小、位移状态和温度分布,才能减小这类误差。目前,大多数计算以结构的最危险工况进行,以使计算结果偏于安全。但如果安全裕度太大,结构设计就难以达到最优。

第二类边界条件误差来自荷载的移置,这是有限元法离散所引起的。由于在有限元计算过程中,设置在模型上的所有非节点集中荷载、分布荷载、表面荷载以及体积力等都需要移置为等效的节点荷载,这与结构的实际受载情况并不一致,因而也会带来一定的误差。根据圣维南原理,荷载移置仅对荷载附近的局部特性有影响,而对整个结构的力学性能影响不大。当需要考查结构在荷载附近的局部特性时,可以通过加密网格的方法来减小荷载移置的影响。

③单元形状误差

单元的网格形状对计算结果的误差大小也有影响。例如,三节点三角形单元内部应力的误差可以用下式来估计:

$$E \leq 4M_2 h/\sin\theta \tag{4-2}$$

式中:M_2——真实位移场函数的二阶导数在单元上的最大模均为三角形的最大边长;

θ——三角形的最大内角。

可以看出,当单元的三角形网格很"钝"时,最大内角 θ 接近 $180°$,$\sin\theta$ 近似为零。这时,即使单元分得很小,应力误差仍可能非常大,所以在分网时要尽量避免出现这类不规则的形状,这种由于单元形状而引起的误差称为单元形状误差。

单元形状对误差的影响一般仅限于单元内部或相邻单元,因此当整个模型中存在少数形状较差的单元时,它们对整个模型的变形不会产生太大影响,但对局部应力的影响可能较大,因此在应力集中等重要部位,应尽量划分比较规则的网格。

(2)计算截断误差

有限元法是一种数值分析方法,一些解析的代数运算必须转换为适合于计算机运算特点的数值进行计算。这些计算包括线性方程组的求解、单元刚度矩阵和节点荷载列阵的积分运算、特征值和特征向量求解以及动力响应特性的计算等,其中求解线性方程组在整个计算过程中占有很大的比重。

由于解析运算需要通过某种适合于程序编制的数值方法转换为相应的数值运算,这种转换必然导致数值运算结果与解析运算结果之间存在一定误差,这种误差便称为截断误差。例如,函数 $f(x)$ 若用泰勒多项式:

$$p_n(x) = f(0) + \frac{f'(0)}{1!}x + \frac{f''(0)}{2!}x^2 + \frac{f'''(0)}{3!}x^3 + \cdots + \frac{f^n(0)}{n!}x^n \tag{4-3}$$

近似代替,则数值方法的截断误差为:

$$R_n(x) = f(x) - p_n(x) = \frac{f^{(n+1)}(\xi)}{(n+1)!}x^{n+1} \tag{4-4}$$

截断误差的大小与所选用的数值方法类型、特点和参数有关。例如,等参元的刚度计算通常采用高斯积分法,积分误差就与所选择的积分点数目和积分点分布有关;在求解线性方程组时,可以采用高斯消去法、塞德尔迭代法、分块解法、波前法等多种数值方法。不同方法对误差的影响也不一样,所以程序设计时应根据数值方法的特点选择适合有限元计算特点的数值方法。

截断误差的大小还与模型性质有关。如果总刚矩阵近似于奇异,即总刚中某行或某列元素很小(或与其他行列、元素的差别很大),则在求解线性方程组时,即使总刚矩阵和荷载列阵出现非常小的原始误差,不论采用何种方法,最后得到的方程组的解的误差都会非常大,这类方程组称为"病态"方程组,建模时应避免出现。

4.6.2 有限元精度提高措施

通过以上误差分析,不难得到提高有限元建模分析精度的措施,这些措施并不一定适合于所有分析问题,建模时可视分析问题的特点有选择地采用。

（1）提高单元阶次

单元阶次是指单元插值函数完全多项式的最高次数。单元阶次越高,插值函数越能逼近复杂的真实场函数,物理离散精度也就越高。其次,由于高阶单元的边界可以是曲线或曲面,因此在离散具有曲线或曲面边界的结构时,几何离散误差也较线性单元小。所以当结构的场函数和形状较复杂时,可以采用这种方法来提高精度。

（2）减小单元尺寸

随着单元尺寸的不断减小,单元的插值函数和边界能够逼近结构的实际场函数和实际边界,物理和几何离散误差都将减小,有限元解也将收敛于精确解,所以当模型规模不太大时,可以采用这种方法来提高精度。

值得注意的是,当单元尺寸减小到一定程度后,如果继续减小单元尺寸,精度却提高甚微,这时再采用这种方法就不经济了。实际操作时可以比较两种单元数量的计算结果,如果两次计算的差别较大,可以继续增加单元数量,否则应停止增加。

（3）使用规则的单元形状

单元形状的好坏将影响模型的局部精度,如果模型中存在较多的形状较差的单元,则会影响整个模型的精度。所以划分网格时应尽量采用规则的单元形状,特别是在存在应力集中的危险部位。直观上看,单元各条棱边或各个内角相差不大的形状是较好的形状。

（4）建立与实际相符的边界条件

如果模型边界条件与实际工况相差较大,计算结果就会出现较大的误差,这种误差有时甚至会超过有限元法本身带来的原理性误差,所以建模时应尽量使边界条件值与实际值相一致。如采用子结构建模技术、多尺度建模技术时,可以较好地考虑影响较大的结构间的相互作用,避免人为设置边界条件带来的误差。

（5）避免出现"病态"方程组

当总体刚度矩阵中各行或各列元素的值相差较大时,总刚近似于奇异,在求解以总刚为系数矩阵的线性方程组时,求解结果对原始误差的敏感性很大,即方程组为"病态"。

（6）控制计算模型规模

计算误差与运算次数有关,运算次数越多,误差累积就可能越大。所以采用适当措施降低模型规模、减小运算次数,也可以提高计算精度。常用的计算规模的控制措施有:

①对几何模型进行处理

建立几何模型时,并不总是完全照搬结构的原有形状和尺寸,有时需要做适当的简化和变换处理。合理的近似和变换可以降低模型规模,并且仍然保持一定的工程精度要求。

②采用子结构法

子结构法是将一个复杂的结构从几何上分割为一定数量的相对简单的子结构,首先对每个子结构进行分析,然后将每个子结构的计算结果组集成整体结构的有限元模型,这种模型比直接离散结构所得到的模型要相对简单得多,从而使模型规模得到控制。

③利用分步计算法

如果结构局部存在相对尺寸非常小的细节,可利用分步计算法来控制模型规模。即第一步计算首先忽略细节,对整个结构采用比较均匀和稀疏的网格。第二步计算从整体结构中划出存在细节的局部建立模型,并以第一步计算的结果作为模型边界条件,这时模型网格可以划得更密,以保证所关心的结构局部具有足够的精度。这种从大到小的分步计算还可以重复多次,以在规模一定的条件下逐步提高计算精度。

④利用主从自由度方法

主从自由度法是在模型的所有自由度上选择部分典型自由度作为主自由度,其余自由度均作为从属自由度,然后将结构运动方程缩减到主自由度上,从而使运动方程的阶次降低。求解缩减的运动方程后,再将主自由度上节点的运动情况还原到所有自由度上,就可以获得整个结构的运动情况。

本章参考文献

[1] 海诺·恩格尔.结构体系与建筑造型[M].林昌明,罗时玮,译.天津:天津大学出版社,2002.

[2] 曾攀.有限元基础教程[M].北京:高等教育出版社,2009.

[3] 杜平安,于亚婷,刘建涛.有限元法:原理,建模及应用[M].2版.北京:国防工业出版社,2011.

[4] 王元汉,李丽娟,李银平.有限元法基础与程序设计[M].广州:华南理工大学出版社,2001.

[5] 赵晶,王世杰.ANSYS有限元分析应用教程[M].北京:冶金工业出版社,2014.

[6] 周水兴,王小松,田维峰.桥梁结构电算——有限元分析方法及其在Midas/Civil中的应用[M].北京:人民交通出版社,2013.

[7] Saeed Moaveni.有限元分析——ANSYS理论与运用[M].李继荣,王蓝婧,邵绪强,等,译.北京:电子工业出版社,2015.

第❺章 ▶▶▶

ANSYS基本操作

5.1 ANSYS 简介

ANSYS 软件是一个具有结构分析、流体分析、电磁场分析、声场分析、热场分析和耦合场分析等功能的大型通用有限元分析软件,广泛应用于土木工程、地质工程、航空航天工程、电子产品、汽车工业工程、重型机械工程、生物医学工程、微机电系统、运动机械、原子核工程等领域的分析和科学研究,能在 Windows、UNIX、Linux 和 HP-UX 等操作系统和绝大多数计算机中运行,还能与其他软件(如 CAD、NASTRAN 等)接口。ANSYS 是 John Swanson 博士(ANSYS公司的创始人)于 20 世纪 60 年代研发的。

ANSYS 的常规输入方式可分为 Graphical User Interface 方式(后文简称为 GUI 方式)和命令流方式。GUI 方式主要是通过点选菜单或者输入单个命令的方式来实现的,对于初学者来说,GUI 方式比较简单,也容易学会;但是遇到复杂模型或在设计模型中对其修改较为麻烦。命令流输入方式融合 GUI 方式、APDL、UPFs、UIDL、TCL/TK 于一个文本文件中,通过/input 命令或者 Utility Menu→File→Read Input From…读入并执行,还可以通过拷贝该文件的内容粘贴到命令行中执行。该方式便于修改操作中存在的错误,可以通过 * if、* do 等控制命令大大提升工作效率。

ANSYS 软件的主要技术特点有[1]:

(1)强大的建模能力:仅靠 ANSYS 本身就可建立多种复杂的几何模型,可采用自底向上、自顶向下或二者混合建模方法,通过各种布尔运算和操作建立所需几何形体。

(2)强大的求解能力:ANSYS 提供了多种求解器,主要类型有迭代求解器(预条件共轭梯度、雅克比共轭梯度、不完全共轭梯度)、直接求解器(波前、稀疏矩阵)、特征值求解器(分块 Lanczos 法、子空间法、凝聚法、QR 阻尼法)、并行求解器(分布式并行、代数多重网格)等,用户可根据问题类型选择合适的求解器。

(3)强大的非线性分析能力:可进行几何非线性、材料非线性、接触非线性分析。

(4)强大的网络划分能力:可智能网格划分,根据几何模型的特点自动生成有限元网格;也可根据用户的要求,实现多种网格划分。

(5)良好的优化能力:通过 ANSYS 的优化设计功能,确定最优设计方案;通过 ANSYS 的拓扑优化功能,可对模型进行外形优化,寻求物体对材料的最佳利用。

（6）单场及多场耦合分析能力：ANSYS 不但能进行结构、热场、流场、电磁场等单场分析，还可进行这些类型的相互影响研究，即多物理场耦合分析。

（7）具有多种接口能力：ANSYS 提供了与多种 CAD、CAE 软件及有限元分析软件的接口程序，可实现数据的共享和交换，如 UG、Pro/Engineer、Parasolid、Solidwork、CADAM、Soldedge、Solid Designer、CADKEY、CADDS、AutoCAD 等，以及 NASTRAN、Algor-FEM、IDEAS 等。

（8）强大的后处理能力：可获得任何节点和单元数据，具有列表输出、图形显示、动画模拟等多种数据输出形式，可进行多种荷载工况的组合和各种数学运算，以及时间历程分析。

（9）有强大的二次开发能力：可利用 APDL、UPFs、UIDL 等进行二次开发，几乎可完成用户的任意功能要求，这个特点是很多软件都不能比拟的。

（10）强大的数据统一能力：ANSYS 使用统一的数据库储存模型数据和求解结果，实现前后处理、分析求解及多场分析的数据统一。

（11）支持多种硬件平台和操作系统平台。

ANSYS 提供覆盖多个物理场范围的综合软件套件，几乎能满足设计流程要求的所有工程仿真领域的需要，其产品主要有以下几类：

（1）流体

ANSYS CFD 广泛应用于火箭、飞船和汽车建模、引擎的仿真和材料的加工中，不仅可以针对流体问题作出定性结果，还可以给出准确的定量预测。

（2）结构

ANSYS 结构仿真软件提供了一整套有限元分析（FEA）工具，方便用户分析单个负载案例、振动或瞬时分析，用户还可以检查材料、连接复合几何体的线性和非线性行为。Autodyn 和 LS-DYNA 的高级求解器技术支持用户进行下降、冲击和爆炸仿真。AQWA 和 ANSYS Mechanical的海洋仿真功能，为海洋工程设计师提供了特定的行业功能。可以为结构力学难题定制解决方案并且自动执行，然后将解决方案参数化，以便在多个设计场景中分析。

（3）电磁

ANSYS 应用于智能手表仿真、电机设计等领域，可以在组件、电路和系统设计中模拟电磁性能，还可以评估温度、振动和其他关键机械效应。实现高级通信系统、高速电子设备、机电组件和电力电子系统的共同设计。ANSYS 的芯片-封装系统（CPS）可以保证高速电子设备的电源完整性、信号完整性和加快 EMI 的分析速度。

（4）光学

ANSYS19.2 新增加的模块 ANSYS SPEOS，作为 ANSYS 光学解决方案系列的一部分，可以设计和模拟系统的照明和光学特性。

（5）嵌入式软件

ANSYS 提供基于模型的嵌入式软件开发和仿真环境，环境内置自动代码生成器，可加快嵌入式软件开发项目的速度。系统和软件工程师利用 ANSYS SCADE 设计、验证和自动生成高可靠性的关键系统和软件应用。

（6）3D 设计

ANSYS 提供了 ANSYS Discovery Space Claim 这一建模工具，基于直接建模技术，可轻松实现原本复杂繁琐的几何创建、修改或编辑。Discovery Space Claim 可以加快概念建模、逆向工程扫描数据和为制造或仿真准备模型的设计流程。

（7）工程仿真平台

用户可在 ANSYS 仿真平台生产高保真虚拟原型来仿真全部产品在实际工作环境中的行为，为 3D 物理仿真、嵌入式软件设计和系统仿真提供了先进的技术。仿真平台可在桌面到云端的任何 IT 基础设施使用，支持用户跨越多个地点展开协作，共享仿真数据和流程。

5.2 ANSYS 图形用户界面

ANSYS 界面为用户提供了一个与软件交互的平台，用户可以非常容易地输入命令、建立模型、观察分析结果及图形输出与打印，用户主界面图如图 5-1 所示。标准的图形用户界面包括应用菜单、主菜单和视图窗口 3 个主体部分，另外还有常用工具栏、工具栏、视图工具栏、状态栏、输出窗口等。应用菜单为级联菜单结构，包含了 ANSYS 的全部公用操作，如文件控制、选取、图形控制、参数设置等；主菜单分为前处理器、求解器、通用后处理器和时程后处理器等部分；视图窗口显示绘制的图形、模型、网格、分析结果等。

图 5-1　ANSYS 用户主界面

5.2.1 应用菜单："File"文件管理菜单

应用菜单包括"File"文件管理菜单、"Select"选择菜单、"List"列表菜单、"Plot"绘图菜单、"PlotCtrls"绘图控制菜单、"WorkPlane"工作平面菜单、"Parameters"参数控制菜单、"Maro"宏管理菜单、"MenuCtrls"菜单控制菜单、"Help"帮助菜单，如图 5-2 所示。

File Select List Plot PlotCtrls WorkPlane Parameters Macro MenuCtrls Help

图 5-2　应用菜单

"File"文件管理菜单用于设置工程名和标题、清空数据库、读入和保存文件等文件操作，如图 5-3 所示。下面详细介绍"File"文件管理菜单中常用的命令[2]。

（1）File > Clear & Start New：清理当前分析过程并建立一个新的分析过程，但新的分析的工作名保持不变。此命令相当于用户退出到"ANSYS Mechanical APDL Product"界面后，再点击"Run"按钮进入 ANSYS 图形界面。

（2）File > Change Jobname：设置新的工作名（Jobname），后续工作的所有记录文件将以 Jobname 为文件名。用户在执行此命令后将弹出"Change Jobname"（改变工作名）对话框，如图 5-4 所示，在文本框中输入新的工作名。

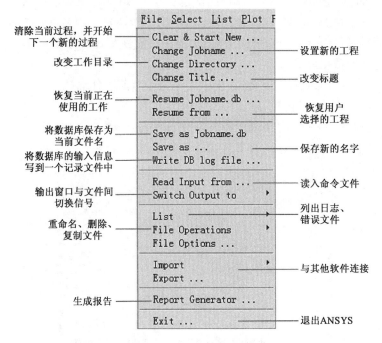

清除当前过程，并开始下一个新的过程 —— Clear & Start New ...

Change Jobname ... —— 设置新的工程

改变工作目录 —— Change Directory ...

Change Title ... —— 改变标题

恢复当前正在使用的工作 —— Resume Jobname.db ...

Resume from ... —— 恢复用户选择的工程

将数据库保存为当前文件名 —— Save as Jobname.db

Save as ... —— 保存新的名字

将数据库的输入信息写到一个记录文件中 —— Write DB log file ...

Read Input from ... —— 读入命令文件

输出窗口与文件间切换信号 —— Switch Output to

列出日志、错误文件 —— List

重命名、删除、复制文件 —— File Operations / File Options ...

Import —— 与其他软件连接 / Export ...

生成报告 —— Report Generator ...

Exit ... —— 退出ANSYS

图 5-3　File 文件管理菜单

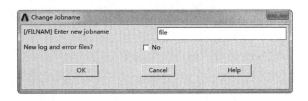

图 5-4　"改变工作名"对话框

注意：改变工作名对话框上"New log and error files"选项表示是否使用新的记录和错误文件信息。若用户选择"Yes"，表示原来的记录和错误文件将关闭但不删除，这相当于退出ANSYS后再重新开始一项新的工作。若用户不选"Yes"，表示不追加记录和错误信息到当前文件中。尽管使用先前的记录文件，但是数据库文件名已经被改变了。

（3）File > Change Directory：设置新的工作目录，后续操作产生的各种文件都将保存在新设置的工作目录内。用户在执行此命令以后将弹出浏览文件夹对话框，如图 5-5 所示，在列表中选择工作目录。需要注意的是，ANSYS 不支持中文，用户在选择工作目录时一定要选择一个英文目录，用户在建完实体模型以后，在不能保证划分网格操作正确的情况下，就可以在建模完成后保存数据，然后使用此命令，这样就可以保证原模型数据不被破坏。当在划分网格过程中出现不可恢复或者恢复过程较为复杂时，用户调用原来保存的数据库重新划分网格。

图 5-5　"浏览文件夹"对话框

（4）File > Change Title：定义图形窗口的标题名，可以用"%"来强制进行参数替换。

（5）File > Resume Jobname. db/ Resume from：都用于恢复工程名，前者是恢复当前正在使用的工程，而后者是恢复用户选择的工程；两者都只能恢复保存了数据库文件（.db）的工程，这种恢复就是把数据库读入并在 ANSYS 中执行。

（6）File > Save as Jobname. db：将数据库保存为以当前工作名为名称的文件，对应的命令为 SAVE，对应的工具条快捷按钮为"SAVE_DB"。

（7）File > Save as：用于另存文件。用户在执行此命令后，将弹出如图 5-6 所示的"Save DataBase"对话框，可在对话框内更改文件名或者选择储存路径。

图 5-6　"Save DataBase"对话框

（8）File > Write DB log file：将数据库内的输入数据写到一个记录文件中，但应注意的是从数据库写入的记录文件和操作过程的记录可能不一致。

（9）File > Read Input from：读入并执行整个命令序列。当只有记录文件（LOG）而没有数据文件时（由于数据文件通常都比较大，而记录文件很小，因此通常采用记录文件进行交流），用户就需要用到此命令。用户甚至可以通过编辑器将命令编辑输入文件中，然后用此命令读入。它相当于用批处理方式执行某个记录文件。

（10）File > Import/Export：提供与其他软件的接口。由于某些软件创建几何模型优于ANSYS 软件，用户可以利用其他软件将几何模型建好后导入 ANSYS 中，此时就需要运用此命令。ANSYS 支持的输入接口有 IGES、CATIA、SAT、Pro/E、UG、PARA 等，其输出接口为 IGES。

（11）File > Report Generator：生成文件报告，报告的形式可以是图像，也可以是文件。

（12）File > Exit：退出 ANSYS。用户在选择此命令后将会弹出退出对话框，该对话框提示用户在退出前是否保存文件或者保存哪些文件。若用户输入/"Exit"命令退出 ANSYS，系统不会提示用户保存文件，这就需要用户在退出前根据自己需要保存相应文件。用户还可以使用工具条上的快捷"Quit"退出 ANSYS。

5.2.2　应用菜单："Select"选择菜单

"Select"选择菜单用于选择数据子集、创建组件部件等，如图 5-7 所示。当需要节点、单元、体、面、线、关键点等图元时会用到 SELECT > Entities 命令，每次只能选择一种图元。但是当选择了上级图元后就相当于选择了该级图元及其以下的图元实体。Select > Comp/assembly用于对组件和部件进行操作。Select > Everything 子菜单用于选择模型的所有项目下的所有图元，对应的命令是 Allsel，all，all。

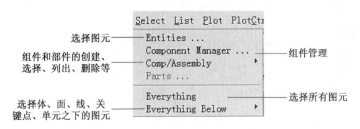

图 5-7　"Select"选择菜单

5.2.3　应用菜单:"List"列表菜单

"List"列表菜单用于列出保存于数据库的各种数据,还可以列出程序不同区域的状态信息和保存于系统中的文件内容,如图 5-8 所示。在图元列表中,List＞Keypoints 命令可用于列出关键点的详细信息,也可仅列出坐标位置和属性。List＞Lines 用于列出线(或面、体、节点、已选取单元、部件或组件)的信息。List＞Loads 命令用于列出施加到模型上的荷载方向、大小。荷载包括:DOF Constraints(自由度约束)、Force(集中力)、Surface(表面荷载)、Body(体荷载)、Inertia Loads(惯性荷载)、Solid Model Loads(实体模型的边界条件)、Initial conditions(节点上的初始条件)等。List＞Result 命令用于列出计算结果(如节点位移、单元变形等)、求解状态、定义的单元表等。

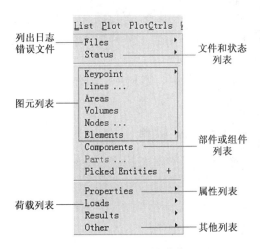

图 5-8　"List"列表菜单

5.2.4　应用菜单:"Plot"绘图菜单

"Plot"绘图菜单:用于显示关键点、线、面、体、节点、单元和其他可以图形显示的数据,操作界面如图 5-9 所示。

(1)Plot＞Replot:更新显示图形窗口。执行有些命令后,图形窗口不能自动更新显示,需要用户使用此命令来更新图形窗口显示,也可以在命令窗口中输入"/Replot"。

(2)Plot＞Keypoints/Line/Areas/Volumes/Nodes/Element:分别单独显示已定义的关键点、线、面、体、节点和单元。

(3)Plot＞Specified Entities:用于显示指定图元号范围内的图元。此命令有利于用户观察模型的局部区域。

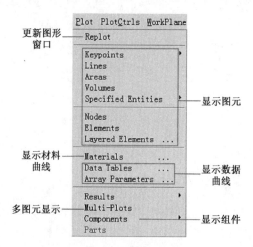

图 5-9 "Plot"绘图菜单

（4）Plot > Materials：用图形的方式显示材料属性随温度的变化情况，在设置材料的温度特性时，用户可以利用此命令检查定义的材料属性是否正确。

（5）Plot > Data Tables：图形显示非线性材料特性。

（6）Plot > Array Parameters：图形显示数组参量，Array 数组使用直方图显示，Table 使用曲线图显示。需要用户设置显示图形的纵坐标。

（7）Plot > Result：绘制结果图，如变形图、等值图、矢量图、流线图、通量图、三维动图等。

（8）Plot > Multi-plots：在一个窗口中显示多种图元。当需要同时查看多种图元时，可以通过点击该命令进行展示。

（9）Plot > Components：用于显示组件或部件。当设置好组件或部件后，用此命令可以方便地显示模型的某个部分。

5.2.5 应用菜单："PlotCtrls"菜单

"PlotCtrls"菜单又称为绘图控制菜单，包含了对视图、格式和其他图形显示特征的控制，如图 5-10 所示。

（1）PlotCtrls > Pan Zoom Rotate：用于模型移动、放缩和旋转。当用户在执行完此命令以后，弹出"移动、放缩和旋转"对话框，如图 5-11 所示。

①Window 表示要控制的窗口。当设置了多个窗口时，用户就需要根据自己的情况在"Window"后的下拉菜单选择一窗口作为控制窗口。

②视角方向代表查看模型的方向，查看的模型是以质心为焦点，观察方向可以是 Top（上）、Bot（下）、Front（前）、Back（后）、Left（左）、Right（右）、Iso（从较近的右上方查看等轴侧图）、Obliq（从较远的右上方查看）、WP（从当前平面查看）。用户想查看某个方向时只需点击上述方向按钮即可切换到此查看方向。

③缩放选项：通过定义一个方框来确定显示的区域。

Zoom：选择正方形的中央放大。

Box Zoom：选择矩形的两个对角点放大。

Win Zoon：选择矩形的两个对角点放大，矩形的长宽比与显示窗口的长宽比相同。

Backup：恢复到缩放前的画面。

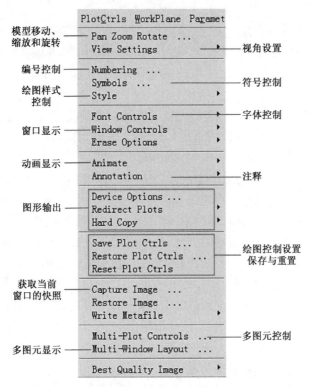

图 5-10　"PlotCtrls"菜单

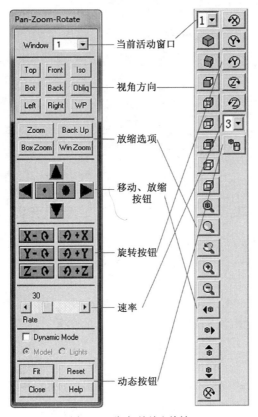

图 5-11　移动、缩放和旋转

④移动、缩放按钮：点号代表缩放、三角代表移动。

⑤旋转按钮：围绕某个坐标旋转，正号表示以坐标的正向为转轴。

⑥滑动条：操作的速率，速率越大，每次操作缩放、移动或旋转的程度越大。

⑦动态模式表示可以在图形窗口中动态地移动、缩放和旋转模型。其中有"Model"和"Lights"两个按钮。

Model：在图形窗口中，按下鼠标左键并拖动就可以移动模型；按下鼠标右键并拖动就可以旋转模型；按下中键（对两键鼠标用 shift + 右键）左右拖动表示旋转，按下中键上下拖动表示缩放。特别注意：在 2D 图形设置下，只能使用此模式。

Lights：只能在三维设置下使用。它可控制光源的位置、强度以及模型的反光率。当按下鼠标左键并沿 X 方向拖动时，可以增强或降低模型的反光率；当按下鼠标左键并沿 Y 方向拖动时，将改变入射光强度。当按下鼠标右键并沿 X 方向拖动时，将使得入射光源绕 Y 轴旋转；当按下鼠标右键并沿 Y 方向拖动时，将使得入射光源绕 Y 轴旋转。当按下鼠标中键并沿 X 方向拖动时，将使得入射光源绕 Z 轴旋转；当按下鼠标右键并沿 Y 方向拖动时，将改变背景光的强度。

注意：用户也可以不打开"Pan Zoom Rotate"对话框，直接对视图窗口进行动态缩放、移动和旋转。操作方法：按住 Ctrl 键不放，拖动鼠标左键、中键、右键进行缩放、移动或者旋转；还可以使用"视图控制工具条"进行视图控制。

（2）PlotCtrls > View Setting：对视角进行更多控制。

（3）PlotCtrls > Numbering：用于设置在图形窗口上显示的编号信息。用户在进行此操作以后，将弹出"编号显示控制"对话框，如图 5-12 所示。

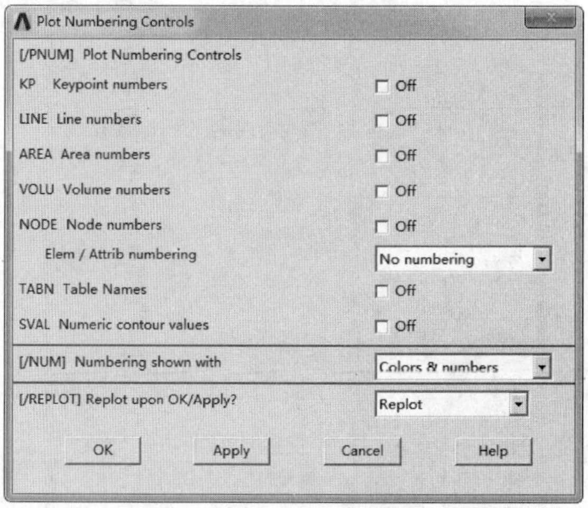

图 5-12　"编号显示控制"对话框

①KP、LINE、AREA、VOLU、NODE：设置关键点号、线号、面号、体号和节点号是否在图形窗口中显示。用户可以根据实际情况选择需要显示的图元号，需要显示时仅需在该图元号后面选择"Yes"项即可。

②Elem/Attrib numbering：用于设置单元的属性信息，如单元号、材料号、单元类型号、实常数号、单元坐标系号等。用户依据需要在"Elem/Attrib numbering"选项下进行选择。

③TABN：用于显示表格边界条件。当用户设置了表格边界条件且打开了该选项时，表格名将显示在图形上。

④SVAL:用于在后处理中显示应力值或者表面荷载值。

⑤/NUM:控制是否显示颜色和数字,该按钮的下拉菜单中有四个选项:

Colors & numbers:用颜色和数字标识不同的图元。

Colors Only:仅用颜色标识不同的图元。

Numbers Only:仅用数字标识不同的图元。

No Color/numbers:不标识不同的图元。在这种情况下,即使设置了要显示的图元号,图形框中也不会显示。

(4)PlotCtrls > Symbols:用于决定在图形窗口中显示是否出现某些符号,如边界条件符号(/PBC),表面荷载符号(/PSF),体荷载符号(/PBF)以及坐标系、线和面的方向线等符号(/PSYMB)。

(5)PlotCtrls > Style:用于控制绘图样式,包含多条命令,如图5-13所示。

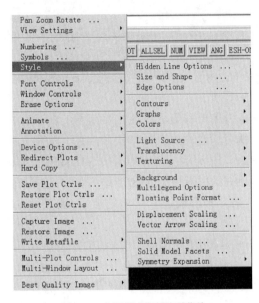

图5-13　绘图样式控制级联菜单

①Hidden-Line Options:用于设置隐藏线选项,主要包含显示类型、阴影类型是否使用增强图形功能。

②Contours:用于控制等值线图,包括控制等值线的数目、所用值的范围及间隔、非均匀等值线设置、矢量模式下等值线标号的样式等。

③Graphs:用于控制图的属性。当绘制二维曲线图时,用户可以此命令来设置曲线的粗细、修改曲线图上的网格、设置坐标和图上的文字等。

④Colors:用于控制图形显示的颜色。可以设置整个图形窗口的显示颜色、曲线图、等值线图、边界、实体、组件等颜色。常用操作有:

反色显示:Utility menu > PlotCtrls > Style > Color > Reverse Video。

改变图形颜色:Utility menu > PlotCtrls > Style > Color > Graph Color。

改变窗体颜色:Utilitymenu > PlotCtrls > Style > Color > Window color。

⑤Light Source、Translucency、Texturing都能增强显示效果,分别用于光源控制、半透明控制、纹理控制。

⑥Background:用于设置背景。

⑦Multilegend Options：用于设置图例的位置和内容，包括轮廓图例设置（Contour）和文本图例设置（Text contour）。在此只介绍"文本图例设置"对话框，如图5-14所示。该对话框上按钮的作用如下：

WN：选择设置图例的窗口。

Class：设置图例类型。

Loc：设置图例在整个图形中的相对位置。

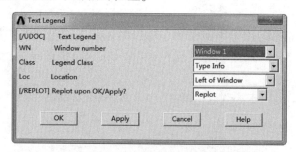

图5-14　"文本图例设置"对话框

⑧Floating Pointing Format：用于设置浮点数的图形显示格式。该格式只影响浮点数的显示，不会影响其内在的值。

⑨Displacement Scaling：设置位移显示时的放缩因子。由于有些物体的位移变形不是很大，观察不出来，因此用户就可以利用此命令将变形放大。常用方法如下：

GUI：Main Menu > General Postproc > Plot Results > Deformed shape。

（6）PlotCtrls > Font Controls：用于控制显示的文字格式，包括图例上的字体，图元上的字体、曲线图和注释字体。此命令不但能设置字体的类型，还能设置字体的大小和样式，但不支持中文。

（7）Plot > Windows Controls：用于控制窗口显示，主要包括以下内容：

①Window Layout：用于设置窗口布局。此命令主要是设置某个窗口的位置，可以设置为ANSYS预先定义好的位置，还可以将其设置在指定位置。用户只需要在弹出的"Window Layout"对话框的"Window geometry"的下拉菜单中选择"Picked"，单击"OK"按钮，再在图形窗口上单击两个点作为矩形框的两个角点，这两个角点形成的矩形框就为当前窗口。

②Window Option：控制窗口的显示内容，包括是否显示图例、如何显示图例、是否显示标题、是否显示Windows边框、是否自动调整窗口尺寸、是否显示坐标指示等。

③Window On or Off：用于打开或关闭某个图形窗口。还可以创建显示和删除图形窗口，可把一个窗口的内容复制到另一个窗口中。

（8）PlotCtrls > Animate：控制或者创建动画。可创建的动画包括形状和变形，物理量随时间或频率的变化显示，切片的等值线图或者矢量图、等值面显示、粒子轨迹等。

（9）PlotCtrls > Annotation：用于控制、创建、显示和删除注释。

（10）PlotCtrls > RedirectPlots：用于重定向输出，它包含 JPEG、TIFF、CRPH、PSCR 和 HPGL 等格式。

（11）PlotCtrls > HardCopy > To Printer：用于把图形硬拷贝输出到打印机。

（12）PlotCtrls > HardCopy > To File：用于把图形硬拷贝输出到文件。在 GUI 方式下，只支持 BMP、Postscript、TIFF 和 JPEG 格式。

（13）PlotCtrls > CaptureImage：用于获取当前窗口的快照，然后保存或打印。

（14）PlotCtrls > Restore Image：用于恢复图形。可以与（13）命令结合使用，这样可以同时显示不同的结果，方便用户比较。

（15）PlotCtrls > Write Metafile：用于把当前窗口内容作为图元文件输出，但是此命令只能在 Win32 图形设备下使用。

5.2.6 应用菜单："WorkPlane"工作平面

"WorkPlane"菜单包含关于工作平面的显示/不显示、平移或者旋转等，还包含关于坐标系的创建、删除以及在不同坐标系之间的切换，如图 5-15 所示。

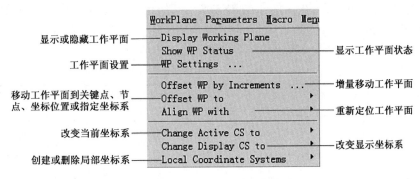

图 5-15 "WorkPlane"工作平面菜单

5.2.7 应用菜单："Help"帮助菜单

对新手而言，查看 Help > ANSYS Tutorials 中的内容很有好处，它能一步一步地教会用户如何完成每个分析任务。

5.2.8 主菜单

主菜单不支持快捷键。默认主菜单提供了 9 类菜单主题，如图 5-16 所示。

（1）Preferences（优选项）：用户可以选择学科及某个学科的有限元方法。

（2）Preprocessor（前处理器）：包含 PREP7 操作，如建模、划分网格和加载等。

（3）Solution（求解器）：包含 Solution 求解操作，如分析类型选项、加载、荷载步选项、求解控制和求解等。

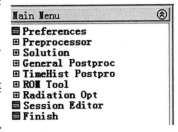

图 5-16 主菜单

（4）General Postproc（通用后处理器）：包含 POST1 后处理操作，如结果的图形显示和列表。

（5）TimeHist Postproc（时间历程后处理器）：包含 POST26 的操作，如对结果变量的定义、列表或者图形显示。

（6）ROM Tool。

（7）Radiation Opt（辐射选项）：包含了 AUX12 操作，如定义辐射率，完成热分析的其他设置，写辐射矩阵、计算视角因子等。

（8）Session Editor（记录编辑器）：用于查看在保存或者恢复之后的所有操作记录。

（9）Finish（结束）：退出当前处理器。

5.3 ANSYS 中的文件系统

5.3.1 文件类型

ANSYS 在建立模型或者模型分析时,会自动生成大量的文件,这些文件的工作名默认为 file。这些文件分为临时文件和永久文件两种。临时文件在 ANSYS 运行结束前产生,运行到某一时刻时会被自动删除;永久文件会在 ANSYS 运行结束后自动保留在计算当前工作目录中。文件格式为 jobname.ext,其中 jobname 是设定的工作文件名,ext 是由 ANSYS 定义的扩展名,用于区分文件的用途和类型。常用的文件如表 5-1 所示。

ANSYS 中文件类型和格式   表 5-1

文 件 类 型		文件扩展名	文 件 格 式
日志文件		.log	文本
错误文件		.err	文本
输出文件		.out	文本
数据库文件		.db	二进制
结果文件	结构与耦合场分析	.rst	二进制
	热分析	.rth	
	磁场分析	.rmg	
	流体力学分析	.rfl	
图形文件		.grph	文本
三角化刚度矩阵文件		.tri	二进制
单元刚度矩阵		.emat	二进制
组集的整体刚度矩阵和质量矩阵		.full	二进制
荷载文件		.snn	文本

ANSYS 在运行过程中生成日志文件和错误文件不是以覆盖的方式存在,而是以追加的方式存在。文件容量的大小取于系统的限制,当其大小超过了系统的限制值时,需要用文件分隔命来满足计算条件[3]。

ANSYS 进行一个新分析时,必须先定义一系列相关文件,然后进行数据文库的储存与恢复工作。数据库储存时不仅要储存模型尺寸、材料属性、荷载等输入信息,还有储存位移、应力、应变、温度等计算结果。操作步骤如下:

(1)点击"File"菜单中 Clear & Start New,清除数据库并开始新分析;点击"File"菜单中 Change Jobname,定义新的工作文件名;点击"File"菜单中 Change Directory,定义新的工作路径;点击"File"菜单中 Change Title,定义新的分析名称。

(2)恢复用户选定某个数据文件,选择菜单 Resume from,但一般工作名不是 Jobname.db 时使用。存储数据库文件,选择菜单 Save as,可以指定与 Jobname.db 相同或不同的任意数据库文件名。

当 ANSYS 数据库从内存中写入一个文件时,数据库文件(以.db 为扩展名)只是当前数据库的一个备份。在恢复操作之前,需要先将目前内存中的数据清除,将其替换为数据库文件中的数据。

5.3.2　文件管理

ANSYS 可使用 Product Launcher 访问可修改的 Mechanical APDL 文件。ANSYS 启动器的启动路径为开始 > 所有程序 > ANSYS > Mechanical APDL Product Launcher。然后选择"File Management"选项卡,即"文件管理"选项卡,启动器界面如图 5-17 所示。

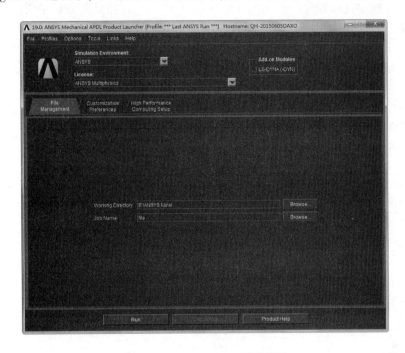

图 5-17　Mechanical APDL 启动界面

此选项卡包括管理文件的所有信息,例如工作文件夹的路径和工作文件的名称。"文件管理"选项卡的内容根据用户选择的模拟环境而定。本节仅介绍 Windows 仿真环境下的文件管理系统。

（1）工作文件夹路径

设置 ANSYS 运行的目录,ANSYS 运行时产生的所有文件都会写入此文件夹。如需更改文件夹的路径,可在"Working Directory"文本框中键入工作文件夹的路径,或点击"Browse"选择用户自定义路径,需要注意 ANSYS 软件的工作文件夹路径不能有汉字。还可以通过定义 ANASYS 的环境变量来指定工作目录,如果设置了环境变量,则 ANSYS 将使用该设置作为默认设置。但是,通过启动器指定的任何工作目录都会覆盖环境变量所设置的工作目录。具有管理员权限的用户不应与非管理员用户使用相同的工作目录,否则可能会遇到日志文件的权限问题。

（2）工作文件名称

指定 ANSYS 生成的所有文件的工作文件名称。默认工作名称为 file。可在"Job Name"文本框中键入新工作文件名称,文件名称最大长度可达 32 个字符。

5.4 ANSYS 中的量纲

ANSYS 软件中没有固定的单位制,且在进行计算时系统不会进行单位换算。虽然 ANSYS中有/UNIS 命令,但仅表示用户使用了何种单位制,便于人们阅读,该命令不能进行单位换算,不会影响计算结果。因此,用户在使用时需要统一单位。

为了使 ANSYS 在计算过程中的单位统一或者匹配;一般从量纲出发,将输入的参数单位统一起来,变量单位最好全部采用国际单位制。ANSYS 软件计算分析中常用的量纲一般可由长度、质量、时间、温度等四个基本量纲推导出来,其对应的单位分别为米(m)、千克(kg)、秒(s)、开尔文(K)。设长度用 L 表示、质量用 m 表示、时间用 t 表示、温度用 T 表示,则常用物理量的量纲及其单位如表5-2所示[4]。

ANSYS 中文件类型和格式　　　　　　　　　　　　表 5-2

物　理　量	量　　纲	国际单位	ANSYS　代　号
长度	L	m	
质量	m	kg	
时间	t	s	
温度	T	K	TEMP
面积	L^2	m^2	
体积	L^3	m^3	
惯性矩	L^4	m^4	
速度	L/t	m/s	
加速度	L/t^2	m/s^2	
密度	m/L^3	kg/m^3	DENS
力	$m \cdot L/t^2$	$N = kg \cdot m/s^2$	
力矩	$m \cdot L^2/t^2$	$N \cdot m = kg \cdot m^2/s^2$	
应力,弹性模量,压力	$m/(L \cdot t^2)$	$Pa = N/m^2 = kg \cdot (m/s^2)$	
热流率,功率	$m \cdot L^2/t^3$	$W = kg \cdot m^2/s^3$	HEAT
导热率	$m \cdot L/(t^3 \cdot T)$	$W/(m \cdot K) = kg \cdot m/(s^3 \cdot K)$	KXX
比热	$L^2/(t^2 \cdot T)$	$J/kg \cdot K = m^2/(s^2 \cdot K)$	C
热交换系数	$m/(t^3 \cdot T)$	$kg/(s^3 \cdot K)$	HF
能量(热量)	$m \cdot L^2/t^2$	$J = kg \cdot m^2/(s^2)$	
热流密度	m/t^3	$W/m^2 = kg/s^3$	HFLUX
生热速率	$m/(t^3 \cdot L)$	$W/m^3 = kg/(s^3 \cdot m)$	HGEN
焓	$m/(t^2 \cdot L)$	$J/m^3 = kg/(s^2 \cdot m)$	ENTH

5.5 ANSYS 中的选择操作

5.5.1 按对象属性选择的"Select"选择菜单

用户可以通过图元或者与图元相连的单元的材料号、单元类型号、实常数号、单元坐标系号、分割数目、分割间距比等属性来选取图元,此时需要用到命令:Select > Entitiies。在执行完此命令后将弹出如图 5-18 所示的"选取图元"对话框,在第二个下拉菜单中选择"By Attribute"。

"选取图元"对话框中的各个菜单的功能和使用方法如下:

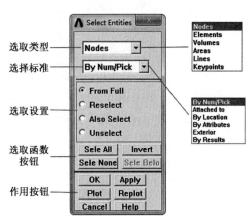

图 5-18　按属性拾取对话框

(1)By Num/Pick:通过在输入窗口中输入图元号或者在图形窗口中直接选取。

(2)Attached to:通过与其他类型图元相关联来选取。

(3)By location:通过激活或定义局部的坐标系的 X、Y、Z 轴来构成一个选择区域,并选取该区域内的图元。

(4)Exterior:选取已选图元的边界,如单元的边界、面的边界。若已选择了某个面,那么执行该命令就能选取该面边界上的线。

(5)By Result:选择计算结果值在一定范围内的节点或者单元,执行该命令前,必须把所要的结果保存在单元中。

(6)From full:从整个模型中选取一个新的图元集合。

(7)Reselect:从已选取好的图元集合中再次选取。

(8)Also select:把新选取的图元组合添加到已选取的图元集合中。

(9)Unselect:从当前选取的图元中去掉一部分图元。

(10)Select All:选择该类型下全部的图元。

(11)Select none:取消选择该类型下的所有图元。

(12)Invert:反向选择。

(13)Select Below:选取已经选取图元下的所有图元。

图 5-19　按编号拾取对话框

当需要多次选择多个属性相同的图元时,可以通过定义组件或部件实现该部分图元多次方便选取。组件是选取某类图元的集合,部件是组件的集合;部件可以包含部件和组件,但是组件只能包含某一类图元。用户可以通过 Comp/Assembly 菜单,将某一些实体组合构造成一个组件,并给这个组件赋予一个组件名;还可以将多个组件组合构造成一个部件集合,也给部件定义一个名字。在选择实体模型时,用户随时可以通过该项对应的名称来访问由这些组件和部件构成的实体。

5.5.2　按编号选择的对象拾取对话框

ANSYS 中在执行相关操作之前必须首先选择待执行命令的对象,经常会用到如图 5-19 所示的对话框,现以拾取节点为例进行介绍。

(1)Pick 和 Unpick:选择或者取消选择

采用 Pick 模式时,ANSYS 视图窗口内鼠标显示为"向上的箭头",用户可以单击的方式拾取对象,而采用 Unpick 模式时,ANSYS 视图窗口内鼠标显示为"向下的箭头",用户可以单击的方式对已拾取的对象进行取消选择的操作。

(2)Single、Box、Polygon 和 Circle:单选、框选、多边形选取、圈选

采用 Single 模式时,用户可以使用鼠标以单击的方式拾取对象或取消拾取,采用 Box、Polygon 和 Circle 模式时,用户可以用框选的方式拾取对象或取消拾取,只是 Box 对应的是矩形框选、Ploygon 对应多边形框选,Circle 对应圆框选。

(3)List of Items 和 Min,Max,Inc:按节点编号选取

采用 List of Items 模式时,用户可在下方文本框内输入节点编号拾取对象。采用 Min,Max,Inc 模式时,用户可以通过定义对象的最小编号 Min、最大编号 Max,以及编号增量 Inc 实现选择。

5.6 ANSYS 中的结果展示

ANSYS 在求解完成后,所有计算结果将记录于后缀为 . rst 的文件内,但不能直接显示计算结果,需要进入后处理器提取计算结果并进行展示。ANSYS 有两个后处理器,即通用后处理器(General Postproc,POST1)和时间历程后处理器(Timehist Postpro,POST26)。通用后处理器 POST1 用于查看整个结构在某个荷载步上的全部结果,进入 ANSYS 通用后处理器的路径是 Main Menu > General Postproc,或者输入/POST1 命令。POST26 则用于提取和查看结构上某一点在整个荷载历程中的响应曲线,进入 ANSYS 通用后处理器的路径是 Main Menu > Timehist Postproc,或者输入/POST26 命令。

求解完毕后,可以直接进入后处理提取结果,也可以重新进入 ANSYS 再进入后处理器提取结果。两者在操作上略有区别,后者需要点击 Utility Menu > File > Resume,将模型数据(后缀为 . DB 的文件)和结果数据(后缀为 . RST 的文件)读入当前程序才能进行后续操作,而前者可以直接进入后处理器进行操作。

进入后处理器后,读取并查看计算结果的步骤是:①设定需要查看结果的荷载步;②选择结果的展示方式(列表、云图、矢量图);③选择需要提取的结果。

5.6.1 结果读取

POST1 中的第一步是将数据从结果文件读入数据库。如果要这样做,则数据库中首先要有模型数据(节点、单元等)。若数据库中没有模型数据,输入 RESUME 命令(Utility Menu > File > Resume Jobname. db),读入数据文件 Jobname. db。数据库包含的模型数据应该与计算模型相同,包括单元类型、节点、单元、单元实常数、材料特性和节点坐标系;否则会出现数据不匹配的情况[5]。

从结果文件读入数据的方法如下:

GUI:Main Menu > General PostProc > Read Results。

命令:SET,LSTEP,SBSTEP,FACT,KIMG,ANGLE,NSET,ORDER。

命令说明:

①LSTEP 默认读取数据的荷载步数为 1;当 LSTEP = N 时,表示读取第 N 个荷载步;当

LSTEP = FIRST 时,表示读取第一个荷载步;当 LSTEP = LAST 时,表示读取最后一个荷载步;当 LSTEP = NEXT 时,表示读取下一个荷载步;当 LSTEP = PREVIOUS 时,表示读取上一个荷载步;当 LSTEP = NEAR 时,表示读取时间最接近参数 TIME 的子步数据;当 LSTEP = LIST时,表示扫描结果文件,列表表示每一个荷载步的概要。

②SBSTEP 代表子步数,默认为荷载步的最后一个子步;但是在屈曲分析和模态分析时,SBSTEP 表示模态数,当 LSTEP = LIST、SBSTEP = 0 或 1 时,列出荷载步的基本信息;SBSTEP = 2时,还列出荷载步的标题和标识符号。

③FACT 表示读入数据的放缩因子,为空和 0 都默认为 1。该因子只适用于位移和应力结果,非零值不能用于不可求和项目。

④KIMG 只用于复数结果(谐响应分析或复杂模态分析),KIMG = 0 或 REAl(默认)时,存储复数结果的实部;KIMG = 1、2 或 IMAG 时,存储复数结果的虚部;KIMG = 或 AMPL 时,存储幅值;KIMG = 4 或 PHAS 时,存储相位角,单位为度,介于 - 180° ~ 180°。

⑤TIME 为读取数据的时间点,对于谐响分析是频率;对于屈曲分析是荷载因子。该参数仅在下列情况下使用:当 LSTEP = NEAR 时,表示读取时间最接近参数 TIME 的子步数据,当 LSTEP 和 SBSTEP 都为零(或空),读取时间为 TIME。

⑥ANGLE 为圆周位置,用于谐响应分析。

⑦NSET 为要读入数据组的编号。

⑧ORDER = ORDER 时,按固有频率升序对谐响应分析结果排序或屈曲分析的荷载因子排序。

输入 SET 命令(或 GUI),可在特定的荷载条件下将整个模型的数据从结果文件中读入数据库,覆盖数据库中以前存在的数据。边界条件信息(约束和集中力)也被读入,但这仅在存在单元节点荷载或反作用力的情况下。若不存在,则不显示边界条件,但约束和集中荷载可被处理器读入,而且表面荷载和体积荷载并不更新,并保持它们最后被指定的值。如果表面荷载和体积荷载是使用表格指定的,则它们将依据当前的处理结果集,表格中相应的数据被读入。加载条件靠荷载步和子步或靠时间(或频率)来识别。

5.6.2 结果表达方法:云图

一旦所需结果存入数据库,可通过图像或列表方式进行展示。云图就是通过颜色变化来显示位移、应变、应力等结果在模型上的变化,是 ANSYS 中最常见的一种结果图形。ANSYS中支持的云图样式有 Normal(标准云图)、Isosurface(显示等值面)、Particle Grad(显示粒子梯度)、Gradient triad(显示梯度三元组)、Topographic(以地质方式显示)。云图显示中有 4 个常用命令:

(1)用云图显示节点结果

GUI:Main Menu > General Postproc > Plot Results > Contour Plot > Nodal Solu。

命令:PLNSOL,Item,Comp,KUND,Fact,FileID。

命令说明:

①Item,Comp 为显示的项目和分量,具体含义如表 5-3 所示。

②KUND = 0,云图中只显示变形后的结构;KUND = 1,云图同时显示变形前后的结构和单元;KUND = 2,云图同时显示变形前后结构的边界形状。

③Fact 用于 2D 显示接触分析结果的放缩因子,默认值为 1。

结构分析 PLNSOL 命令有效的 Item，Comp 表 5-3

结 果 类 型	Item	Comp	说　明
节点自由度结果	U	X,Y,Z,SUM	结构 X、Y、Z 方向位移及矢量和
	ROT	X,Y,Z	结构绕 X、Y、Z 轴转角
	WARP		翘曲
单元结果	S	X,Y,Z,XY,YZ,XZ	应力分量
		1,2,3	主应力
		INT	应力强度
		EQV	等效应力
	EPXX[①]	X,Y,Z,XY,YZ,XZ	应变分量
		1,2,3	主应变
		INT	应变强度
		EQV	等效应变
	EPSW		膨胀应变
	SEND	ELASTIC	弹性应变能密度
		PLASTIC	塑性应变能密度
		CREEP	蠕变变形能密度
		DAMAGE	损伤变形能密度
		VDAM	黏性阻尼变形能密度
		VREG	黏性正规化变形能密度
接触结果（增强图形模式,3D 模型）	CONT	STAT	接触状态[②]
		PENE	穿透
		PRES	接触压力
		SFRIC	接触摩擦应力
		STOT	接触总应力
		SLIDE	接触滑动应力
		DAP	接触间隙
		FLUX	接触面上总热流

注：①XX = EL,弹性应变;XX = TH,热应变;XX = PL,应变(EPEL + EPPL + EPCR);XX = TT,总应变(EPEL + EPPL + EPCR + EPTH)。

②为 3 时,黏合接触;为 2 时,滑动接触;为 1 时,开放、近接触;为 0 时,开放、不接触。

④FileID 为文件索引号。

节点结果云图在选择的节点和单元上显示,能够在单元的边界上保持连续。云图在单元内的节点值是通过线性插值确定的,在公共节点处则取平均值。若要显示中间节点的值,需先执行命令/EFACET,2。

（2）用云图显示单元结果

GUI：Main Menu > General Postproc > Plot Results > Contour Plot > Element Solu。

命令：PLESOL,Item,Comp,KUND,Fact。

除了 Item 参数有效项中没有节点自由度结果项,其余参数与前面节点结果参数相同。单元结果云图在选择单元中显示,但在单元边界处不连续,且云图只在单元内部线性插值。

（3）用云图显示单元表数据

GUI：Main Menu > General Postproc > Plot Results > Contour Plot > Elem Table。

或 Main Menu > General Postproc > Element Table > Plot Elem Table。

命令：PLETAB,Itabl,Avglab。

Itabl 为要显示的单元标签；Avglab = NOAV（默认），在公共节点对结果不做平均处理；Avglab = AVG,在公共节点处做平均处理。

（4）用云图显示线单元数据

GUI：Main Menu > General Postproc > Plot Results > Contour Plot > Line Elem Res。

命令：PLLS,LabI,LabJ,KUND,Fact。

LabI,LabJ 为存储节点 I 和 J 结果的单元表；KUND = 0,云图显示在未变形结构中；KUND = 1,云图显示在变形结构中；Fact 为显示比例因子（默认值为1），为负值时反向显示。PLLS 命令用云图的形式显示一维单元的结果。

当需要改变云图样式时,可使用"/CTYPE"和"/SSCALE"（Main Menu > PlotCtrls > Style > Contoues > Contour Style）。

5.6.3 结果表达方法：矢量图

矢量显示用箭头显示模型中某个矢量大小和方向的变化。平移（U）、转动（ROT）、主应力（S）等都是矢量的例子。用下列方法可生产矢量图：

GUI：Main Menu > General Postproc > Plot Results > Predefined /User-defined。

命令：PLVECT,Item,Lab2,lab3,LabP,Mode,Loc,Edge,KUND。

Itme 表示显示项目。Mode 控制显示模式；为空时,需要使用"/DEVICE"命令设置参数 KEY；为 RAST 时,光栅模式；为 VECT 时,矢量模式。Loc 控制显示矢量位置。Loc = ELEM,在单元质心显示；Loc = NODE,在单元节点显示。Edge 控制单元边界的显示；为空时,使用"/EDGE"命令设置 KEY；为 OFF 时,不显示单元边界；为 ON 时,显示单元边界。

可使用"/VSCALE"命令改变矢量箭头长度比例,其 GUI 路径为 Utility Menu > PlotCtrls > Style > Vector Arrow Scaling。

5.6.4 结果表达方法：内力图

在 ANSYS 中,绝大多数内力结果输出图为内力云图,在 5.6.2 节已经介绍,这里不再赘述；部分结构的结果图可以输出轴力图、弯矩图、剪力图,本节也不在介绍,请参考第 7 章。但对于采用板壳单元和实体单元的结构,则无法直接获取结构内力图,若需要获取某个截面的内力则必须通过计算得到。需要说明的是,虽然板壳单元可以输出内力,但由于其内力结果是相对于单元坐标系,仍无法直接获取截面的内力结果。对于板壳单元而言,截面内力计算可通过路径积分法和单元节点力求和法；对于实体单元而言,截面内力计算可通过截面分块积分法、单元节点力求和法、面操作法。其中截面分块积分法的原理就是采用路径技术将截面划分为条状,当划分的条很窄时,认为其在宽度上的应力相等,从而可用路径获得每条长度方向的应力,对这些应力沿着路径计算（如求和、积分等）即可得到该条上的合力,通过累加各条合力即可得到截面上总的内力[6]。

（1）路径积分法步骤

①定义路径名和路径参数

GUI：Main Menu > General Postproc > Path Operations > Define Path > By Location。

命令：PATH，NAME，nPts，nSets，nDiv。

NAME 为用户定义的路径名。nPts 为定义路径的点数，即确定路径几何结构的点数，最小为 2，最大为 1000 个。nSets 为映射到路径上的路径个数，至少指定 4 个（即 X、Y、Z、S），缺省为 30 个。nDiv 为相邻点之间的等分数，缺省为 20，无最大数限制。

②定义路径几何结构

GUI：Main Menu > General Postproc > Path Operations > Define Path > By Nodes。

命令：PPATH，POINT，NODE，X，Y，Z，CS。

POINT 为路径点编号。NODE 为该路径点的节点号，如为空，则采用坐标方式确定路径点，但节点号方式优先。X、Y、Z 为总体直角坐标系下的路径点坐标。CS 为路径点之间结果插值时采用的坐标系，缺省时，为当前激活的坐标系。

③映射结果到路径上

GUI：Main Menu > General Postproc > Path Operations > Map onto Path。

命令：PDEF，Lab，Item，Comp，Avglab。

Lab 为在路径上拟映射结果数据的标识符（称为路径项名），不超过 8 个字符。

Item，Comp 为映射结果项标识符和组项标识符。

Avglab 为单元边界上的结果平均与否控制参数，其值可取：AVG（缺省）、NOAV。其中 AVG 表示平均结果，NOAV 为不平均结果。

④对路径项数据运算

GUI：Main Menu > General Postproc > Path Operations > ADD（或 MULT、DIV 等）。

命令：PCALC，Oper，LabR，Lab1，Lab2，FACT1，FACT2，CONST。

Oper 为运算标识符。其值有 ADD 加运算、MULT 乘运算、DIV 除运算、EXP 幂运算、DERI 求导、INTG 积分、SIN 正弦、COS 余弦、ASIN 反正弦、ACOS 反余弦、LOG 自然对数。LabR 为运算结果路径项名。Lab1、Lab2 为参与运算的两个路径名。FACT1、FACT2 为施加到 Lab1 和 Lab2 路径项数据的系数。CONST 为运算式中的常数项，缺省为 0.0。

（2）单元节点力求和法步骤

①定义力矩求和的位置点

GUI：Main Menu > General Postproc > Nodal Calcs > Summation Pt > At XYZ Loc。

命令：SPOINT，NODE，X，Y，Z。

NODE 为拟定义位置的节点编号。X、Y、Z 为拟定义位置在总体坐标系下的坐标。当 NODE = 0 时，缺省为坐标点 (0,0,0)。

②对所选节点的节点力和力矩求和

GUI：Main Menu > General Postproc > Nodal Calcs > Total Force Sum。

命令：FSUM，LAB，ITEM。

LAB 为求和坐标系控制参数，其值可取空（缺省）、RSYS，其中空表示在总体坐标系中对所有节点力和力矩求和，RSYS 表示在当前激活的 RSYS 坐标系中对所有节点力和力矩求和。ITEM 为节点集的选择，其值可取空（缺省）、CONT、BOTH，其中空表示除接触单元之外，对所有选择节点的节点力和力矩求和，CONT 表示仅对接触节点的节点力和力矩求和，BOTH 表示上述两项均包括在内。

截面分块积分法是在路径积分法基础上通过累加各条合力得到截面上总的内力，在此不再赘述，请参考第 7 章。相比面操作以及路径积分法，单元节点力求和法求解较方便，但对于复杂结构,由于单元划分控制不可能那么好,在确定截面位置时,不如面操作法准确,除非在划分单元时就决定求解内力的截面,然后将几何实体在此位置切分。

5.6.5 结果表达方法:列表

通过图形显示结果比较直观,但是无法得到一些较精确的数;然而通过列表用文本显示有助于查看精确的结果,也便于存档,还可以对数据进行排序。

(1)列表节点和单元解数据

①列表节点解数据

GUI:Main Menu > General Postproc > List Results > Nodal Solution。

命令:PRNSOL,Item,Comp。

②列表单元解数据

GUI:Main Menu > General Postproc > List Results > Element Solution。

命令:PRNSOL,Item,Comp。

(2)列表支反力和荷载

①列表反力

GUI:Main Menu > General Postproc > List Results > Reaction Solu。

命令:PRNSOL,Lab。

②列表显示单元节点的总和

GUI:Main Menu > General Postproc > List Results > Nodal Loads。

Utility Menu > List > Results > Nodal Loads。

命令:PRNSOL,Lab,TOL,Item。

(3)节点和单元数据排序

ANSYS 在列表显示数据时,默认按节点或单元编号升序排列,但是有时为了方便观察数据,需要将数据按从小到大(或者从大到小)的顺序排列。

①节点数据排序

GUI:Main Menu > General Postproc > List Results > Sorted Listing > Sort Nodes。

Utility Menu > Parameters > GEt Scalar Data。

命令:NSORT,Item,Comp,ORDER,KABS,NUMB,SEL。

②对单元表数据排序

GUI:Main Menu > General Postproc > List Results > Sorted Listing > Sort Elems。

命令:ESORT,Item,Lab,ORDR,KABS,NUMB。

③其他命令

NUSORT:恢复节点数据的默认排列顺序。

EUSORT:恢复单元表数据的默认排列顺序。

5.7　建　模　流　程

ANSYS 分析过程一般分为前期处理、计算求解和后期处理三个部分。前期处理主要包括创建模型、定义单元、定义材料、单元网格划分等;计算求解过程主要包括施加荷载及其边界条件,定义求解类型、求解器以及求解方式;后期处理就是查看分析结果、结果计算与分析等。

ANSYS中一般建模流程:

(1)定义工作文件名:选择菜单栏 Utility Menu > File > Jobname 命令。系统将弹出"Jobname"(修改文件名)对话框,根据用户自己的需要输入文件名,并将"New log and error files"后面的复选框选为"Yes",并点击"OK"。

(2)定义分析标题:Utility Menu > Preprocess > Element Type > Add/Edit/Delete 执行命令后,弹出对话框,根据用户需要输入一个标题作为 ANSYS 图形显示时的标题。

(3)设置计算类型:Main Menu > Preferences… > select Structural > OK。

(4)定义单元类型(GUI):Main Menu > Preprocessor > Element Type > Add/Edit/Delete 命令,系统将弹出"Element Types"对话框。单击"Add"按钮,在对话框左边的下拉列表中选择符合用户情况的单元体,然后再进行后续操作。

(5)定义实常数以确定单元截面参数:Real Constants(Isotropic:截面积、惯性矩等,Density:密度)。

(6)设定材料参数:Preprocessor→Material Models。

(7)生成模型:Preprocessor→Modeling→Create。

(8)模型加约束和外载:Solution→Define Loads→Apply→Structural。

(9)分析计算:Solution→Solve→Current LS。

(10)结果显示:General Postproc→Plot Results→Deformed Shape。

(11)退出 ANSYS。

5.8　ANSYS中两种建模方式

ANSYS 在实体建模时有自底向上构造模型和自顶向下构造模型两种构思思路。自底向上的建模方法是在当前激活的坐标系中,首先定义几何模型中最低级的图元即关键点,然后再利用这些关键点定义较高级的图元(即线、面、体)。自顶向下的建模方法是指一开始就通过较高级的图元来构造模型,即通过汇集线、面、体等几何体素的方法来构造模型[7]。图元层次图关系如图 5-20 所示。

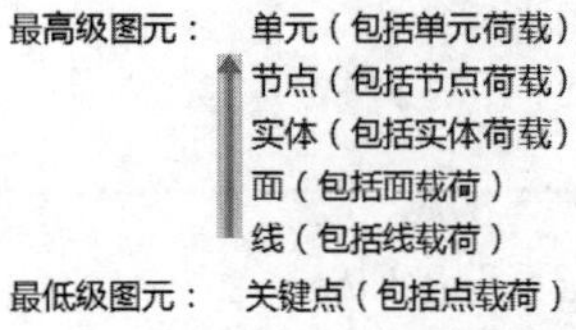

最高级图元:　单元(包括单元荷载)
　　　　　　　节点(包括节点荷载)
　　　　　　　实体(包括实体荷载)
　　　　　　　面(包括面载荷)
　　　　　　　线(包括线载荷)
最低级图元:　关键点(包括点载荷)

图 5-20　图元层次关系图

这两种建模方式既相互联系又有区别,它们的联系在于用户可根据自己的需要组合使用。对于这种组合实体模型还可以通过布尔运算对其进行操作以生成更加复杂的形体。它们的区别在于前者是在当前激活的坐标系中定义的;而后者是在工作平面内创建的,并且用户在建模时一定要知道当前工作平面的工作状态。

不管用哪种思路建模,在建模之初都必须考虑建立的模型是否能生成有限元网格以及是否可以得到较好的有限元网格;并且在建模时注意到截面的变化以及各个形体的交界面。在修改模型时,需要知道实体模型和有限元模型的层次关系;不能删除依附于较高级图元上的低级图元,不能删除已划分网格的体。如果当一个实体已经施加荷载,删除或者修改该实体,那么附加在它身上的荷载也将被删除。特别注意:在自底向上构造模型时可以不必总是按照点生成线、线生成面、面生成体这样严格的顺序生成高级图元,可以直接通过作为顶点的关键点来定义面和体,中间的图元可以在需要时自动生成。例如定义一个长方体,可用它的 8 个顶点(关键点)来定义,软件会自动地生成该长方体的所有线和面。

(1)自底向上的建模方法

自底向上的建模方法是在当前激活的坐标系中,通过低级图元来生成高级图元,它涉及关键点、线、面和体这种从低到高的图元。

①关键点

关键点是在当前激活的坐标系中定义的,它可以直接定义也可以通过已有的关键点来生成另外的关键点(许多布尔运算可以生成关键点)。已经定义的关键点可以被修改和删除(前提是没有依附于其他高级图元)。

②线

线也是在当前激活的坐标系内定义的。并不总是要求明确定义所有的线,因为 ANSYS 通过顶点定义面和体时,会自动生成相关的线。只有在生成线单元(如梁单元)或想通过线来定义面时,才需要明确地定义线。通过 List 命令或使用菜单中的 List/Lines 菜单列表显示已定义的线的属性(如线编号、组成线的关键点等)。线也可以被修改和删除。

③面

平面可以表示二维实体(如平板或轴对称体)。用到面单元(如板单元)或由面生成体时才需要定义面。生成面的命令也将自动地生成依附于该面的线和关键点;同样,面也可以在定义体时自动生成。

通过 Alist 命令或使用菜单中的 List/Areas 列表显示已定义的面的属性(如面的编号、组成面的线的编号以及有些面的面积等)。面也可以被修改和删除,但只有未进行网格划分且不属于任何体的面才能被重新定义和删除。

④体

体用于描述三维实体,仅当需要用到体单元时才必须建立体。生成体的方式有多种,可由顶点定义体,也可以由边界面定义体,也可将面沿一定路径拖拉生成。体生成时将自动生成其低级图元。

体也可以被修改和删除,但只有未进行网格划分的体才能被重新定义和删除。

(2)自顶向下建模方法

组成实体模型的常用基本体素(如圆柱体、长方体等),分为实体体素和面体素。在 ANSYS 中可用单个命令来创建几何体素。因为几何体素是高级图元,可不用首先定义任何关键点而形成,所以称利用体素进行建模为自顶向下建模。需要说明的是,几何体素是在工作平面上生成的。

本章参考文献

[1] 王新敏. ANSYS 工程结构数值分析[M]. 北京:人民交通出版社,2007.

[2] 李伟,王晓初. ANSYS 工程实例教程[M]. 北京:机械工业出版社,2017.

[3] 张仙平,胡仁喜,康士廷. ANSYS16.0 土木工程有限元从入门到精通[M]. 北京:机械工业出版社,2015.

[4] 张乐乐. ANSYS 辅助分析应用基础教程[M]. 北京:北京交通大学出版社,清华大学出

版社,2014.

［5］ 赵晶,王世杰.ANSYS有限元分析应用教程［M］.北京:冶金工业出版社,2014.

［6］ 曾攀,雷丽萍,方刚.基于ANSYS平台有限元分析手册——结构的建模与分析［M］.北京:机械工业出版社.2010.

［7］ 郝勇,钟礼东.ANSYS15.0有限元分析完全自学手册［M］.北京:机械工业出版社,2015.

第**6**章

杆系结构的ANSYS建模分析

6.1　ANSYS 中杆系单元简介

ANSYS 单元库中有 100 多种单元,本章中介绍杆(LINK)单元和梁(BEAM)单元。

6.1.1　杆(LINK)单元

杆单元一般用于模拟桁架、缆索、链杆、弹簧等构件。这类单元只能承受单向受拉或者受压,不能承受弯矩;在节点处只有平动自由度。该单元主要有 LINK1、LINK8、LINK10 和 LINK180 等。许多型号的杆单元在新版本中只能通过 APDL 命令使用,不支持图形界面操作,如 LINK1、LINK8、LINK10。因此,当在图形界面操作中如需用到这三类型号的杆单元时,一般可采用 LINK180 来代替。由于 LINK180 应用较为广泛,本节中将做详细介绍,其余型号的杆单元特性的详细情况可以在 ANSYS 的 Help 中查询(查询方法:Help > ANSYS Tutorials,将弹出"ANSYS Help Viewer"对话框,在该对话框的文本框中输入需查询的单元名称,单击回车键即可)。

(1)LINK180 单元描述

LINK180 单元是有着广泛工程应用的杆单元,它可以用来模拟桁架、缆索、连杆、弹簧等。LINK180 是三维杆单元,该杆单元能承受单向受拉或受压,每个节点具有三个自由度(沿节点坐标系 X、Y、Z 方向的平动)。本单元具有塑性、蠕变、旋转、大变形、大应变等功能。在销接结构中,不考虑杆件的弯曲,具有塑性、蠕变、旋转、大挠度和大应变能力。

默认情况下,无论进行何种分析,当使用命令"NLGEOM,ON"时,LINK180 单元的应力刚化效应开关打开。同时 LINK180 单元还具有弹性、各向同性塑性硬化、动力塑性硬化、Hill 各向异性塑性、Chaboche 非线性塑性硬化以及蠕变等性能。当使用 LINK180 仅模拟受拉或受压时,必须进行非线性迭代求解;大挠曲分析之前必须激活大挠度选项(NLGEOM,ON)。

LINK180 可以通过改变截面面积来实现轴向伸长的功能,用户可以通过使用 KEYOPT(2),选择是否保持截面不变或是刚性截面。

(2)LINK180 输入数据

杆单元 LINK180 是通过两个节点、截面面积、单元长度附加质量和材料性能定义的。LINK180 的几何形状、节点位置和坐标系方向如图 6-1 所示,局部坐标的 x 轴的方向为沿着杆长由节点 I 指向节点 J。该单元的输入数据如表 6-1 所示。

LINK180 单元输入数据 表 6-1

单元名称	LINK180
节点	I,J
自由度	UX,UY,UZ
实常数	AREA,ADDMAS(单位长度附加质量),TENSKEY(仅受拉或压选项)
材料特性	EX,(PRXY or NUXY),ALPX(or CTEX or THSX),DENS,GXY,ALPD,BETD,DMPR
表面荷载	无
体荷载	Temperatures:T(I),T(J)
特性	可塑性、黏弹性、黏塑性/蠕变、其他材料(用户)、应力刚性、大变形、大应变、初始状态、非线性稳定、生死单元、线性扰动

（3）输出数据

LINK180 单元输出数据包括节点位移输出和附加单元输出两种形式,如表6-2 所示。表6-2中"O"栏和"R"栏表明在文件 Jobname. OUT(O) 和结果文件 Jobname. RST(R)的可用性:"Y"表示结果完全可以用;"—"表示该项不可用;数字代表脚注,用来说明该项在什么条件下可以用。

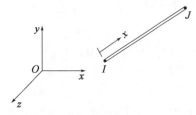

图 6-1 LINK180 单元

LINK180 单元输出数据 表 6-2

名 称	定 义	O	R
EL	Element number(单元编号)	Y	Y
NODES	Nodes-I,J(单元节点编号 I、J)	Y	Y
MAT	Material number(材料号)	Y	Y
REAL	Real constant number(实常数号)	Y	Y
XC,YC,ZC	Center location(结果输出坐标中心)	Y	1
TEMP	Temperatures T(I),T(J)(两节点温度 $T(I)$、$T(J)$)	Y	Y
AREA	Cross-sectional area(横截面面积)	Y	Y
FORCE	Member force in the element coordinate system(单元坐标系中每个节点 X、Y、Z 方向力)	Y	Y
Sxx	Axial stress(轴向应力)	Y	Y
EPELxx	Axial elastic strain(轴向弹性应变)	Y	Y
EPTOxx	Total strain(总应变)	Y	Y
EPEQ	Plastic equivalent strain(等效塑性应变)	2	2
Cur. Yld. Flag	Current yield flag(当前屈服标记)	2	2
Plwk	Plastic strain energy density(塑性应变能量密度)	2	2
Pressure	Hydrostatic pressure(静水压力)	2	2

名 称	定 义	O	R
Creq	Creep equivalent strain(等效蠕动应变)	2	2
Crwk_Creep	Creep strain energy density(蠕动应变能量密度)	2	2
EPPLxx	Axial plastic strain(轴向塑性应变)	2	2
EPCRxx	Axial creep strain(轴向蠕动应变)	2	2
EPTHxx	Axial thermal strain(轴向热应变)	3	3

注:1-只有在质心作为 ∗ GET 项时可用。

   2-只有单元具有适当的非线性材料时才可用。

   3-只有当单元温度与参考温度时才可用。

   4-其他详见 ANSYS 帮助。

(4)注意事项[1]

A. LINK180 单元为直杆,轴向荷载作用于两端,全杆均为同一属性。

B. LINK180 单元长度、截面面积必须大于零。

C. LINK180 温度假定是沿线性变化的

6.1.2 梁(BEAM)单元

ANSYS 中梁单元的型号较多,如 BEAM3、BEAM4、BEAM23、BEAM189 等,是一类可以承受拉力、压力、剪力、弯矩、扭矩的单元。它常用的单元有 2D/3D 弹性梁元、属性梁元、渐变不对称梁元、3D 薄壁梁元以及有限应变梁元。

由于梁单元型号较多,本章将对 BEAM188 进行介绍,其余梁单元详情请参考 ANSYS 中 Help 文件。

(1)BEAM188 单元描述

BEAM188 适用于分析从细长到中等粗短的梁结构,它的分析理论来源于铁木辛柯梁理论,即考虑了剪切变形的影响,该单元还可以模拟梁截面的翘曲。

BEAM188 是 3D 两节点梁单元,其位移函数可以是线性的、二次的或者三次的,取决于 KEYOPT(3)的值。BEAM188 单元的每个节点有 6 个或 7 个自由度,具体自由度的个数将取决于 KEYOPT(1)的值。当 KEYOPT(1)=0(默认)时,每个节点有 6 个自由度,即 X、Y、Z 方向的平动自由度和绕 X、Y、Z 轴的转动自由度,且挠曲和转角是相互独立的自由度。当 KEYOPT(1)=1 时,每个节点有 7 个自由度,除了前面列出的 6 个自由度外,还有梁截面的翘曲自由度(WARP)。该单元能很好地模拟线性以及转动、大变形等非线性问题,支持弹性、蠕变及塑性分析。

BEAM188 可以采用 Sectype、Secdata、Secoffset、Secwrite、Secread 等定义横截面,且横截面可以是不同材料组成的组合截面[2]。

(2)BEAM188 输入数据

BEAM188 是由节点、横截面积、转动惯量以及材料特性来定义的。BEAM188 单元的几何形状、节点位置、单元坐标系如图 6-2 所示,局部坐标系 x 轴正方向由 I 指向 J,默认梁高方向为 z 轴

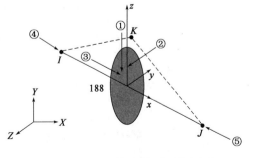

图6-2 BEAM188 单元坐标系及截面方向

方向。BEAM188 单元输入数据如表 6-3 所示。

BEAM188 单元输入数据
表 6-3

单元名称	BEAM188
节点	I、J、K(K 是方向节点,可以选择使用)
自由度	当 KEYOPT(1) = 0 时,UX,UY,UZ,ROTX,ROTY,ROTZ; 当 KEYOPT(1) = 1 时,UX,UY,UZ,ROTX,ROTY,ROTZ,WARP
截面控制	TXZ 和 TXY(横向剪切刚度)、ADDMAS(单位长度附加质量)。各参数由 SECCONTROl 命令指定,TXZ 和 TXY 默认值分别为 $A \times GXZ$ 和 $A \times GXY$(其中 A 是截面面积、GXZ 和 GXY 为剪切模量)
材料特性	EX(弹性模量),PRXY 或 NUXY(泊松比),ALPX(线膨胀系数),DENS(密度),GXY、GYZ、GXZ(剪切模量),ALPD(质量阻尼系数)、BETD(刚度阻尼数)、CTEX 或 THSX,DMPR
表面荷载	压力: 　　face 1(I-J):截面的 $-Z$ 方向; 　　face 2(I-J):截面的 $-Y$ 方向; 　　face 3(I-J):截面的 $+X$ 方向; 　　face 4(J):截面的 $-X$ 方向; 　　face 5(I):截面的 $-X$ 方向。 注:面 1、2、3 为压力,面 4、5 为集中力;若输入值为负值则与作用方向相反;用 SFBEAM 命令施加面荷载
体荷载	温度(在单元的每个端部节点指定 $T(0,0)$、$T(1,0)$、$T(0,1)$)
特性	可塑性,黏弹性,蠕变、应力刚性、大变形、大应变、初始状态、非线性稳定,生死单元(KEYOPT(11) = 1)、线性扰动、单元技术自动选择 Plasticity 塑性
KEYOPT(1)	翘曲(WARP)自由度控制选项: 　　KEYOPT(1) = 0(默认),6 个自由度,不限制扭转; 　　KEYOPT(1) = 1,7 个自由度(包括扭转),输出双力矩和双曲率
KEYOPT(2)	截面缩放选项: 　　KEYOPT(2) = 0(默认),截面考虑轴向拉伸效应缩放,当大变形开关打开的时候被调用; 　　KEYOPT(2) = 1,截面被认为是刚性的(经典梁理论)
KEYOPT(3)	插值形函数: 　　KEYOPT(3) = 0(默认),线性函数; 　　KEYOPT(3) = 2,二次幂函数; 　　KEYOPT(3) = 3,三次幂函数
KEYOPT(4)	剪应力输出: 　　KEYOPT(4) = 0(默认),仅仅输出扭转相关的剪应力; 　　KEYOPT(4) = 1,仅仅输出弯曲相关的横向剪应力; 　　KEYOPT(4) = 2,仅仅输出前两种方式的组合状态
KEYOPT(6)	在单元积分点输出控制: 　　KEYOPT(6) = 0(默认),输出截面力、应变和弯矩; 　　KEYOPT(6) = 1,和 keyopt(6) = 0 相同,加上当前的截面面积; 　　KEYOPT(6) = 2,和 keyopt(6) = 1 相同加上单元基本方向(X、Y、Z); 　　KEYOPT(6) = 3,输出截面力、弯矩和应力、曲率

续上表

KEYOPT(7)	截面积分点上的输出控制(当截面的亚类为 ASEC 的时候不可用)： 　　KEYOPT(7)=0(默认),无; 　　EEYOPT(7)=1,最大和最小应力、应变; 　　KEYOPT(7)=2,和 KEYOPT(7)=1 相同,加上每个截面点上的应力和应变
KEYOPT(8)	截面节点上的输出控制(当截面亚类为 ASEC 的时候不可用)： 　　KEYOPT(8)=0(默认),无; 　　KEYOPT(8)=1,最大和最小应力、应变; 　　KEYOPT(8)=2,和 KEYOPT(8)=1 相同,加上沿着截面外表面的应力和应变; 　　KEYOPT(8)=3,和 KEYOPT(8)=1 相同,加上每个截面节点的应力和应变
KEYOPT(9)	在单元节点和截面节点外推数值用的输出控制(当节点亚类为 ASEC 的时候不可用)： 　　KEYOPT(9)=0(默认),无; 　　KEYOPT(9)=1,最大和最小应力、应变; 　　KEYOPT(9)=2,和 KEYOPT(9)=1 相同,加上沿着截面外边缘的应力和应变; 　　KEYOPT(9)=3,和 KEYOPT(9)=1 相同,加上所有截面节点的应力和应变
KEYOPT(10)	用户定义初始应力： 　　KEYOPT(10)=0(默认),无用户子程序来提供初始应力; 　　KEYOPT(10)=1,从用户子程序 ustress 来读取初始应力
KEYOPT(11)	设置截面属性： 　　KEYOPT(11)=0(默认),自动计算是否能够提前积分截面属性: 　　KEYOPT(11)=1,用户单元数值积分(在生死功能的时候要求)
KEYOPT(12)	楔形截面处理： 　　KEYOPT(12)=0(默认),线性变化的楔形截面分析;截面属性在每个积分点计算(默认),这种方法更加精确,但是计算量大; 　　KEYOPT(12)=1,平均截面分析;对于楔形截面单元,截面属性仅仅在中点计算。这是划分网格的阶数的估计,但是速度快

注:KEYOPT(6)、KEYOPT(7)、KEYOPT(9)只有在"OUTPR,ESOL"激活时才有效。

(3)BEAM188 数据输出

单元结果输出包括节点解和单元解,计算结果的定义如表6-4所示。

BEAM188 单元输出数据　　　　　　　　　　表6-4

单元名称	BEAM188	O	R
EL	Element number(单元编号)	Y	Y
NODES	Nodes-I,J(单元节点编号 *I*,*J*)	Y	Y
MAT	Material number(材料号)	Y	Y
C.G.:X,Y,Z	Element center of gravity(单元重心)	Y	1
Area	Area of cross-section(横截面面积)	2	Y
SF:y,z	Section shear forces(截面剪力)	2	Y
SE:y,z	Section shear strains(截面剪切应变)	2	Y

S:xx,xy,xz	Section point stresses(截面积分点应力)	3	Y
EPEL:xx,xy,xz	Elastic strains(截面积分点弹性应变)	3	Y
EPTO:xx,xy,xz	Section point total mechanical strains(截面积分点机械应变 EPEL + EPPL + EPCR)	3	Y
EPTT:xx,xy,xz	Section point total strains(截面积分点总应变 EPEL + EPPL + EPCR + EPTH)	3	Y
EPPL:xx,xy,xz	Section point plastic strains(截面积分点塑性应变)	3	Y
EPCR:xx,xy,xz	Section point creep strains(截面积分点蠕变应变)	3	Y
EPTH:xx	Section point thermal strains(截面积分点热应变)	3	Y
NL:SEPL	Plastic yield stress(塑性屈服应力)	—	5
NL:SRAT	Plastic yielding(塑性屈服,1 = actively yielding,0 = not yielding)	—	5
NL:HPRES	Hydrostatic pressure(静水压力)	—	5
NL:EPEQ	Accumulated equivalent plastic strain(累积的等效塑性应变)	—	5
NL:CREQ	Accumulated equivalent creep strain(累积的等效蠕动应变)	—	5
NL:PLWK	Plastic work/volume(塑性功/体积)	—	5
TQ	Torsional moment(扭矩力矩)	Y	Y
TE	Torsional strain(扭转剪切应变)	Y	Y
Ky,Kz	Curvature(曲率)	Y	Y
Ex	Axial strain(轴向应变)	Y	Y
Fx	Axial force(轴力)	Y	Y
My,Mz	Bending moments(弯矩)	Y	Y
BM	Warping bimoment(翘曲双力矩)	4	4
BK	Warping bicurvature(翘曲双曲率)	4	4
EXT PRESS	External pressure at integration point(积分点处外部压力)	5	5
EFFECTIVE TENS	Effective tension on beam(梁的有效拉力)	5	5
SDIR	Axial direct stress(轴向应力)	—	2
SByT	Bending stress on the element + Y side of the beam(单元 + Y 侧的弯曲应力)	—	Y
SByB	Bending stress on the element − Y side of the beam(单元 − Y 侧的弯曲应力)	—	Y
SBzT	Bending stress on the element + Z side of the beam(单元 + Z 侧的弯曲应力)	—	Y
SBzB	Bending stress on the element − Z side of the beam(单元 − Z 侧的弯曲应力)	—	Y
EPELDIR	Axial strain at the end(梁端部轴向应变)	—	Y
EPELByT	Bending strain on the element + Y side of the beam(单元 + Y 侧的弯曲应力)	—	Y

EPELByB	Bending strain on the element $-Y$ side of the beam(单元$-Y$侧的弯曲应力)	—	Y
EPELBzT	Bending strain on the element $+Z$ side of the beam(单元$+Z$侧的弯曲应力)	—	Y
EPELBzB	Bending strain on the element $-Z$ side of the beam(单元$-Z$侧的弯曲应力)	—	Y
TEMP	Temperatures at all section corner nodes(所有的截面角节点的温度)	—	Y
LOCI:X,Y,Z	Integration point locations(积分点位置)	—	6
SVAR:1,2,…,N	State variables(状态变量)	—	7

注:1-仅在质心作为一个*GET项时可用。

　　2-参见 KEYOPT(6)。

　　3-参见 KEYOPT(7)和 KEYOPT(9)。

　　4-如果元件具有非线性材料,则可用。

　　5-仅在海洋荷载时可用。

　　6-参见 KEYOPT(1)说明。

　　7-仅在使用 outres、loci 命令时可用。

6.2　算例:平面框架

以中南大学李廉锟教授主编的《结构力学》(第5版)中第3章例题3-5(如图6-3所示的静定平面刚架[3])为算例,使用 ANSYS 中经典的 BEAM188 单元进行分析,刚架截面为矩形截面:宽度 $B = 0.1m$,高度 $H = 0.2m$,材料弹性模量 $E = 34.5 \times 10^9$,泊松比 $\mu = 0.2$。

建模时,数量单位均选用国际制单位,长度单位选用 m,力的单位选用 N。

6.2.1　单元类型选择

在生成节点和单元组成的网格之前,需要选择合适的单元类型,并定义相应的单元属性。在选择单元类型时,需要根据分析问题的受力特征和分析目的适当简化计算模型,并综合考虑计算精度和求解效率。ANSYS 单元库中有逾百种单元类型,在进行有限元分析的时候,并不是直接使用 ANSYS 单元库中的某个或

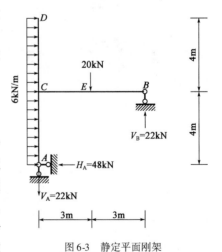

图6-3　静定平面刚架

某些单元类型,而是定义一个单元类型表,表中包含一系列的单元类型编号,分别代表 ANSYS单元库的某个单元类型,程序在进行单元计算时会自动引用该单元类型编号所指向的单元库中的某个单元类型。单元命名格式为:单元类型前缀名 + 数字编号,此数字编号在 ANSYS 单元库中是没有重复的,例如,"BEAM188"中的"BEAM"表示该单元属于梁单元、188 表示该单元的类型编号。

将实际工程对象抽象为有限元模型之后,工程模型的截面、厚度等信息已不能直接反映于有限元模型中,需要将对象的部分属性单独补充到计算机中才能完整地描述对象的行为特征,例如使用梁单元或板壳单元模拟时,工程结构被抽象为零厚度的曲线或曲面,需要定义单元的实常数(壳体的厚度,梁的高度和惯性矩、杆和梁的截面面积等)。这些"必须额外

图6-4 单元定义对话框

赋予"的单元属性即被称为"实常数",单元实常数是由所选择的单元类型所决定的。

定义单元类型的方法如下:

命令:ET,ITYPE,Ename,KOP1,KOP2,KOP3,KOP4,KOP5,KOP6,INOPR。

ITYPE 为单元编号,Ename 为单元类型,KOP1 ~ KOP6 为单元属性选项,具体可以参见每一种单元的 Help 文件。

GUI 操作路径:依次点击 Main Menu > Preprocessor > Element Type > Add/Edit/Delete 弹出如图 6-4 所示的单元类型对话框,该对话框内有"Add""Option"和"Delete"三个按钮,下面依次进行介绍。

(1)Add:增加新的单元类型

单击 Add 按钮,弹出如图 6-5 示的 ANSYS 单元库对话框,在对话框左侧的"Library of Element Types"列表中选择单元类型,如"Structural Mass"中的"Beam",右侧列表将自动更新与之对应的全部单元类型,选中所需单元类型并在"Element type reference number"项文本框输入定义单元类型的编号,单击"OK"或者"Apply"完成定义。定义完成后在单元类型对话框中会显示所有定义的单元类型及其编号,如图 6-6 所示。

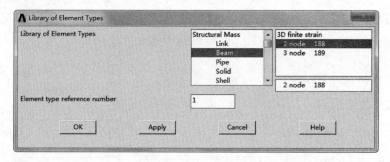

图6-5 ANSYS 的单元库

(2)Options:定义单元属性参数

"Options"按钮在没有定义单元类型之前是无法操作的,在定义单元类型之后,该按钮才可以操作,该功能主要用于控制单元的工作行为(如轴对称、平面应变、接触行为方式弹簧的刚度方向等)、自由度数、单元形函数、结果输出控制等一系列单元属性。对应的单元选项对话框如图 6-7 所示,用户可以分别对相应的参数进行设置(用户可以单击该对话框中的"Help",阅读对应的 KEYOPT1、KEYOPT2、KEYOPT3 等说明,分别对应相应的 K1、K2、K3,对每个选项进行设置,然后单击"OK"按钮完成设置)。

(3)Delete:删除已定义的单元类型

删除按钮用来删除选中的单元类型,该按钮在没有定义单元类型之前是无法操作的,在定义单元类型之后,该按钮才可以操作,点击可以删除相应的单元。

本算例选择的单元类型为"BEAM188",根据上述 GUI 路径,将弹出"Library of Element Types"对话框,在对话框的"Structural Mass"选项中选择"Beam",然后在"3D Finite Strain"选项中选择"2 node 188",接下来点击"OK"按钮完成单元类型的定义。

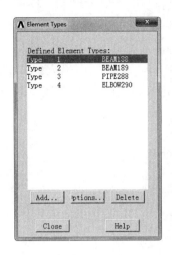

图 6-6 存在"已定义单元"的
单元类型对话框

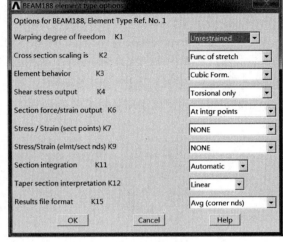

图 6-7 单元属性参数设置对话框

6.2.2 材料定义

ANSYS 程序中能很方便地定义各种材料的属性,如结构材料参数(Structural)、热性能参数(Thermal)、流体性能参数(CFD)和电磁性能参数(Electromagnetics)等。结构材料模型包括线弹性材料(Linear)、非线性材料模型(Nonlinear)、材料密度(Density)、线膨胀系数(Thermal Expansion)、材料阻尼(Damping)等,用户可以根据所建模型选择合适的材料模型。

定义材料模型的方法如下:

命令:MP,Lab,MAT,C0,C1,C2,C3,C4。

Lab 为材料性能标识,其值可取:EX(弹性模量)、PRXY(主泊松比)、GXY(剪切模量)等;MAT 为材料参考号,缺省为当前的 MAT 号;C0 为材料属性值;C1 ~ C4 为材料的性能数值。

GUI:单击 Main Menu > Preprocessor > Material Props(材料属性) > Material Models(材料模型),弹出如图 6-8 所示的"Define Material Model Behavior"定义材料属性对话框,左侧列表框中显示已经定义的材料模型编号,右侧列表显示该材料需要定义的材料常数,单击需要定义的材料属性进行定义。

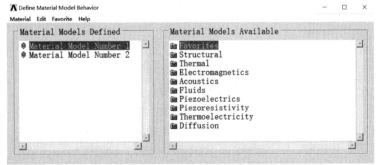

图 6-8 定义材料属性的对话框

当需要定义多种材料模型时,可以点击"Material > New Model"菜单新增新材料模型,也可以点击"Edit > Copy"菜单,在弹出的"Copy Material Model"(复制材料模型)对话框内复制已定义好的材料模型及其属性参数。当需要删除不再使用的材料模型时,可以点击"Edit > Delete"菜单完成删除操作。

本例的操作步骤如下:

选择 Main Menu > Preprocessor > Material Props > Material Models > Structural > Linear > Elastic > Isotropic 命令,弹出如图6-9所示的对话框。在"EX"文本框中输入"34.5e9";在"PRXY"文本框中输入"0.2",单击"OK"按钮确认,执行定义材料属性操作,定义完毕后,材料属性显示在定义材料模型属性对话框的左侧列表中。

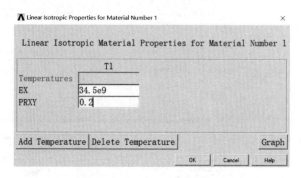

图6-9　设置线弹性材料相关属性的对话框

6.2.3　截面定义

在 ANSYS 中,对于不需要定义单元实常数或不支持定义单元实常数的单元,ANSYS 提供了方便的创建截面的工具来输入截面尺寸,用户可以选择截面库中已有的截面类型或者自己定义新的截面类型,程序可以自动计算出截面面积和惯性矩等参数。

以梁截面为例,截面定义的方法如下:

命令:SECTYPE, SECID, Type, Subtype, Name, REFINEKEY, SECDATA, VAL1, VAL2, VAL3, VAL4, VAL5, VAL6, VAL7, VAL8, VAL9, VAL10。

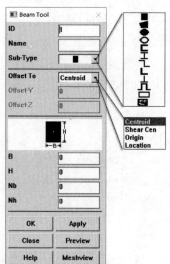

SECID 为截面标识号(也称为截面 ID 号),Type 为截面类型,Subtype 为截面子类型,对于不同的 Type,该截面类型不同,REFINEKEY 为设置薄壁梁截面网格的精细水平;VAL1 ~ VAL10 为梁截面的数值,如厚度、边长、沿边长的栅格数等,每种截面的值是不同的。

GUI:选择 Main Menu > Preprocessor > Sections > Beam > Common Sections 命令,弹出如图6-10所示的梁截面定义对话框,下面对"ID""Name"等对话框和"Preview""Meshview"等按钮,分别进行介绍。

(1)ID:横截面的 ID 号,默认为"1"。

(2)Name:横截面的名称,最多8个字母或数字字符。

(3)Sub-Type:横截面子类型,单击"Sub-Type"按钮将显示预定义形状的下拉列表。如图6-10所示,横截面的子类型

图6-10　梁截面定义对话框

分别为"矩形截面(RECT)""四边形截面(QUAD)""实心圆形截面(CSOLID)""圆管截面(CTUBE)""槽型截面(CHAN)""I 形截面""Z 形截面""L 形截面""T 形截面""帽形截面""空心矩形或箱形截面(HREC)""用户自定义创建的截面(ASEC)"。

(4)Offset To:设置截面偏移。点击"Offset To"按钮将显示一个下拉列表,如图 6-10 所示,其中包含以下选项:

①Centroid(质心):梁节点将偏移到质心(默认)。

②Shear Cen(剪切中心):光束节点将偏移到剪切中心。

③Origin(原点):梁节点将偏移到横截面的原点。

④Location(位置):Beam 节点偏移到 Offset-Y 和 Offset-Z 字段中设置的用户指定位置:偏移-Y,偏移-Z。选择"Location"选项时,是相对于默认横截面形心定位节点的值。

(5)截面控制参数定义,不同的截面形式需要定义的参数也不同。

(6)Preview:使用指定的形状和尺寸信息显示样品截面,而不将此信息应用于 ANSYS 数据库。单击如图 6-10 所示对话框中的"Preview"按钮,将在图形视框中显示定义截面的几何参数,如截面面积和惯性矩等。

(7)Meshview:与"Preview"相同,也会显示剖面网格。

本例的操作步骤如下:

①选择 Main Menu > Preprocessor > Sections > Beam > Common Sections 命令,弹出如图 6-11所示的"Beam Tool"对话框。

②接着在"Sub-Type"选择框中选"■",表示将截面定义为矩形;在"B"文本框中输入"0.1",表示将截面宽度设置为 0.1;在"H"文本框中输入"0.2",表示将截面高度设置为0.2,然后点击"OK"按钮确认。点击"Preview"按钮,查看定义梁截面的截面参数,如图 6-12所示。

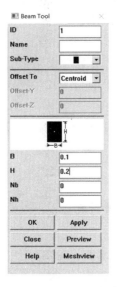

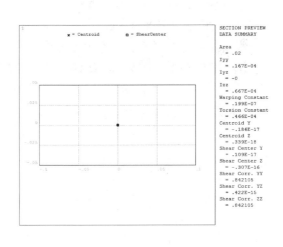

图 6-11 设置梁截面的几何参数　　　图 6-12 平面框架梁单元的截面特性

6.2.4　新建节点

在选择了合适的单元类型、定义了材料和截面后,就可以建立结构的有限元模型,对于离散型结构,通过定义节点和单元直接建立有限元模型在操作时更方便。下面将以算例为例,介绍这种建模方式。

创建节点的方法如下:

命令:N,NODE,X,Y,Z,THXY,THYZ,THZX。

NODE 为节点编号;X,Y,Z 为节点在当前坐标系中的坐标位置,若当前坐标系为圆柱坐标系,X,Y,Z 对应 R,θ,Z,若当前坐标系为球面坐标系,X,Y,Z 对应 R,θ,Φ;THXY,THYZ,THZX 为节点坐标系绕 X,Y,Z 旋转的角度;单位为度。

GUI 操作路径:依次点击 Main Menu > Preprocessor > Modeling > Create > Nodes > In Active CS,弹出如图 6-13 所示的在当前坐标系下创建节点对话框,该对话框内有"NODE Node number""X,Y,Z Location in active CS""THXY,THYZ,THZX Rotation angles(degrees)"三个文本框。

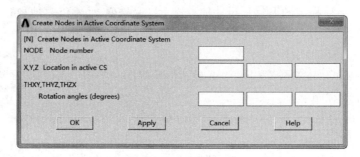

图 6-13　创建节点对话框

(1)NODE Node number:定义新建节点的节点编号,用户可以根据建模需要自定义输入,如未输入,则编号默认设置为当前最大节点号 +1,系统默认起始编号为 1。

(2)X,Y,Z Location in active CS:定义节点位于当前坐标系中的坐标值,用于确定节点在当前坐标系中的位置,用户根据需要输入,如未输入,系统默认为 0。

(3)THXY,THYZ,THZX Rotation angles(degrees):定义节点坐标系绕节点坐标轴旋转的角度,用于设置用户需要的节点坐标轴的方向,可根据用户需要自定义输入,THXY 表示旋转平面为 XOY、THYZ 表示旋转平面为 YOZ、THZX 表示旋转平面为 XOZ。

对于本算例,如果以 A 点为坐标原点,在定义 A 节点时,可以在"NODE Node number"文本框内输入 1,并在"X,Y,Z Location in active CS"文本框内依次输入 0,0,0,然后单击对话框中的"OK"或"Apple"完成创建。

6.2.5　复制节点

为提高节点输入的效率,可以通过复制节点的命令实现节点的快速定义,复制节点的方法如下:

命令:NGEN,ITIME,INC,NODE1,NODE2,NINC,DX,DY,DZ,SPACE。

ITIME 为复制的次数,包含被复制节点本身;INC 为每次复制节点时节点编号的增加量;NODE1,NODE2,NINC 为以 NINC 的间距在两个节点间生成节点;DX,DY,DZ 为在当前坐标系下,每次复制时节点坐标的改变量;SPACE 为间距比。

GUI 操作路径:依次点击 Main Menu > Preprocessor > Modeling > Copy > Nodes > Copy,弹出节点选取对话框,然后在视图窗口中拾取需要复制的节点,单击节点拾取对话框中的

"OK"按钮,弹出如图 6-14 所示的复制节点对话框,该对话框内有"ITIME Total number of copies""DX X-offset in active CS""DY Y-offset in active CS""DZ Z-offset in active CS""INC Node number increment"和"RATIO Spacing ratio"六个文本框。

(1)ITIME Total number of copies:复制后的节点数量

用户可根据建模需要在该文本框内输入需要复制的节点的数量,但需要注意的是复制节点的数量中应该将被复制的节点计入其中,否则复制后的节点数量将会比需要的节点数少一个。

(2)DX X-offset in active CS、DY Y-offset in active CS 和 DZ Z-offset in active CS:复制节点在当前坐标系下坐标值的增量

用户可以根据建模需要在文本框内输入后一个节点与前一个节点的坐标值的差值,笛卡尔坐标系下为坐标 X,Y,Z 的改变量,圆柱坐标系下为 R,θ,Z 的改变量,球面坐标系下为 R,θ,Φ 的改变量。

(3)RATIO Spacing ratio:间距比

当前节点间距与上一个节点间距的比率,如果大于 1.0,则间距逐渐增大;如果小于 1.0,则间距逐渐减少,间距比默认为 1.0(均匀间距),即等间距。

对于本算例,在定义好 1 号节点以后,根据上述 GUI 操作拾取 1 号节点,然后单击节点拾取对话框中的"OK"按钮,在弹出的如图 6-14 所示的对话框的"ITIME Total number of copies"文本框输入 11,"DY Y-offset in active CS"文本框输入 0.8,其他项采用默认值,然后单击"OK"按钮即可实现竖杆 *ACD* 上节点的定义。采用同样的"复制"操作,拾取节点 6 以 0.6 的间距增量在 X 方向复制 11 个节点,即可实现横杆 *CB* 上节点的定义。

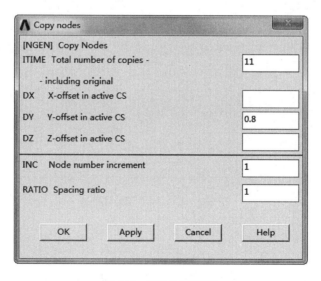

图 6-14　复制节点对话框

6.2.6　节点重新编号

当采用多种方式定义节点时,节点编号可能比较混乱,为方便后续结果的提取和表达,可以使用"NUMCMP"命令对节点进行重新编号,节点重新编号的方法如下:

命令:NUMCMP,Label。

Label 为需要重新编号的对象名称(如节点、单元、关键点、线、面、体)。

GUI 操作路径:依次点击 Main Menu > Preprocessor > Numbering ctrls > Compress Number,弹出如图 6-15 所示的"Compress Number"对话框,该对话框内有一个"Label Item to be compressed"下拉菜单,可以选择要进行重新编号的对象。

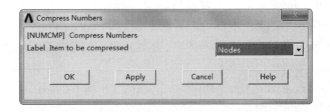

图 6-15 压缩编号对话框

可被压缩编号的对象包括节点编号、单元编号、关键点编号、线编号、面编号、体编号、单元类型编号、实常数编号、耦合集编号、截面编号、约束方程编号和所有项目编号。该功能的主要作用是根据用户的需要通过重新编号的方式压缩多余的项目编号,系统默认编号从 1 开始。但对流和地面辐射荷载编号、复合材料单元的实常数编号不能被压缩处理。

在"Label Item to be compressed"选项窗口选择"Nodes"选项,单击"Compress Number"对话框中的"OK"按钮,自动重新编号。

最终 ANSYS 视图窗口如图 6-16 所示。

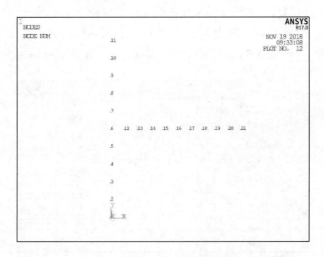

图 6-16 静定平面刚架的节点

6.2.7 新建单元

对于离散型的杆系结构,可以直接通过连接定义好的节点实现单元的定义,不过在定义单元之前,必须首先赋予需要定义的单元材料、截面等信息,即完成"单元属性"的定义。

单元属性分配的方法如下:

命令:TYPE/MAT/REAL/ESYS/ SECNUM/TSHAPE。

TYPE 命令用于定义单元类型,MAT 用于定义单元的材料,REAL 用于定义单元的实常数,ESYS 用于定义单元的坐标系,SECNUM 用于定义单元的截面,TSHSPE 用于定义单元的性状,各个命令的具体使用方法可以参考 ANSYS 中的 HELP 文件。

GUI 操作路径：依次点击 Main Menu > Preprocessor > Modeling > Create > Elements > Elements Attributes，弹出如图 6-17 所示的"Element Attributes"对话框，该对话框内有"［TYPE］Element type number""［MAT］Material number""［REAL］Real constant set number""［ESYS］Element coordinate sys""［SECNUM］Section number"和"［TSHAP］Target element shape"六个下拉菜单，下面依次进行介绍。

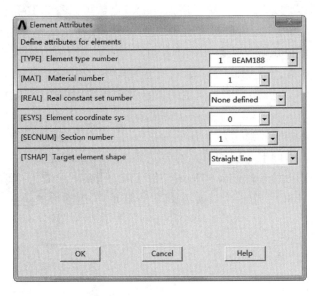

图 6-17　单元属性设置对话框

（1）［TYPE］Element type number：单元类型编号

用于定义单元的类型，点击下拉菜单右侧的小三角形即可看见与单元类型表一致单元编号，为单元分配属性时，在下拉菜单中选择需要的单元类型的编号即可。

（2）［MAT］Material number：材料编号

用于定义单元的材料类型，点击下拉菜单右侧的小三角形即可看见材料编号。为单元分配属性时，在下拉菜单中选择需要的材料类型的编号即可。

（3）［REAL］Real constant set number：实常数编号

用于定义单元的实常数，点击下拉菜单右侧的小三角形即可看见与实常数表一致实常数编号。为单元分配属性时，在下拉菜单中选择需要的实常数的编号即可。

（4）［ESYS］Element coordinate sys：单元坐标系

用户可以使用自定义的局部坐标系定义单元坐标系方向，如未定义，则系统默认使用全局笛卡尔坐标系或者用户通过 KEYOPT 设置的坐标系。为单元分配属性时，在下拉菜单中选择需要的坐标系的编号即可。

（5）［SECNUM］Section number：截面编号

用于定义单元的截面编号，点击下拉菜单右侧的小三角形即可看见截面编号。为单元分配属性时，在下拉菜单中选择需要的截面类型的编号即可。

（6）［TSHAP］Target element shape：单元形状

用于定义单元的形状，主要有线、面或实体以及二维或三维的单元等。用于模拟结构在真实物理世界中的几何形状。

检查对话框内定义的单元类型、材料编号、实常数、单元坐标系编号、截面编号和单元形状后,单击"Element Attributes"对话框中的"OK"按钮关闭。

完成"单元属性"的定义后,即可通过连接节点定义单元,需要注意的是,单元定义时连接节点的顺序即决定了单元坐标系 X 轴方向。单元定义方法如下:

命令:E,I,J,K,L,M,N,O,P。

I、J、K、L、M、N、O、P 为第一个节点至第八个节点的节点编号,梁单元局部坐标系 X 轴方向为节点 I 指向节点 J 的方向,每种单元所需要的节点数可以参考 Help,使用"E"命令最多可以指定 8 个节点。当需要定义的梁单元有截面信息时,在定义单元时建议使用"Orientation Node(方向节点)"以正确模拟单元截面方向。

GUI 操作路径:依次点击 Main Menu > Preprocessr > Modeling > Create > Elements > Auto Numbered > Thru Nodes,在弹出的节点选取对话框内输入或在视图窗口中拾取相应节点即可完成单元定义。

本例中,单元坐标系的 X 轴以从上往下为正,从左往右为正,Z 轴在 X 轴正方向左侧为正。以 12 号节点作为平行于 Y 轴的单元的方向节点(Orientation Node),5 号节点作为平行于 X 轴的单元的方向节点(Orientation Node),在"List of Items"文本框内输入 11,10,12,单击"Apply"按钮定义 1 号单元,以此类推创建剩下的单元,最终建成的静定平面刚架的有限元模型如图 6-18 所示。

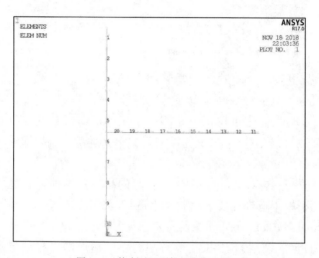

图 6-18　静定平面刚架的有限元模型

6.2.8　施加荷载和边界

在 ANSYS 中,荷载包括边界条件、外部或内部作用力,结构分析中的荷载有位移、力、压力、温度(热应力)和重力,ANSYS 中荷载主要分为 6 类:

(1)DOF Constraint(DOF 约束):约束某个自由度位移为某固定值,可以用于模拟结构的外部边界或支座的沉降。

(2)Force(力):用于模拟集中力或集中力矩。

(3)Surface(表面荷载):用于模拟分布荷载,包括均布压力荷载、梯形分布荷载等。

(4)Body load(体积荷载):用于模拟场荷载,如洛伦兹力、温度。

(5)Inertia load(惯性荷载):用于模拟惯性引起的荷载,如重力、地震荷载。

(6)Coupled loads(耦合场荷载):将一种分析的结果用作另一分析的荷载。例如,可将磁场分析中获得的磁力作为结构分析中的力荷载。

下面以算例中出现的集中荷载和均布荷载为例介绍 ANSYS 中荷载的施加方式。

集中荷载的定义方法如下：

命令：F，NODE，Lab，VALUE，VALUE2，NEND，NINC。

NODE 为需要施加荷载的节点；Lab 为荷载的方向，包括 FX、FY、FZ；VALUE 为荷载值或者荷载表；VALUE2 为第二个荷载值；NEND 和 NINC 为在 NODE 到 NEND 区间内以间距 NINC 在节点上施加相同的荷载值。

GUI 操作路径：依次点击 Main Menu > Preprocessor > Solution > Define Loads > Apply > Structural > Force/Moment > On Nodes，弹出节点拾取对话框，拾取节点后点击"OK"按钮，弹出如图 6-19 所示的"Apply F/M on Nodes"对话框，该对话框内有"Lab Direction of force/mom"两个下拉菜单和"VALUE Force/moment value"一个文本框，下面依次进行介绍。

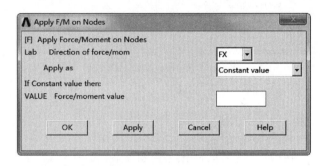

图 6-19　施加节点荷载对话框

（1）Lab Direction of force/mom：荷载方向和荷载值类型

荷载方向下拉菜单内包括"FX""FY""FZ"三个选项，用户可根据需要点击菜单右侧小三角形打开菜单选择，荷载值类型下拉菜单内包括"常量荷载值"和"荷载表"两个选项。

（2）VALUE Force/moment value：荷载值

如果荷载值类型选择常量荷载值，用户可在此文本框中输入荷载的数值，荷载的方向可以使用正负号表示。

算例中 CB 杆中部的集中荷载的定义方法如下：根据上述 GUI 操作路径拾取 16 号节点，在"Lab Direction of force/mom"选项窗口选择"FY"和"Constant Value"，VALUE 一栏输入"−20e3"，即在 16 号节点上施加一个向下的大小为 20kN 的集中力。然后单击"Apply F/N on Nodes"对话框中的"OK"按钮。

梁单元上分布压力荷载的施加方法如下：

命令：SFBEAM，Elem，LKEY，Lab，VALI，VALJ，VAL2I，VAL2J，IOFFST，JOFFST，LENRAT。

Elem 为施加压力荷载的梁单元编号；LKEY 为荷载方向编号；Lab 为荷载类型，在结构分析中为压力（PRES），VALI，VALJ 为节点 I 和 J 附近的荷载值，单位为"力/长度"；VAL2I，VAL2J 为程序预留参数，当前为启用；IOFFST 为 VALI 荷载值的作用点离开 I 节点距离，JOFFST 为 VALJ 荷载值的作用点离开 J 节点距离。

GUI 操作路径：依次点击 Main Menu > Preprocessor > Solution > Define Loads > Apply > Structural > Pressure > On Beams，弹出单元拾取对话框，拾取相应单元后单击"OK"按钮弹出如图 6-20 所示的"Apply PRES on Beams"对话框，该对话框内有"LKEY Load key""VALI

Pressure value at node I""VALJ Pressure value at node J""IOFFST Offset from I node""JOFFST Offset from J node"五个文本框和"LENRAT Load offset in terms of"一个下拉菜单,下面依次进行介绍。

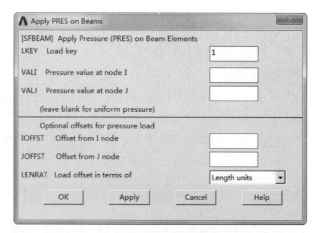

图 6-20　施加梁单元分布荷载对话框

（1）LKEY Load key：用于定义荷载方向。

在单元上施加的压力荷载方向需要参考相应的单元说明,本算例中选用了 BEAM188,BEAM188 单元的"Input Summary"指出该单元的压力荷载的方向包括：沿单元坐标系 Z 轴的负方向（模拟垂直于梁轴线沿梁高方向的压力荷载）、沿单元坐标系 Y 轴的负方向（模拟垂直于梁轴线沿梁宽方向的压力荷载）、沿单元坐标系 X 轴的切线方向（模拟作用于截面内的压力荷载）、沿单元坐标系 X 轴的正方向（模拟单元端部的均布轴拉力）和沿 X 轴的负方向（模拟单元端部的均布轴压力）,其方向编号分别用 1、2、3、4、5 表示。

（2）VALI Pressure value at node I 和 VALJ Pressure value at node J：用于定义 I 节点和 J 节点压力荷载值,如果 VALI 和 VALJ 相等,则表示均布荷载,否则在单元上按线性插值取值,另外如果 VALJ 为空,则默认为 VALI 大小的均布荷载。

（3）IOFFST Offset from I node 和 JOFFST Offset from J node：用于定义压力荷载在单元内部的作用范围,IOFFST 为 VALI 荷载值的作用点离开 I 节点距离,JOFFST 为 VALJ 荷载值的作用点离开 J 节点距离,如果未指定偏移值 IOFFSET 和 JOFFSET,默认分布压力作用于整个单元上。

（4）LENRAT Load offset in terms of：用以描述偏移距离的定义方式。

偏移距离的描述方式主要有两种,一种是按长度偏移（Length units）,另外一种是按比例偏移（length ratio）。假设单元长度为 5.0m,压力荷载作用单元中部 1.0m 范围内,若偏移模式为 Length units,则 IOFFST = 2.0、OFFST = 3.0;若偏移模式为 length ratio,则 IOFFST = 0.4、IOFFST = 0.6。另外,如果 JOFFST = -1,则默认 I 节点荷载是通过 IOFFST 偏移至指定点,且 IOFFSET 不能等于 -1。

本算例中,作用于 ACD 杆上的均布压力荷载的定义过程如下：在视图窗口中用箭头拾取 1 号单元至 10 号单元,在"LKEY Load key"输入窗口输入"1","VALI Pressure value at node I"和"VALJ Pressure value at node J"输入窗口输入"-6e3","IOFFST Offset from I node""JOFFST Offset from J node"和"LENRAT Load offset in terms of"采用默认值 0 不输入。然后单击"Apply PRES on Beams"对话框中的"OK"按钮。施加荷载后的模型如图 6-21 所示。

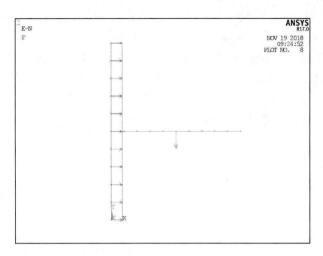

图 6-21　施加荷载后的平面刚架有限元模型

施加位移约束的方法如下：

命令：D，Node，Lab，VALUE，VALUE2，NEND，NINC，Lab2，Lab3，Lab4，Lab5，Lab6。

Node 为节点编号；Lab 为自由度标签；VALUE 为自由度值；VALUE2 为第二自由度值；NEND 和 NINC 为在 NODE 到 NEND 区间内以间距 NINC 在节点上施加相同的自由度值；Lab2 ~ Lab6 为额外的自由度标签，具体可参见 Help 文件。

GUI 操作路径：依次点击 Main Menu > Preprocessor > Solution > Define Loads > Apply > Structural > Displacement > On Nodes，弹出节点拾取对话框，拾取需要约束的节点，单击"Apply"按钮弹出如图 6-22 所示的"Apply U，ROT on Nodes"对话框，该对话框内有"Lab2 DOFs to be constrained"复选框和"VALUE Displacement value"一个文本框。

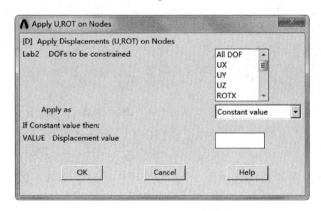

图 6-22　施加边界条件对话框

（1）Lab2 DOFs to be constrained：用于定义约束自由度和自由度值类型

空间梁单元的自由度包括三个方向的平动自由度（UX、UY、UZ）、三个方向的转动自由度（ROTX、ROTY、ROTZ）和一个翘曲自由度 WARP。自由度值类型包括常量自由度值和自由度表。

（2）VALUE Displacement value：用于描述自由度的"已知位移"

用户可以根据模型的真实情况输入自由度的值，如果为空，则默认为 0，如果采用导入表格的方式，则可以不输入。

本算例中,两个铰支座的定义过程如下:首先在视图窗口中用箭头拾取 1 号节点,在"Lab2 DOFs to be constrained"选项窗口选择"UX,UY,UZ,ROX,ROTY","VALUE Displacement value"采用默认值 0,单击"Apply U,ROT on Nodes"对话框中的"OK"按钮。然后拾取 21 号节点,在"Apply U,ROT on Nodes"对话框中"Lab2 DOFs to be constrained"一栏选择"UY,UZ,ROX,ROTY","VALUE Displacement value"采用默认值 0,单击"Apply U,ROT on Nodes"对话框中的"OK"按钮。施加边界条件后的模型如图 6-23 所示。

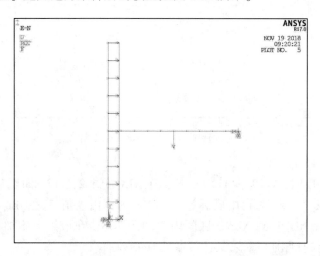

图 6-23　定义边界条件后的平面刚架有限元模型

6.2.9　计算求解

有限元模型建好、荷载和边界条件定义好之后,即可进行相应的分析计算。ANSYS 的计算分析是在"Solution"(求解器)中完成的,计算分析的基本步骤包括:定义分析类型、设置荷载步、设置分析控制选项、求解。节点的自由度位移为基本解,获得原始基本解后进行单元分析以获取单元解,ANSYS 程序将结果写入数据库和结果文件(Jobname. RST/RTH、RMG 和 RFL 文件)。

ANSYS 程序中有几种解联立方程系统的方法:稀疏矩阵直接解法、直接解法、雅可比共轭梯度法(JCG)、不完全乔列斯基共轭梯度法(ICCG)、预条件共轭梯度法(PCG)、自动迭代法(ITER)。除了子结构分析的生成过程与电磁分析(使用正向直接解法),默认为稀疏矩阵直接解法,作为这些求解器的补充,ANSYS 并行处理包括两个多处理器求解器:代数多栅求解器(AMG)与分布式求解器(DDS)。

分析类型的定义方法如下:

命令:ANTYPE。

GUI 操作路径:依次点击 Main Menu > Solution > Analysis Type > New Analysis 弹出如图 6-24 所示的求解类型对话框。该对话框内有"Static""Modal""Harmonic""Transient""Spectrum""Eigen Buckling"和"Substructuring"七个选项,下面依次进行介绍。

(1)静态分析:用于求解模型承受静力荷载作用下结构的位移和应力等,静态分析包括线性和非线性分析。该分析不考虑结构的惯性和阻尼,静态分析所能施加的荷载包括静力外荷载、静惯性力、强迫位移、温度荷载等。

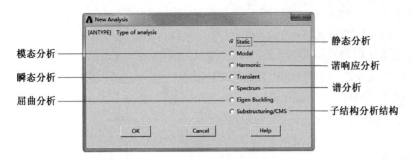

图 6-24　求解类型设置选项卡

（2）模态分析：用于计算结构的固有频率和模态振型。

（3）谐响应分析：用于确定结构在随时间正弦变化的荷载作用下的响应。

（4）瞬态分析：用于计算结构在随时间任意变化的荷载作用下的响应，并且可以计算上述提到的静力分析中所有的非线性特性。

（5）谱分析：是模态分析的应用推广，用于计算由于响应谱或 PSD 输入引起的应力和应变。

（6）屈曲分析：用于计算屈曲荷载和确定屈曲模态。ANSYS 可进行线性屈曲和非线性屈曲计算。

（7）子结构分析：用于计算大模型中的重要部位的应力。

分析控制选项的设置方法如下：

选择 Main Menu > Solution > Analysis Type > Sol'n Control 弹出如图 6-25 所示的对话框，该对话框内包含"Basic""Transient""Sol'n Options""Nonlinear""Advanced NL"五个选项卡，其中"Transient"选项卡用于定义瞬态分析相关求解参数、"Nonlinear"和"Advanced NL"选项卡用于定义非线性分析相关求解参数，这里仅介绍"Basic"和"Sol'n Options"选项卡的设置方法。

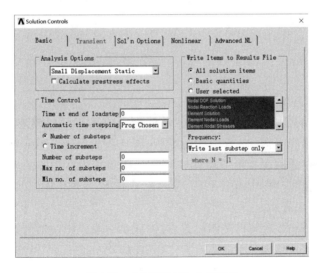

图 6-25　求解控制中 Basic 选项卡

（1）"Basic"选项卡

"Basic"选项卡提供了 ANSYS 分析控制中最基本的选项设置："Analysis Options"用于定

义分析的力学属性、"Time Control"用于定义荷载子步的大小、"Write Items to Results File"和"Frequency"用于定义需要保存的计算结果类型及其保存频率。如需改变其他高级求解参数可以点击其他选项卡进行设置。

"Analysis Options"包含大变形效应和预应力效应,大变形效应是通过选择"Analysis Options"下拉菜单中的"Small Displacement Static""Large Displacement Static""Small Displacement Transient""Large Displacement Transient"进行设置;当结构位移相对其几何尺度可以忽略时,可以不考虑结构变形对平衡方程的影响,将平衡方程建立在变形前的位置上,此时可以选择"Small Displacement Static"或"Small Displacement Transient";当结构位移相对其几何尺度不能忽略时,必须考虑结构变形对平衡方程的影响,将平衡方程建立在变形后的位置上,此时可以选择"Large Displacement Static"或"Large Displacement Transient",如以悬索桥为代表的大跨柔性结构。预应力效应是通过勾选"Calculate prestress effects"进行设置,ANSYS中预应力效应是指在计算中计入应力刚度矩阵对计算结果的影响。

"Time Control"用于定义荷载步和荷载子步,荷载步用于定义随时间或空间变化的荷载,例如,在结构线性静态分析中,可将结构自重和外荷载分两个荷载步施加于结构上,第一个荷载步可施加自重,第二个荷载步施加外荷载。在文本框"Time at end of load step"内输入每个荷载步(每种荷载)的结束"时间"。对于与速率无关的分析,时间仅仅作为"计数器"使用,以识别不同的荷载步和子步,其值可为任意非零负值,默认为1加上前一个荷载步指定的时间;对于与速率有关的分析,时间应使用实际的时间,且时间单位应与分析中所用的时间单位相同。

荷载子步用于定义一个荷载步内的求解点,在静态分析中使用荷载子步可以获得精确解,瞬态分析中使用荷载子步可得到较小的积分步长,满足瞬态时间累积法则。荷载子步的定义可以使用自适应时间步长("Automatic time stepping")和自定义("Number of substep"和"Time increment")的方式进行设置。自适应时间步长是程序根据问题的荷载响应计算最优时间步长,以采用较少的资源获得有效解,自定义荷载步可以通过设置荷载子步数或者荷载子步长进行定义。

(2)"Sol'n Options"选项卡

"Sol'n Options"选项卡用于设置求解器类型、荷载子步计算结果的保存频率等。ANSYS中求解器的设置选项包括"Program chosen solver"(程序自动选择)、"Sparse direct"(稀疏矩阵直接法)、"Pre-condition"CG(预条件共轭梯度法)。

程序自动选择求解器是程序综合考虑求解问题属性、结构自由度数量、计算机硬件配置等方面情况,自适应选择合适的求解器,建议初学者选择此项设置。稀疏矩阵直接法以消元法为基础的迭代求解,适用于自由度规模较小时对称和非对称矩阵的求解。预条件共轭梯度法采用总体矩阵迭代求解,求解效率高、对内存需求高、使用 EMAT 文件而非 FULL 文件,当求解规模较大时建议采用。

上述设置仅是 ANSYS 求解的基本设置,可以满足一般线弹性结构的静力分析的计算需求。当进行非线性分析、动力分析时需要对"Transient""Nonlinear"和"Advanced NL"等选项卡进行适当设置,以增强求解的收敛能力和计算精度。

当分析类型和分析控制选项设置好后,点击 Main Menu > Solution > solve 即可开始求解。

本算例的分析类型应设置为"静态分析"、分析控制选项选用默认参数。

6.2.10 绘制结构变形图

查看结构受载变形可以帮助我们对计算结果的正确性作出定性判断,是最重要的后处理结果。ANSYS 中绘制结构变形的方法如下:

命令:PLDISP,KUND。

KUND 为变形显示控制参数,具体设置方法可以看见 ANSYS 的 Help 文件。

GUI 操作路径:依次点击 Main Menu > General Postproc > Plot Results > Deformed Shape,即可弹出如图 6-26 所示的对话框,ANSYS 提供了三种方法控制变形后形状显示:"Def shape only"仅显示变形后的形状、"Def + undeformed"重叠显示变形前和变形后的形状(包括结构内部网格)、"Def + undef edge"重叠显示变形前和变形后的形状(仅显示结构未变形时的外部轮廓)。通过比较发生变形前后的形状,结构变形的显示将更为直观。需要说明的是"Def + undeformed"和"Def + undef edge"两个选项仅仅对二维和三维单元才会有显示上的区别。

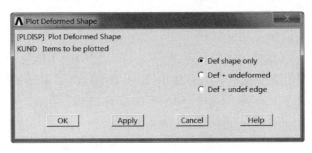

图 6-26 绘制结构变形图对话框

本算例选择"Def + undeformed"后点击"OK"按钮在视图窗口中将显示如图 6-27 所示的结构形变图,该图左上角"DISPLACEMENT"表明该视图展示的是结构位移,"STEP = 1"表明该位移结果是第 1 个荷载步的计算结果,"SUB = 1"表明该位移结果是第 1 个荷载步中第 1 个荷载子步的计算结果,"TIME = 1"表明该位移结果对应时间 1 的计算结果,"DMX = .012159"表明结构在当前荷载步下最大位移为 0.012159。

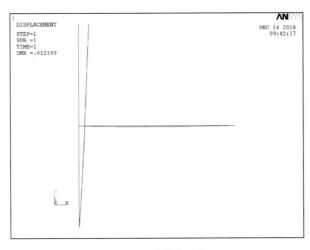

图 6-27 结构变形图

在大多数小变形结构分析中,产生位移后的形状难以与没有产生位移前的形状分开,在这种情况下,软件会在结果显示上自动放大位移量,这样效果将更加清晰。可以用"/DSCALE"

命令（Utility Menu > Plotctrls > Style > Displacement Scaling）来调整放大因子。软件把 0 作为缺省设置值（DMULT = 0），这使位移量自动缩放到一个适合观察的值。因此，要获得无失真的位移显示，必须设置 DMULT = OFF。

6.2.11　绘制结构内力图

有限元平衡方程求解的直接结果是节点的位移，其他结果都是派生结果，必须经过适当后处理后才能提取和查看。由于不同单元的自由度有很大区别，ANSYS 仅提供了多种单元共有的节点和单元计算结果的操作界面，对于单元的"个性结果"则需要用户使用"单元表"提取并查看相应结果，如梁单元的内力结果就需要使用"单元表"提取。

ANSYS 程序中单元表有两个功能：一是在结果数据中进行数学运算的工具，二是能够访问其他方法无法直接访问的单元结果。尽管 SET、SUBSET 和 APPEND 命令将所有申请的结果项读入数据库中，但并非所有的数据均可直接用 PRNSOL 命令和 PLESON 等命令访问。

单元表的定义方法如下：

命令：ETABLE，Lab，Item，Comp。

Lab 为需用户自定义的单元表的标示符，不超过 8 个字符，不能使用 ANSYS 预定义标识符；Item 和 Comp 分别为结果项和组项的标识符，表 6-5 列出了常用的结果标识符，但很多 Item 和 Comp 项与具体单元有关，可参见 ANSYS 的 Help 文件。

常用的结果标识符　　　　　　　　　　　　　　　　　　　　　　表 6-5

Item	Comp	Description
U	X、Y、Z	X、Y 或 Z 三个方向的位移
ROT	X、Y、Z	X、Y 或 Z 三个方向的转角
TEMP	—	温度
PRES	—	压力荷载
S	X、Y、Z、XY、YZ、XZ	6 个应力分量
	1、2、3	3 个主应力分量
	INT	应力强度
	EQV	等效应力
F	X、Y、Z	3 个方向的节点力
M	X、Y、Z	3 个方向的节点力矩
VOLU	—	单元体积，对于平面单元使用实常数定义的厚度（或单位厚度）计算，对于 2D 轴对称单元为单元旋转 360°形成的环形体积
CENT	X、Y、Z	结构未发生变形时各单元形心的坐标
SMISC	snum	可叠加的其他单元结果数据，不同单元的 snum 的含义不同，需要查阅单元的 Help 文件
NMISC	snum	不可叠加的其他单元结果数据，不同单元的 snum 的含义不同，需要查阅单元的 Help 文件

在定义本算例采用的 BEAM188 单元表之前，需要先查阅 BEAM188 的 Help 文件，获取截面内力结果的标识符，为便于读者了解查询过程，表 6-6 列出了 BEAM188 的 Help 文件中单元内力、应力和应变的 SMISC 标识符及其含义。在使用时可以按照需要提取的结果类型

选择适合的 ETABLE 标识符即可,如需要提取单元 I 节点轴力,则将 ETABLE 结果项设置为 SMISIC,组项设置为 1。

BEAM188 单元常用的 SMISC 标示符含义　　　　　　　　　　表 6-6

单 元 结 果		ETABLE 标识符		
		Item	I	J
轴力	Fx	SMISC	1	14
绕 y 轴的截面弯矩	My	SMISC	2	15
绕 z 轴的截面弯矩	Mz	SMISC	3	16
扭矩	TQ	SMISC	4	17
沿 z 轴的截面剪力	SFz	SMISC	5	18
沿 y 轴的截面剪力	SFy	SMISC	6	19
轴向应变	Ex	SMISC	7	20
绕 y 轴的曲率	Ky	SMISC	8	21
绕 z 轴的曲率	Kz	SMISC	9	22
扭矩	TE	SMISC	10	23
沿 z 轴的剪应变	SEz	SMISC	11	24
沿 y 轴的剪应变	SEy	SMISC	12	25
截面面积	Area	SMISC	13	26
翘曲双力矩	BM	SMISC	27	29
翘曲双曲率	BK	SMISC	28	
轴向应力	SDIR	SMISC	31	36
+ Y 侧的弯曲应力	SByT	SMISC	32	37
− Y 侧的弯曲应力	SByB	SMISC	33	38
+ Z 侧的弯曲应力	SBzT	SMISC	34	39
− Z 侧的弯曲应力	SBzB	SMISC	35	40
+ Y 侧的弯曲应变	EPELByT	SMISC	42	47
− Y 侧的弯曲应变	EPELByB	SMISC	43	48
+ Z 侧的弯曲应变	EPELBzT	SMISC	44	49
− Z 侧的弯曲应变	EPELBzB	SMISC	45	50

　　GUI 操作路径:依次点击 Main Menu > General Postproc > Element Table > Define Table 弹出如图 6-28 所示的单元数据表对话框。

　　在弹出的对话框中单击"Add"按钮,弹出如图 6-29 所示对话框,在"ETABLE Lab"中输入单元表的名称,在"Item,comp"两个列表中分别选择需要提取的结果所对应的结果项和组项。本算例需要绘制框架结构的轴力图、剪力图和弯矩图,因此,需要依次定义单元 I 节点的轴力、剪力和弯矩,J 节点的轴力、剪力和弯矩,具体步骤如下:在"ETABLE Lab"中依次输入 FXI、FXJ、SFZI、SFZJ、MYI 和 MYJ,在"Item,comp"两个列表中分别选择"By sequence num""SMISC",在右侧下方文本框中依次输入"1、14、5、18、2、15",并点击"Apply"按钮完成六个内力分量的定义。

图6-28　单元数据表定义对话框

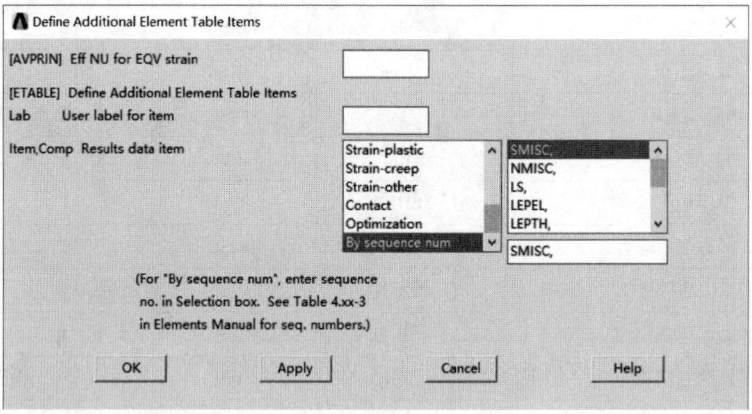

图6-29　单元数据表定义操作界面

　　需要说明的是,ETABLE 命令仅对选中的单元起作用,即只将所选单元的数据送入单元表中。在 ETABLE 命令中改变所选单元,可以有选择地填写单元表的行。另外,ANSYS 程序在读入不同组的结果或在修改数据库中的结果时,不能自动刷新单元表,在对计算模型进行修改并重新求解后,现存的单元表内数据并未实时更新,需要进入 Main Menu > General Post-proc > Element Table > Define Table 对话框点击"Update"按钮进行更新,更新后提取的结果才是正确的结果。

　　定义好各内力分量的单元表后,即可点击 Main Menu > General Postproc > Plot Results > Contour Plot > Line Elem Res,弹出如图6-30 所示的对话框,在 LabI 中选择单元 I 节点的内力(FXI、SFZI、MYI),LabJ 内选择单元 J 节点的内力(FXJ、SFZJ、MYJ),"Fact Optional scale factor"文本框内输入内力缩放因子(默认为 1.0),选择内力图是绘制于变形的结构(Undeformed shape)还是变形后的结构(Deformed shape)上。点击"OK"按钮后即可依次绘制出如图6-31 所示的轴力图、剪力图和弯矩图。

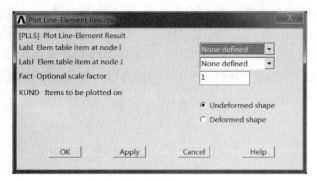

图 6-30　绘制结构内力图的对话框

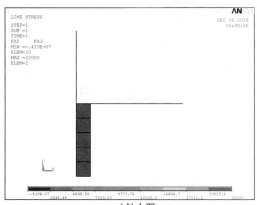

a) 轴力图

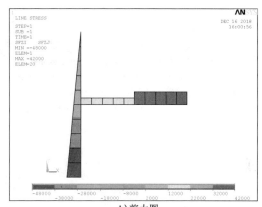

b) 剪力图

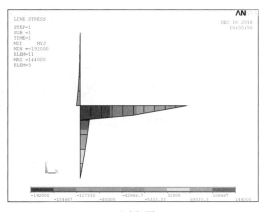

c) 弯矩图

图 6-31　平面框架结构内力图

6.2.12　单元形函数的讨论

在第 3 章中已提到,形函数是描述单元内部变形的近似函数,如果形函数对单元真实变形刻画得越准确,在相同网格数量的前提下基于该单元形函数所得到的结果也将越准确。对于仅承受节点荷载的空间梁单元而言,三次幂函数是其内部变形的理论解(精确的形函数),因此使用 3 次幂函数作为形函数的计算结果应该与理论解完全一致,而使用 1 次或 2 次幂函数时,要保证相同的计算精度则需要划分更多的网格,下面通过改变 ANSYS 中

BEAM188 单元形函数的阶次来说明上述观点。

首先在算例的 *AC*、*CD*、*CE*、*EB* 之间仅建立一个单元,在如图 6-7 所示的对话框内改变"Element behavior K3"的设置,改变 BEAM188 的形函数(Cubic form 对应 3 次幂函数,Linear form 对应 1 次幂函数),图 6-32 分别给出了采用两种形函数时结构的剪力图和弯矩图。

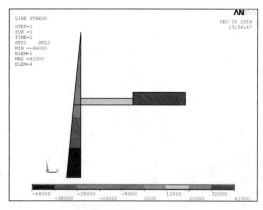

a)采用3次幂函数的剪力图

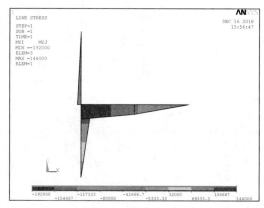

b)采用3次幂函数的弯矩图

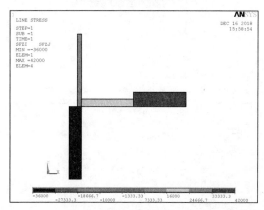

c)采用1次幂函数的剪力图

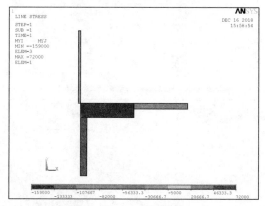

d)采用1次幂函数的弯矩图

图 6-32   不同形函数下结构内力图

对比图 6-31 和图 6-32 的计算结果,不难发现:当采用 3 次形函数时,即便建模时采用 1 个单元也能准确计算各杆件的剪力和仅承受节点荷载的 *CE*、*EB* 杆弯矩,但是杆间存在均布荷载的 *AC*、*CB* 杆弯矩图并不正确。产生这种现象的原因在于:3 次幂函数仅能准确描述承受节点荷载的空间梁单元变形,而承受均布荷载的梁单元的精确形函数是 4 次幂函数,当仅划分 1 个单元时均布荷载作用下的梁体弯矩图不再正确。由于杆系结构有限单元法中需要将节间荷载等效为节点荷载,所以有些教材中仍将 3 次幂函数看作空间梁单元的精确形函数。

另外,当单元数量增加时,承受均布荷载的 *AC*、*CB* 杆弯矩图由线性形式转变为抛物线形式,这表明即便形函数不能精确描述结构的变形,但当单元长度较小(数量较多)时,有限元计算结果将收敛于理论解。为进一步说明该观点,图 6-33 给出了单元长度不同时基于 1 次幂函数的剪力图和弯矩图。从中可以看出:即便形函数在对单元变形的描述质量很差,通过加密网格减小网格长度也能得到较为准确的计算结果。

综上所述,为保证有限元计算结果的精度,一方面可以使用高阶形函数,另一方面可以减小网格尺度,两种方法都能得到较好的结果,建模过程中可以根据问题的特点综合考虑。

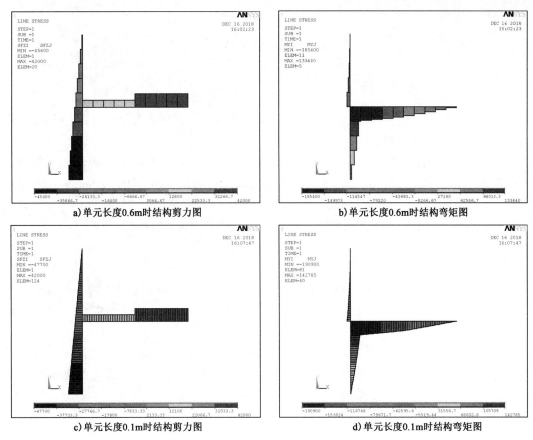

a) 单元长度0.6m时结构剪力图   b) 单元长度0.6m时结构弯矩图

c) 单元长度0.1m时结构剪力图   d) 单元长度0.1m时结构弯矩图

图6-33 不同单元长度下采用1次形函数的结构内力图

6.3 算例：三铰拱

以中南大学李廉锟教授主编的《结构力学》(第五版)中第四章例题4-1(如图6-34所示的三铰拱[3])为算例,使用 ANSYS 中经典的 BEAM188 单元进行分析,三铰拱拱轴线为抛物线,跨径 $l = 12.0\text{m}$,矢高 $f = 4.0\text{m}$,拱圈截面为矩形,截面尺寸为 $2.0\text{m} \times 0.2\text{m}$,材料弹性模量 $E = 34.5\text{MPa}$,泊松比 $\mu = 0.2$。

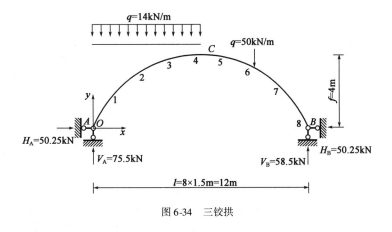

图6-34 三铰拱

拱轴线方程为：

$$y = \frac{4f}{l^2}x(l - x) \tag{6-1}$$

6.3.1　单元类型选择

对话框内按钮、下拉菜单及文本框等的含义或用途详见本章前面相关内容，下面对本例的 GUI 操作步骤进行介绍：

GUI：Main Menu > Preprocessor > Element Type > Add/Edit/Delete，在弹出的单元类型对话中单击"Add"按钮，弹出 ANSYS 单元库对话框，在对话框左侧的"Library of Element Types"列表中选择单元类型"Structural Mass"中的"beam"，右侧列表选择"2 node 188"，单击"OK"即完成定义；最后回到已定义好单元类型界面，单击"Close"即可。

6.3.2　材料定义

（1）依次点击：Main Menu > Preprocessor > Material Props > Material Models > Structural > Linear > Elastic > Isotropic 命令，在弹出的对话框"EX"文本框中输入"34.5e9"；在"PRXY"文本框中输入"0.2"，单击"OK"按钮确认。

（2）定义材料密度，单击定义材料模型属性框中的"Density"按钮，在弹出的设置材料密度对话框的"AENS"文本框中输入"2600"，点击"OK"按钮关闭定义材料模型属性对话框。

6.3.3　截面定义

（1）选择 Main Menu > Preprocessor > Sections > Beam > Common Sections 命令，弹出"Beam Tool"对话框。

（2）接着在"Sub-type"选择框中选"■"，表示将截面定义为矩形；在"B"文本框中输入"2.0"，表示将截面宽度设置为2.0；在"H"文本框中输入"0.2"，表示将截面高度设置为0.2，然后点击"OK"按钮确认。点击"Preview"按钮，查看定义梁截面的截面参数，如图 6-35 所示。

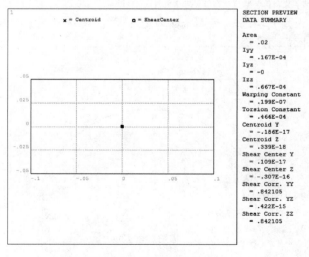

图 6-35　三铰拱拱圈截面属性

6.3.4 新建节点

本例为三铰拱模型,不能直接用曲线建模。因此,只能先将拱分成若干个单元,然后用直线近似代替每个单元。在设置关键点前需要先计算各关键点的坐标,三角拱为对称结构,在建有限元模型时可以先创建一半跨拱结构,然后采用节点镜像命令创建另一半模型。具体操作步骤如下:

(1)计算左半拱坐标,结果如表 6-7 所示。

三铰拱左半拱节点坐标及其对应段所加荷载

表 6-7

关键点编号	X 坐标	Y 坐标	对应单元所加荷载(kN/m)
25	−6	0.0000	
			8.5131
24	−5.75	0.3264	
			8.7457
23	−5.5	0.6389	
			8.9871
22	−5.25	0.9375	
			9.2372
21	−5	1.2222	
			9.4959
20	−4.75	1.4931	
			9.7630
19	−4.5	1.7500	
			10.0379
18	−4.25	1.9931	
			10.3202
17	−4	2.2222	
			10.6088
16	−3.75	2.4375	
			10.9026
15	−3.5	2.6389	
			11.2000
14	−3.25	2.8264	
			11.4992
13	−3	3.0000	
			11.7977
12	−2.75	3.1597	
			12.0929
11	−2.5	3.3056	
			12.3814
10	−2.25	3.4375	
			12.6595
9	−2	3.5556	
			12.9231
8	−1.75	3.6597	
			13.1678
7	−1.5	3.7500	
			13.3889
6	−1.25	3.8264	
			13.5820
5	−1	3.8889	
			13.7426
4	−0.75	3.9375	
			13.8669
3	−0.5	3.9722	
			13.9516
2	−0.25	3.9931	
			13.9946
1	0	4.0000	
3000(方向节点)	−6	10	
3001(方向节点)	6	10	

(2)创建节点:依次点击 Main Menu > Preprocessor > Modeling > Create > Nodes > In Active CS,在弹出的在当前坐标系下创建的节点对话框"NODE Node number"文本框内输入1,并在"X,Y,Z Location in active CS"文本框内输入"0,0,0",然后单击"Apply"按钮完成 1 号节点

的创建。以同样的操作按照表 6-7 中列出的坐标创建余下的所有节点,创建完全部节点后 ANSYS 视图窗口如图 6-36 所示。

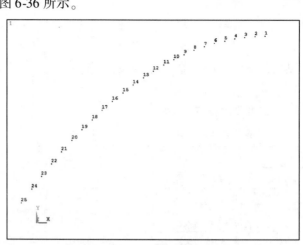

图 6-36 左半拱节点

（3）依次点击 Main Menu > Preprocessor > Modeling > Reflect > Nodes,弹出节点拾取对话框,在视图窗口中拾取 1～25 号节点(或者点击拾取对话框中的"All Pick"),单击节点拾取对话框中的"OK"按钮,弹出如图 6-37 所示的"Reflect Nodes"对话框,选择"Y-Z plane X",在"INC Node number increment"文本框中输入"100",最后单击"OK"即可。完成此操作后,ANSYS 视图窗口如图 6-38 所示。

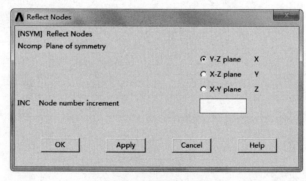

图 6-37 镜像节点对话框

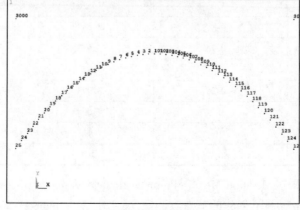

图 6-38 全拱节点

6.3.5 创建单元

依次点击 Main Menu > Preprocessor > Modeling > Create > Elements > Auto Numbered > Thru Nodes,弹出节点拾取对话框,依次拾取 25、24 和 3000 号节点(方向点),单击对话框中的"OK"按钮创建 1 号单元。以同样的操作,以 3000 号节点为方向节点,按逆序依次两两连接 24 ~ 1 号节点,以 3001 号节点为方向点,按顺序依次两两连接 101 ~ 125 号节点,最终建成的有限元模型如图 6-39 所示。

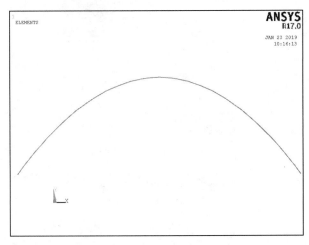

图 6-39 连接节点后形成的单元

6.3.6 施加约束与荷载

(1)拱顶"铰"节点自由度耦合:为模拟三铰拱拱顶位置的"铰",在拱顶相同位置处建立了两个节点,使用重合节点自由度耦合的命令耦合拱顶节点三个方向的平动自由度,具体步骤如下:依次点击 Main Menu > Preprocessor > Coupling / Ceqn > Coincident Nodes,弹出重合节点合并对话框,如图 6-40 所示,在此对话框中的"DOF for coupled nodes"后的下拉菜单中选择"UX",点击"OK"实现重合节点 X 方向平度自由度的耦合,并按照前述步骤依次实现拱顶重合节点 UY、UZ 方向自由度的耦合。

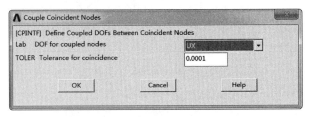

图 6-40 合并重复节点对话框

(2)施加约束:依次点击 Main Menu > Preprocessor > Solution > Define Loads > Apply > Structural > Displacement > On Nodes,弹出节点拾取对话框,拾取 25 节点和 125 节点后单击"OK"按钮,弹出如图 6-41 所示的"Apply U,ROT on Nodes"对话框,在该对话框内的"Lab2 DOFs to be constrained"多选框中同时选择"UX,UY,UZ,ROTX,ROTY"(选择后对应自由度将以浅蓝色显示),点击"OK"按钮。

(3)施加梁单元均布荷载:依次点击 Main Menu > Preprocessor > Solution > Define Loads >

Apply > Structural > Pressure > On Beams,弹出单元拾取对话框,拾取 1 号单元后单击"OK"按钮,弹出如图 6-42 所示的"Apply PRES on Beams"对话框,在该对话框内的"VALI Pressure value at node I"和"VALJ Pressure value at node J"后的文本框中输入"8. 5131",点击"OK"按钮;然后按照上述操作依次给 2 ~ 24 单元施加梁单元均布荷载(荷载见表 6-7)。

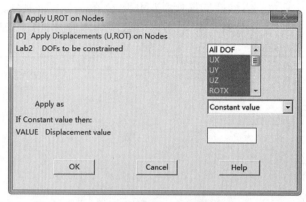

图 6-41　约束节点位移的对话框

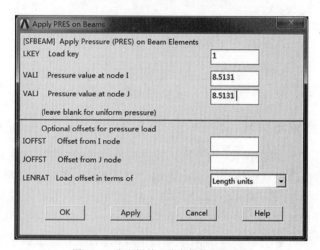

图 6-42　定义梁单元分布荷载的对话框

(4)施加集中力:依次点击 Main Menu > Preprocessor > Solution > Define Loads > Apply > Structural > Force/Moment > On Nodes,弹出节点拾取对话框,拾取 113 节点后点击"OK"按钮,弹出如图 6-43 所示的"Apply F/M on Nodes"对话框,在该对话框内"Lab Direction of force/mom"的下拉菜单中选择"Fy",在" VALUE Force/moment value"文本框中输入 – 50000,点击 OK 按钮。

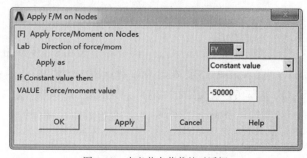

图 6-43　定义节点荷载的对话框

全部荷载和边界定义完成后,视图窗口如图6-44所示。

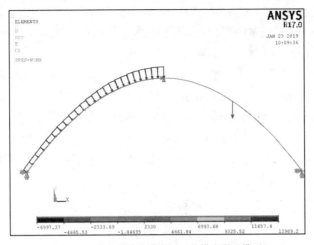

图6-44 施加约束和荷载后三铰拱有限元模型

6.3.7 计算求解

(1)依次点击 Main Menu > Solution > Analysis Type > New Analysis,弹出求解类型对话框,选择"Static",点击"OK"按钮。

(2)依次点击 Main Menu > Solution > Solve > Current LS,弹出"Solve Current Load Stepd"对话框,点击"OK"后弹出"Note"对话框,表示求解成功。

6.3.8 绘制结构变形图

GUI 操作路径:依次点击 Main Menu > General Postproc > Plot Results > Deformed Shape,弹出"Plot Deformed Shape"对话框,选择"Def + undeformed"后点击"OK"按钮,视图窗口将显示如图6-45所示的结构形变图。

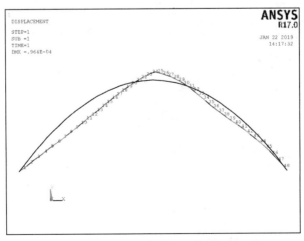

图6-45 三铰拱变形图

6.3.9 绘制结构内力图

(1)GUI 操作路径:依次点击 Main Menu > General Postproc > Element Table > Define

Table,弹出定义单元数据表的对话框。单击该对话框中"Add"按钮,在弹出的对话框的"ETABLE Lab"中依次输入"FXI、FXJ、SFZI、SFZJ、MYI、MYJ",在"Item,comp"两个列表中分别选择"By sequence num""SMISC",在右侧下方文本框中依次输入"1、14、5、18、2、15",并点击"Apply"按钮,完成六个内力分量所对应的单元数据表的定义。

(2)定义好各内力分量的单元数据表后,即可点击 Main Menu > General Postproc > Plot Results > Contour Plot > Line Elem Res,在弹出的对话框 LabI 中选择单元 I 节点的内力(FXI、SFZI、MYI),LabJ 内选择单元 J 节点的内力(FXJ、SFZJ、MYJ),"Fact Optional scale factor"文本框内输入内力缩放因子(默认为 1.0),选择内力图是绘制与变形的结构(Undeformed shape)还是变形后的结构(Deformed shape)。点击"OK"按钮后,即可依次绘制出如图 6-46 所示的轴力图、剪力图和弯矩图。

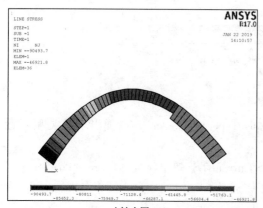

a)轴力图

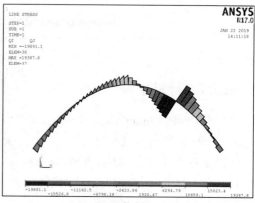

b)剪力图

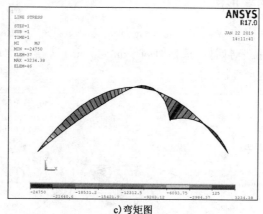

c)弯矩图

图 6-46　三铰拱内力图

本章参考文献

[1] 高耀东,张玉宝,任学平,等.有限元理论及 ANSYS 应用[M].北京:电子工业出版社,2016.

[2] 李伟,王晓初.ANSYS 工程实例教程[M].北京:机械工业出版社,2017.

[3] 李廉锟.结构力学(上)[M].北京:高等教育出版社,2010.

第**7**章 ▶▶▶

平面问题的ANSYS建模分析

7.1 ANSYS 中平面单元简介

平面(PLANE)单元是 2D 实体单元,位于 XY 平面,可以用于分析平面应力问题、平面应变问题和轴对称问题。在分析轴对称时, Y 轴为对称轴。ANSYS 中这些平面单元有 PLANE2、PLANE42、PLANE82、PLANE145、PLANE182 等[1]。本章将以 PLANE182 为例做介绍,其他单元可参阅 ANSYS 的 Help 文件。

(1)PLANE182 单元描述

PLANE182 用于二维实体结构建模,该单元既可用作平面单元(平面应力、平面应变或广义平面应变),也可作为轴对称单元。它有四个节点,每个节点 2 个自由度(X 和 Y 方向的平动自由度)。该单元具有塑性、超弹性、应力刚度、大变形和大应变能力。PLANE182 可以模拟接近不可压缩的弹塑性材料和完全不可压缩超弹性材料的变形。

(2)PLANE182 输入数据

PLANE182 单元的几何形状、节点位置和坐标方向如图 7-1 所示,默认单元坐标系和全局坐标系重合,但是用户可以使用 ESYS 命令自定义单元坐标系。PLANE182 单元的输入数据见表 7-1。

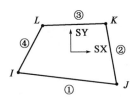

图 7-1 PLANE182 几何描述

注: ＊为轴对称分析时。

PLANE182 单元输入数据   表 7-1

单元名称	PLANE182
节点	I,J,K,L
自由度	UX,UY
实常数	HK:板厚度,仅在 KEYOPT(3) = 3 时使用; HGSTF:沙漏刚度比例因子(仅用于 KEYOPT(1) = 1);默认为 1.0(如果输入 0.0,使用默认值)

材料特性	EX/EY/EZ(弹性模量),PRXY/PRYZ/PRXZ 或者 NUXY/NUYZ/NUXZ(泊松比),ALPX/ALPY/ALPZ(线膨胀系数)或者 CTEX/CTEY/CTEZ(瞬时热膨胀系数)或者 THSX/THSY/THSZ(热应变),DENS(密度),GXY/GYZ/GXZ(剪切模量),ALPD(质量阻尼系数),BETD(刚度阻尼系数),DMPR
表面荷载	压力:face 1(J-I),face 2(K-J),face 3(L-K),face 4(I-L)
体荷载	温度:$T(I)$,$T(J)$,$T(K)$,$T(L)$
特性	单元生死、单元列式自动选择、初应力、大挠度、大应变、线性扰动、非线性稳定、重新分区、应力刚化
KEYOPT(1)	单元技术: KEYOPT(1)=0,使用 B-bar 方法的全积分; KEYOPT(1)=1,由沙漏控制的均匀减缩积分; KEYOPT(1)=2,增强的应变公式; KEYOPT(1)=3,简化的增强应变公式
KEYOPT(3)	单元列式: KEYOPT(3)=0,平面应力; KEYOPT(3)=1,轴对称; KEYOPT(3)=2,平面应变(Z 向应变为0.0); KEYOPT(3)=3,有厚度输入的平面应力; KEYOPT(3)=5,广义平面应变
KEYOPT(6)	单元公式: KEYOPT(6)=0(默认),纯位移公式; KEYOPT(6)=1,使用位移/力(U/P)混合公式(对平面应力无效)
KEYOPT(10)	用户定义初始应力: KEYOPT(10)=0(默认),不使用子程序提供初始应力; KEYOPT(10)=1,由 USTRESS 子程序读入初始应力

(3)PLANE182 单元特点

PLANE182 可以采用完全积分法、均匀缩减积分法、增强应变法和简化增强应变法。但是当用户选择增强应变法(即 KEYOPT(1)=2)时,单元引入四个内部自由度(用户无法访问)处理剪切闭锁和一个内部自由度处理体积闭锁。

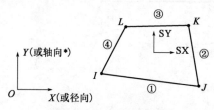

图 7-2 PLANE182 单元内力

注:*为轴对称分析时。

(4)PLANE182 输出数据

该单元结果输出包括节点解的节点位移输出和附加单元输出,如图 7-2 所示,单元输出数据见表 7-2。

(5)PLANE182 使用时的注意事项

①单元面积不能为零

②本单元必须位于全局坐标系 XY 平面。在轴对称分析时,必须以全局坐标 Y 轴为对称轴,且模型应建立在 $+X$ 象限,如图 7-2 所示。

PLANE182 单元输出数据 表 7-2

单元名称	PLANE182	O	R
单元号	—	Y	
NODES	节点-I,J,K,L	—	Y
MAT	材料号	—	Y
THICK	平均厚度		Y
VOLU	体积	—	Y
XC,YC	结果输出点位置	Y	3
PRES	压力,P1 在节点 J,I;P2 在 K,J;P3 在 L,K;P4 在 I,L	—	Y
TEMP	温度 $T(I),T(J),T(K),T(L)$	—	Y
S：X,Y,Z,XY	应力(对平面应力单元 SZ = 0.0)	Y	Y
S：1,2,3	主应力	—	Y
S：INT	应力强度		Y
S：EQV	等效应力	Y	Y
EPEL：X,Y,Z,XY	弹性应变	Y	Y
EPEL：1,2,3	弹性主应变	—	Y
EPEL：EQV	等效弹性应变	Y	Y
EPTH：X,Y,Z,XY	热应变	2	2
EPTH：EQV	等效热应变	2	2
EPPL：X,Y,Z,XY	塑性应变	1	1
EPPL：EQV	等效塑性应变	1	1
EPCR：X,Y,Z,XY	蠕变应变	1	1
EPCR：EQV	等效蠕变应变	1	1
EPTO：X,Y,Z,XY	总工程应变(EPEL + EPPL + EPCR)	Y	—
EPTO：EQV	总等效工程应变(EPEL + EPPL + EPCR)	Y	—
NL：EPEQ	累积的等效塑性应变	1	1
NL：CREQ	累积的等效蠕变应变	1	1
NL：SRAT	塑性屈服(1 = 进入屈服,0 = 未屈服)	1	1
NL：PLWK	塑性功	1	1
NL：HPRES	静水压力	1	1
SEND：ELASTIC, PLASTIC,CREEP	应变能密度	—	1
LOCI：X,Y,Z	积分点位置	—	4
SVAR：1,2,…,N	状态变量		5

注:1-只有当单元具有非线性材料,或如果启用大偏转效应(nlgeom,on)时,才能输出。

2-只有当单元有热荷载时才输出。

3-仅在质心作为一个 ∗ GET 项时输出。

4-仅当使用 outres,loci 时输出。

5-仅当使用 usermat 子例程和 tb,state 命令时才可用。

6-等效应变使用有效泊松比。对于弹性应变和热热应变由 mp,prxy 设置;对于塑性应变和蠕变应变,此值设置为 0.5。

7-对于形状记忆合金材料模型,变形应变报告为塑性应变 EPPL。

③可以通过重新定义 K 和 L 节点来构造三角形单元。对于三角形单元指定完全积分的 $\bar{B}$ 方法或增强应变方法,使用退化位移函数和常规积分方案。

④若想使用混合方法(KEYOPT(6) = 1),则必须使用稀疏求解器。

⑤建议使用增强应变法进行循环对称模态分析。

⑥在几何非线性分析中,应力刚化始终适用,预应力可以用"PSTRES"命令激活。

7.2 网格划分技巧

7.2.1 网格划分步骤

(1)建立并选取单元属性数据

单元的属性数据包括单元的种类(TYPE)、单元的几何常数(R)、单元的材料性质(MP)、单元形成时所在的坐标系统及单元截面属性(SECTYPE)。用户可以根据需要给单元分配不同的属性。

(2)设定划分网格所需的参数

设定网格划分所需的参数是非常重要的一步,将决定网格的大小和形状,会影响分析的正确性和经济性,网格划分参数直接控制了对象边界单元的大小和数量。网格并非划分得越细越好,因为网格尺寸小到一定程度后求解精度提高并不十分明显,但会占用大量的计算资源。因此,在设置参数时,需要在分析时间和计算精度之间找到一个合理的平衡点[1]。

(3)划分网格

完成前两步后即可进行网格划分。用户若对网格划分的结果不满意,可清除结果,重新根据设定网格划分参数,然后进行网格划分,直到结果满意为止。

7.2.2 定义单元属性

为定义单元属性,首先必须建立一些单元属性表,单元属性表包括单元类型(ET 命令或 GUI 路径 Main Menu > Preprocessor > Element Type > Add/Edit/Delete)、实常数组(R 命令或 GUI 路径 Main Menu > Preprocessor > Real Constants)、材料特性(MP 和 TB 命令,GUI 路径 Main Menu > Preprocessor > Material Props > material option)。对于梁单元而言,还需给定方向关键点作为线的属性和截面属性(SECTYPE 和 SECDATA 命令,GUI 路径 Main Menu > Preprocessor > Sections),需要注意的是方向关键点是线的属性而不是单元的属性[2]。

在给实体模型图元分配单元属性时,允许对模型的每个区域预置单元属性,而清除实体模型的节点和单元不会删除直接分配给图元的属性。一旦建立了属性表,即可利用下列命令和 GUI 路径可直接给几何模型分配属性。

(1)给关键点分配属性

命令:KATT。

GUI:Main Menu > Preprocessor > -Attributes-Define > All Keypoints 或 Main Menu > Preprocessor > -Attributes-Define > Picked KPs。

(2)给线分配属性

命令:LATT。

GUI：Main Menu > Preprocessor > -Attributes-Define > All Lines 或 Main Menu > Preprocessor > -Attributes-Define > Picked Lines。

（3）给面分配属性

命令：AATT。

GUI：Main Menu > Preprocessor > -Attributes-Define > All Areas 或 Main Menu > Preprocessor > -Attributes-Define > Picked Areas。

（4）给体分配属性

命令：VATT。

GUI：Main Menu > Preprocessor > -Attributes-Define > All Volumes 或 Main Menu > Preprocessor > -Attributes-Define > Picked Volumes。也可以通过以下命令或 GUI 操作路径给几何模型分配缺省的属性集。

命令：TYPE，REAL，MAT，ESYS，SECNUM。

GUI：Main Menu > Preprocessor > -Attributes-Define > Default Attribs 或 Main Menu > Preprocessor > -Modeling-Create > Elements > Elem Attributes。

开始划分网格时，ANSYS 将依据已定义好的"属性表"给几何模型的各区域分配属性，直接分配给实际模型图元的属性将取代缺省的属性，且当清除实体模型图元的节点和单元时，任何通过缺省属性分配的属性也将被删除。一般情况下，ANSYS 能为网格划分或拖拉操作选择正确的单元类型，当选择为明显正确时，用户不必人为地转换单元类型。

7.2.3 网格划分工具

网格划分工具是网格控制最常用的一种快捷方式，它具有多种功能，启动网格划分工具的方法是依次点击 Main Menu > Preprocessor > Meshing > Mesh Tool，弹出如图 7-3 所示的"网格划分工具"对话框，下面介绍网格划分工具的主要功能。

（1）单元属性控制

用户可根据需要在下拉框中选择"Global""Volumes""Areas""Line"和"KeyPoints"，给实体模型中的全部图元、体、面、线和关键点分配属性。

根据需要选择好上述内容后，单击右侧"Set"菜单，将弹出如图 7-4 所示的"给实体模型的图元分配单元属性"对话框。可根据需要在该对话框上的单元类型（TYPE）、材料（MAT）、实常数（REAL）、单元坐标系统（ESYS）和截面编号（SECNUM）的下拉框中选择已定义好的单元属性。

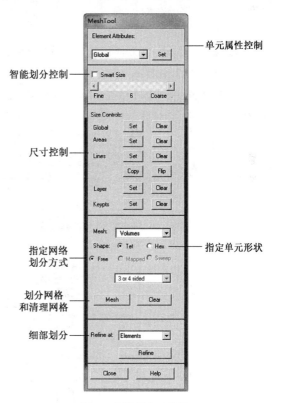

图7-3　网格划分工具条

（2）智能网格划分控制

智能网格划分，即 SmartSizing 算法，只需要用户在"Smart Size"命令中指定单元大小即可实现对几何模型的网格划分,但仅针对自由网格划分有效,不能用于映射网格的划分。ANSYA中智能网格划分控制选项主要有基本控制和高级控制。

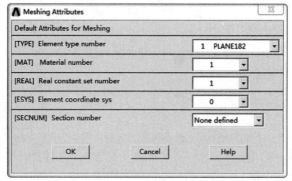

图7-4　"给实体模型的图元分配单元属性"对话框

①基本控制

用户可利用基本控制简单地指定网格划分的粗细程度。ANSYS默认的智能网格尺寸控制值(SMRTSIZE)为"6",但该值可以取"1"(细网格)～"10"(粗网格)中任意数值,数值越大网格尺寸越大。智能网格尺寸控制值(SMRTSIZE)设置方法如下:

命令:SMRTSIZE,SIZLVL。

GUI:Main Menu > Preprocessor > Meshing > meshtool > SmartSize > Size Cntrls > SmartSize > Basic。

②高级控制

除基本控制外,可以使用更高级的方法设置智能网格尺寸的大小,方法如下:

命令:SMRTSIZE 和 ESIZE。

GUI:Main Menu > Pre-processor > Meshing > Size Cntrls > SmartSize > Adv Opts,将弹出"高级智能尺寸设置"对话框如图7-5所示,下面分别介绍该对话框中的相关参数[3]。

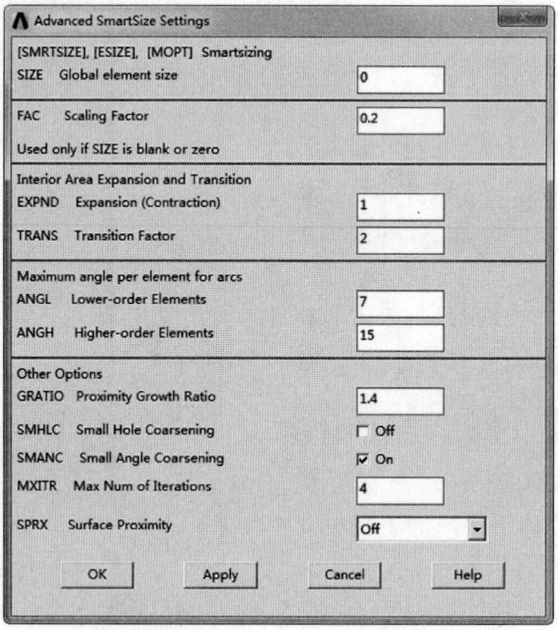

图7-5　"网格高级智能尺寸设置"对话框

【FAC】:用于计算默认网格尺寸的比例因子,取值范围 0.2 ~ 5。

【EXPAND】:网格划分膨胀因子,该值决定了面内部单元尺寸与边缘处的单元尺寸的比例关系。取值范围 0.5 ~ 4。

【TRANS】:网格划分过渡因子。该值决定了从面的边界上到内部单元尺寸胀缩的速度,该值必须大于 1 而且最好小于 4。

(3)人工划分网格时的尺寸控制

由于结构形状的复杂多样性,在许多情况下,由缺省单元尺寸或智能尺寸使产生的网格并不合适,在这些情况下,可通过指定整体图元、面、线等的具体划分尺寸或者划分份数实现网格尺寸的控制。此时,需要用到"Size Controls"命令,此命令可以对不同几何元素的网格划分进行尺寸控制。方法如下:

GUI:Main Menu > Pre-processor > Meshing > Size Cntrls > Manual Size,弹出如图 7-6 所示的对话框,分别对 Global、Areas、Lines、Keypoints 和 Layers 等对象设置网格尺寸。其中"Global"用于设置整个模型的网格尺寸,"Areas"用于设置指定面上网格尺寸的大小,"Lines"用于设置模型中线上划分网格的单元尺寸,"Keypoints"用于设定离关键点最近的单元的边长,"Layers"用于定义模型中线的等分数和步长比率[4]。

或 Main Menu > Preprocessor > Meshing > Mesh Tool,弹出如图 7-3 所示的网格划分工具条,点击"Set"按钮实现相应对象的网格划分。

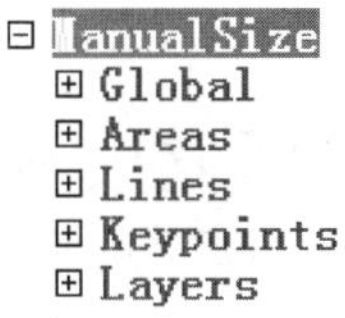

□ **ManualSize**
  ⊞ Global
  ⊞ Areas
  ⊞ Lines
  ⊞ Keypoints
  ⊞ Layers

图 7-6 "Manual Sise"菜单

下面以线网格尺寸控制为例进行介绍,依次点击 Main Menu > Pre-processor > Meshing > Size Cntrls > Manual Size > Manual Size > Lines > All Lines,或 Main Menu > Preprocessor > Meshing > Mesh Tool > Linses > Set,在弹出的对话框内选择"Pick All"按钮,点击"OK"后即弹出如图 7-7 所示的单元尺寸设置对话框,该对话框内有"SIZE Element edge length""NDIV No. of element divisions""SPACE Spacing ratio"和"ANGSIZ Division arc(degree)"四个文本框与"KYNDIV SIZE,NDIV can be changed"和"Clear attached areas and volumes"两个选项,下面依次进行介绍。

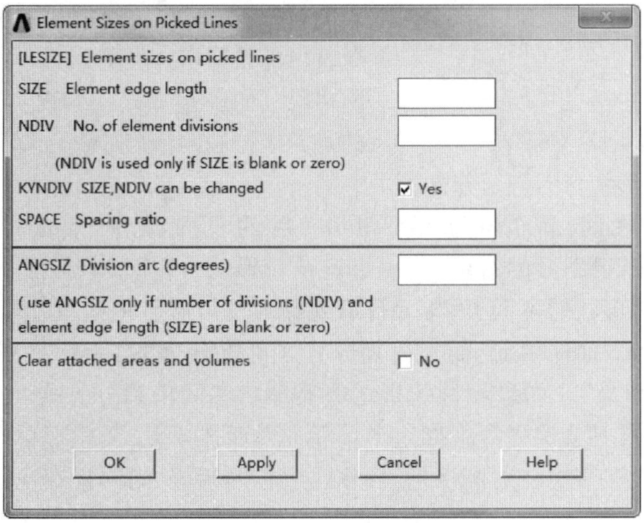

图 7-7 单元尺寸设置对话框

①SIZE Element edge length：单元边长

如果 NDIV 为空，将采用按长度划分单元尺寸的方式，分段数将自动根据线长计算并取整，如果 SIZE 为 0 或空时，将采用 ANGSIZ 或 NDIV 参数划分单元。

②NDIV No. of element divisions：分段数

如果 NDIV 值为正，则表示每条线的分段式。如果为 −1（且 KFORC = 1），表示每条线的分段数为 0，即不划分网格。对于 TARGE169 单元 NDIV 选项无效，且总是用一个单元对每条线进行划分。

③KYNDIV SIZE,NDIV can be changed：SMRTSIZE 的设置参数

如果不勾选 KYNDIV，则表示命令 SMRTSIZE 的设置无效；如果线的分段数不匹配，则映射网格划分失败。如果勾选 KYNDIV，则表示对大曲率或相邻区域优先采用命令"SMRT-SIZE"的设置。

④SPACE Spacing ratio：间距比

分段间的间距比。如果间距比为正值，则表示最后一段的长度和第一段的长度的比值（比值大于 1 表示单元尺寸越来越大，小于 1 表示单元尺寸越来越小）。如果为负值，则"SPACE"表示中间的分段长度和两端的分段长度的比值。如果 SPACE = 1，则表示单元尺寸为均匀分布。如果为层网格，则通常取 SPACE = 1；如果 SPACE = FREE，则分段比率由其他因素决定[5]。

⑤ANGSIZ Division arc(degrees)：分割曲线的角度

按 ANGSIZ 的角度值将线划分为多段，分段数根据线长自动计算。该参数仅在 SIZE 和 NDIV 为 0 或空时有效。直线如果设置了此项参数，只能被划分为 1 段。

⑥Clear attached areas and volumes：面和体图元的显示

如果勾选，则表示单元尺寸设置完成后，在主视图窗口只会显示线，将不会显示面和体。如果不勾选，则会显示所有图元。

❖ 对应 MAP 方式

缺省单元尺寸→Global → Areas → KeyPts → Lines
(DESIZE)　(ESIZE)　(AESIZE) (KESIZE) (LESIZE)
低————————————————————————高

❖ 对应 FREE 方式

智能单元尺寸→Global → Areas → KeyPts → Lines
(SMRTSIZE) (ESIZE)　(AESIZE) (KESIZE) (LESIZE)
低————————————————————————高

图 7-8　单元尺寸定义的优先级

面、关键点网格尺寸的控制与线网格控制选项基本一致，可以参考学习，在此不做介绍。网格划分时，一般只需要使用尺寸控制中的一两组命令就可满足要求。但如果同时指定了两种不同的网格尺寸的控制方式，ANSYS 将按如图 7-8 所示的优先级控制网格尺寸。

(4)指定单元形状与网格划分方式

在划分网格之前，首先需要在"Mesh"后的下拉菜单(Volumes、Areas、Lines 和 Keypoints)中选择需要划分的对象，然后指定单元形状，单元形状的不同可能影响网格划分方式。按照单元形状的不同，面单元可以划分为三角形单元和四边形单元，体单元可以分为四面体单元和六面体单元，而网格划分方式可以分为"自由网格划分""映射网格划分"和"扫略网格划分"。如果不特殊指定单元形状和网格划分方式，ANSYS 将默认采用自由网格进行划分，且会优先考虑四边形单元和六面体单元，三角形单元和角锥形单元次之。若实体模型能够实现映射网格化，且相应边长约相等，则网格在优化时优先考虑映射网格化[6]。

网格形状控制的命令为：MSHAPE，KEY，Dimension。

KEY 为划分网格的单元形状参数,Dimension 为维度。KEY = 0,Dim = 2 表示网格形状为四边形映射网格;KEY = 0,Dim = 3D 表示网格形状为六面体映射网络;KEY = 1,Dim = 2D 表示网格单元形状为三角形自由网格;KEY = 0,Dim = 3D 表示网格形状为四面体自由网格。

网格划分方式的命令为:MSHKEY,KEY。

KEY 为网格类型参数,KEY = 0(默认):网格划分方式为自由网格划分(free meshing);KEY = 1:网格划分方式为映射网格划分(mapped meshing);KEY = 2:如果可能采用映射网格划分,否则采用自由网格划分,如果设置为此项,即使对不能使用映射网格划分的面采用了自由划分,也不会激活智能化网格,并且在执行过程中 ANSYS 会给出警告信息(即设置 SMRTSIZE 无效)。

(5)执行网格划分或清理网格

用户在设置完以上参数以后,单击"Mesh"按钮,即可开始网格划分。若对网格划分结果不满意,可以单击"Clear"按钮,清除网格,然后可以更新设置重新划分网格。

(6)局部细化控制

在"Refine at"后的下拉菜单中选择网格细化的范围,然后单击"Refine"按钮,进行局部网格的细化,需要注意的是该选项仅针对自由网格划分有效。

7.2.4 自由网格划分

自由网格划分对几何模型的几何形状没有特殊要求,无论模型是否规则,都能实现网格划分。在一些局部细小区域,就需要用自由网格划分法来实现网格划分。

自由网格划分法在对面进行划分时,所用的单元形状可根据划分对象确定,可以采用四边形网格、三角形网格或者两者混合组成的网格。当没有指定单元形状为三角形的情况下,且面边界的分割数目为偶数时,系统会默认所有的自由网格为四边形,这样产生的单元质量较好、计算精度较高;反之,形状较差的四边形单元就会退化为三角形单元,即出现两种单元混合的情况。这需要根据实际情况进行合理的处理。体的划分与面类似,只是单元为四面体单元或六面体单元。

自由网格的密度既可以通过单元尺寸进行控制,又能采用智能划分。一般情况下,推荐在自由网格划分时使用智能尺寸设置。

7.2.5 映射网格划分

映射网格划分适用于形状规则或者满足一定准则的实体模型。可以指定程序全部使用三角形、四边形或者六面体产生映射网格,其网格密度由当前设置的单元尺寸确定[6]。

(1)面映射网格划分

面要实现映射网格划分必须满足以下几个条件:

①该面必须是由三或四条线组成。

②当面由三条线组成时,每边划分的单元个数相同且单元个数为偶数。当面有四条边时,面的对边划分单元个数要相等,或者成过渡形网格划分的情况,如图 7-9 所示。

③网格划分必须设置为映射网格(命令:MSHKEY,1),映射网格的形状根据设置的单元类型和形状确定。

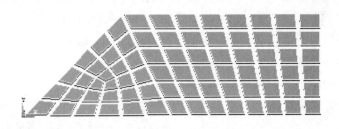

图7-9 面的过渡映射网格划分

在许多情况下,模型的几何形状上有多于四条边的面,要将部分线合并或连接起来使边数降为四条边;一般情况下,优先选用线的合并命令,方法如下:

A. 合并线

命令:LCOMB。

GUI:Main Menu > Preprocesssor > Modeling > Operate > Boolenas > Add > Lines。

B. 连接线

命令:LCCAT。

GUI:Main Menu > Preprocesssor > Meshing > Mesh > Areas > Mapped > Concatenate > Lines。

注意:对于使用 IGES 默认功能输入的模型只能进行线合并命令进行操作。除了上述两种方法降外,还可以使用 AMAP 命令(GUI:Main Menu > Preprocesssor > Meshing > Mesh > Areas > Mapped > By Corners)对面进行映射网格划分。这种方法更加方便快捷。AMAP 命令是通过使用在面上选择的 3 个或 4 个关键点作为角点并连接关键点之间的所有线,面将自动地进行网格划分。

(2)体映射网格划分

若要将体全部映射划分为六面体单元,必须满足以下条件:

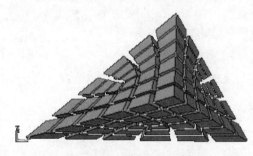

①该体的外形必须包含四、五或六个面;当体模型为棱柱或者四面体时,三角形面上的单元分割数必须为偶数。

②对边上必须划分为相同单元数,或者分割符合过渡网格形式符合六面体网格划分,如图 7-10所示。

③若体的外形面数大于四,可以将部分面合并或者连接起来使面数降为四面。方法如下:

图7-10 体的过渡映射网格划分

A. 面合并

命令:AADD。

GUI:Main Menu > Preprocesssor > Modeling > Operate > Boolenas > Add > Areas。

B. 连接面

命令:ACCAT。

GUI:Main Menu > Preprocesssor > Meshing > Mesh > Volumes > Mapped > Concatenate > Areas。

注意:ACCAT 命令不能用 IGES 功能输入的模型。

ANSYS 中模型划分映射网格时,首先需要检查划分对象是否满足上述条件,若不满足上述条件,根据上述方法调整模型,直至满足映射网格的划分条件。

7.2.6 扫略网格划分

扫略网格划分仅用于划分某截面存在拓扑相似关系的几何体的网格,是将已划分好网格的"源面"按照某一特定路径扫略至"目标面",用扫略方式对体进行网格划分有如下优点[7]:

①能够对输入其他程序建立的实体模型进行网格划分。

②对于不规则的体,若要生成六面体网格时,只需要将体分解为若干个可进行扫略的部分就可以实现。

③体扫略对源面划分使用的单元没有限制。

激活体扫略命令之前需要按以下步骤进行:

①确定有多少个体需要由扫略网格划分,扫略可对一个体、所有选择的体进行扫略。

②确定体的拓扑模型能够进行扫略,即可以找到合适的"源面/目标面"。有以下情况之一的体是不能扫略的:体有侧面包含多于一个环、体包含多于一个壳、体的拓扑源面和目标面不是相对的。

③确定已定义合适的二维和三维单元类型。

④确定在扫略操作中如何控制生成单元层的数目,即沿扫略方向生成的单元数。方法如下:

命令:EXTOPT,ESIZE,Val1,Val2。

GUI:Main Menu > Preprocessor > Meshing > Mesh > Volume Sweep > Sweep Opts,将弹出"Sweep Options"(扫略选项)对话框,如图 7-11 所示。

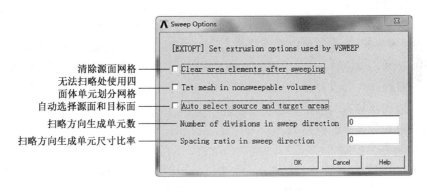

清除源面网格 —— Clear area elements after sweeping

无法扫略处使用四面体单元划分网格 —— Tet mesh in nonsweepable volumes

自动选择源面和目标面 —— Auto select source and target areas

扫略方向生成单元数 —— Number of divisions in sweep direction

扫略方向生成单元尺寸比率 —— Spacing ratio in sweep direction

图 7-11 "扫略选项"对话框

⑤选择体的源面和目标面。ANSYS 在源面上使用面单元模式(可以是四边形和三角形单元),用六面体和楔形单元填充体,目标面是与源面相对的面。

⑥有选择地对源面、目标面和侧面划分网格。

扫略之前是否对模型中的面(源面、目标面和边界面)进行网格划分直接影响了体扫略网格划分结果。在扫略面之前,如果对源面划分网格,则扫略网格按照用于定义的源面网格进行划分。如果扫略之前未对源面划分网格,则 ANSYS 系统会自动生成临时面单元,在确定体扫略模式以后就会自动清除。在扫略前确定是否预划分网格应当考虑以下因素[2]:

①若要让源面用四边形或三角形映射网格划分,则应当预划分网格。

②若想让源面用初始单元尺寸划分网格,则应当预划分网格。

③若不预划分网格,ANSYS默认使用自由网格划分。

④如果不预划分网格,ANSYS使用由"MSHAPE"设置的单元形状来确定对源面划分。"MSHAPE,0,2D"为生成四边形单元;"MSHAPE,1,2D"为生成三角形单元。

⑤如果与体关联的面或线上出现关键点,则扫略操作会失败,除非对包含关键点的面或线预划分网格。

⑥如果源面和目标面都进行预划分网格,则面网格必须相匹配。但是源面和目标面的网格不必是映射网格。

⑦在扫略之前,体的所有侧面(可以有连接线)必须是映射网格划分或四边形网格划分,如果侧面为划分网格,则必须有一条线在源面上,还有一条线在目标面上。

用户在完成上述步骤以后,可以用如下方法生成扫略网格:

命令:VSWEEP,VNUM,SRCA,TRGA,LSMO。

GUI:Main Menu > Preprocessor > Meshing > Mesh > Volumes Sweep > Sweep。

7.3 网格划分质量

7.3.1 网格划分原则

网格划分的质量直接决定了求解的精度和速度,良好的网格质量能既能保证计算结果的精度,又能提高求解的效率,因此在划分网格时应该关注以下几项原则:

(1)网格数量的优化

在决定网格数量时应考虑分析数据的类型。在静力分析时,如果仅仅是计算结构的变形,网格数量可以少一些。如果需要计算应力,则在精度要求相同的情况下应取相对较多的网格。同样,在动力响应计算中,计算应力响应所取的网格数应比计算位移响应多。在计算结构固有动力特性时,若仅仅是计算少数低阶模态,可以选择较少的网格,如果计算的模态阶次较高,则应选择较多的网格。在热分析中,结构内部的温度梯度不大,不需要大量的内部单元,这时可划分较少的网格。

(2)网格疏密的控制

划分疏密不同的网格主要用于应力分析(包括静应力和动应力),而计算固有特性时则趋于采用较均匀的网格形式。这是因为固有频率和振型主要取决于结构质量分布和刚度分布,不存在类似应力集中的现象,采用均匀网格可使结构刚度矩阵和质量矩阵的元素不致相差太大,可减小数值计算误差。同样,在结构温度场计算中也应采用均匀网格。

(3)单元阶次的选择

增加网格数量和单元阶次都可以提高计算精度。因此,在精度一定的情况下,用高阶单元离散结构时应选择适当的网格数量,太多的网格并不能明显提高计算精度,反而会使计算时间大大增加。为了兼顾计算精度和计算量,同一结构可以采用不同阶次的单元,即精度要求高的重要部位用高阶单元,精度要求低的次要部位用低阶单元。不同阶次单元之间或采用特殊的过渡单元连接,或采用多点约束等式连接。

（4）网格质量的优化

划分网格时一般要求网格质量能达到某些指标要求。在重点研究的结构关键部位，应保证划分高质量网格，即使是个别质量很差的网格也会引起很大的局部误差。而在结构次要部位，网格质量可适当降低。但是当模型中存在质量很差的网格（称为畸形网格）时，计算过程将无法进行。

（5）网络分界面和分界点的处理

结构中的一些特殊界面和特殊点应该设置为网格边界或节点，以便定义材料特性、物理特性、荷载和位移约束条件，从而使网格形式满足边界条件。常见的特殊界面和特殊点有材料分界面、几何尺寸突变面、分布荷载分界线（点）、集中荷载作用点和位移约束作用点等。

（6）位移协调性

位移协调是指单元上的力和力矩能够通过节点传递给相邻单元。为保证位移协调，一个单元的节点必须同时也是相邻单元的节点，而不应是内点或边界点。相邻单元的共有节点具有相同的自由度性质。否则，单元之间须用多点约束等式或约束单元进行处理。

（7）网格布局的优化

当结构形状对称时，网格也应划分对称网格，以使模型表现出相应的对称特性（如集中质矩阵对称）。

7.3.2　网格质量

网格质量是指网格几何形状的合理性。质量的好坏将直接影响结果精度，质量太差的网格甚至会中止计算过程。直观上看，若网格各边和各个内角相差不大、网格表面不过分扭曲、边角点位于边界等分点附近，则这类网格的质量较好。

网格质量可用一些具体指标定量表示。网格划分之后，特别是自动划分的网格，应进行网格质量检查，并对质量差的网格（特别是重要部位的网格）进行修正，以保证计算精度和使数值计算过程顺利完成。

在有限元模型中，图 7-12 所示的几种网格是不允许的，它们将导致单元刚阵为零或负值，计算时会出现致命错误而中断，这些网格称为畸形网格。其中图 7-12a）所示的网格节点交叉编号，节点必须按顺时针或逆时针统一编号；图 7-12b）所示网格的内角大于或等于180°；图 7-12c）所示网格的长宽比过大，导致刚度奇异，一般而言矩形网格的长宽比不建议超过 2.0，不能超过 10.0。

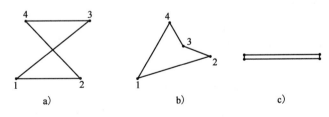

图 7-12　几种畸形网格

（1）单元长宽比

不同的网格单元有不同的计算方法，等于 1 是最好的单元，如正三角形、正四边形、正四面体、正六面体等。单元长宽比越大，网格变形越大。通常要求结构关键部位的长宽比不要超过 2.0，次要部位的细长比不要超过 10.0。

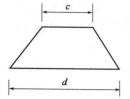

图7-13 锥度比定义

（2）单元锥度比（图7-13）

锥度比用于度量梯形网格的变形，其定义为

$$锥度比 = c/d \tag{7-1}$$

式中：c——梯形上底；

d——梯形下底。

锥度比为不大于 1 的正数，理想网格的锥度比为 1。锥度比越小，网格变形越大。通常结构关键部位的网格锥度比应大于 0.45，而次要部位的网格锥度比不应小于 0.1。

（3）单元网格内角

三角形和四边形网格的理想内角分别为 60° 和 90°，所以这两类网格的每个内角都应在 60° 和 90° 附近，内角偏离越大，网格变形越大。三角形网格的内角一般不应小于 15°，四边形网格的内角一般不应小于 45°，单元内角越小，网格变形越大，结果精度也将随之降低。

（4）单元翘曲量

对于壳单元的四边形网格，如果四个节点不在同一平面，则称该网格面发生了翘曲。由于三角形网格的三个节点始终是共面的，所以翘曲量仅用于度量四边形网格。

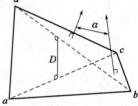

图7-14 单元翘曲量定义

图 7-14 所示的网格由节点 a、b、c、d 组成，它们将四边形分为 abc 和 acd 两个三角形，设对角线 ac 和 bd 的最短距离为 D，三角形 abc 和 acd 的法线夹角为 α，则网格翘曲量可用 D 或 α 度量。D 值或 α 值越大，网格翘曲越严重。因此，α 值应越小越好，理想的 D 值和 α 值应为零，这时表示网格面没发生翘曲。

（5）单元拉伸值

不同类型网格的拉伸值定义不完全相同。对于三角形网格，拉伸值 S 的定义为：

$$S = \frac{(R/L_{\max})_{实际单元}}{(R'/L'_{\max})_{母单元}} \tag{7-2}$$

式中：R、$L_{\max}$——实际单元网格的内切圆半径和最大边长；

R'、$L'_{\max}$——母单元网格（即理想形状）的内切圆半径和最大边长，如图 7-15a）所示。

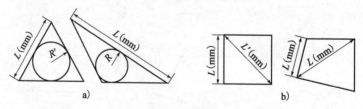

图7-15 单元拉伸值定义

由于三角形单元的母单元为等边三角形，其内切圆半径和边长之比为定值 $1/\sqrt{12}$，因此式(7-2)简化为：

$$S = \frac{\sqrt{12}\,R}{L_{\max}} \tag{7-3}$$

同理，四面体空间网格的拉伸值定义为：

$$S = \frac{\sqrt{24}R}{L_{\max}} \qquad (7\text{-}4)$$

对于四边形网格,拉伸值 S 的定义为:

$$S = \frac{(L_{\min}/L_{\max})_{\text{实际单元}}}{(L'_{\min}/L'_{\max})_{\text{母单元}}} \qquad (7\text{-}5)$$

式中: $L_{\min}$、$L_{\max}$——实际单元网格节点之间的最短距离和最长距离;

$L'_{\min}$、$L'_{\max}$——母单元网格节点之间的最短距离和最长距离,如图 7-15b)所示。

由于四边形单元的母单元为正方形, $L'_{\min}$ 与 $L'_{\max}$ 之比为定值 $1/\sqrt{2}$,因此式(7-5)简化为:

$$S = \frac{\sqrt{2}L_{\min}}{L_{\max}} \qquad (7\text{-}6)$$

同理,六面体空间网格的拉伸值定义为:

$$S = \frac{\sqrt{3}L_{\min}}{L_{\max}} \qquad (7\text{-}7)$$

拉伸值为区间 $[0,1]$ 上的数。S 为 1 表示网格未发生变形,即理想网格。S 等于 0 表明网格面积或体积为 0,为畸形网格。$0 < S < 1$ 表示网格有变形,S 越小,变形越严重。

7.4 算例:简支梁

如图 7-16 所示的简支梁,跨径 $l = 18\text{m}$,承受 $q = 10/\text{m}^2$ 的均布荷载,简支梁截面为高 3.0m、宽 1.0m 的矩形截面,$E = 2 \times 10^{10}\text{N/m}^2$,$\mu = 0$,试按平面应力问题对该简支梁进行分析。由于该简支梁结构和荷载都具有对称性,因此建模时利用结构对称性可仅建一半的模型进行分析。

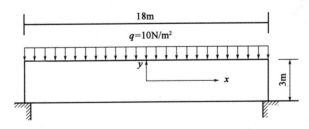

图 7-16 简支梁

7.4.1 单元类型选择

此算例的单元类型选择与前文所述的步骤一致,不同的是该算例需要定义实常数,在此介绍单元实常数定义的一般方法:

命令:R,NSET,R1,R2,R3,R4,R5,R6

RMORE,R7,R8,R9,R10,R11,R12。

NSER 为实常数组号(任意),如果与既有组号相同,覆盖既有组号定义的实常数。

R1 ~ R12 为该组实常数的值。使用命令 R 一次只能定义 6 个值,如果多于 6 个值则采用 RMORE 命令增加另外的值。每重复执行 RMORE 一次,该组实常数增加 6 个值,如 7 ~ 12、13 ~ 18 等。需要说明的是,不同单元有不同的实常数,必须按单元说明中的内容和顺序依次设置。

图 7-17 定义单元实常数对话框

GUI:依次点击 Main Menu > Preprocessor > Real Constants > Add/Edit/Delete 弹出如图 7-17 所示的单元实常数对话框,该对话框内有"Add…""Edit…"和"Delete"三个按钮,这三个按钮类似于单元定义对话框中的按钮,此处不再赘述。

算例的单元类型和实常数的定义步骤如下:

(1)GUI:Main meun > Preprocessor > Element type > Add/Edit/Delete,在弹出的 Element type 对话框中单击 Add 按钮弹出"Library of Element Types"对话框,在左侧单元库中单击"Structural mass"中的"Solid",然后从该库中选择单元"Quad 4 node 182"(4 节点 8 自由度平面单元),并在"Element type reference number"中填入 1。

(2)单击"OK"按钮,回到"Element type"对话框。

(3)由于该简支梁截面宽度为 1.0m,所以需要对该单元的单元特性(K3)进行设置,因为 Plane 182 单元的单元特性默认为无厚度的平面应力单元,需要人为设置单元厚度,点击"Element type"对话框中的"Options"按钮将 K3 设置为"Planestrsw/thk",如图 7-18 所示,完成设置后点击"OK"按钮。

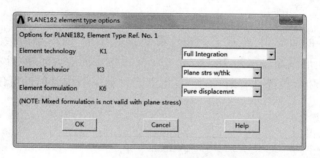

图 7-18 单元属性设置对话框

(4)依次点击 Main meun > Preprocessor > Real Constants > Add/Edit/Delete,弹出"Real Constants"对话框,点击"Add"按钮弹出"Element Type for Constants"对话框,然后点击"OK"按钮,在弹出的实常数定义对话框的"Thickness"文本框内输入 1.0,如图 7-19 所示。

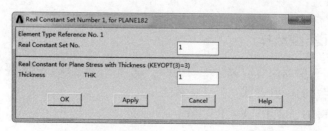

图 7-19 Plane182 实常数定义对话框

7.4.2 材料定义

材料定义的方法详见第 6 章的相关内容,本算例材料定义的操作步骤如下:

选择 Main Menu > Preprocessor > Material Props > Material Models > Structural > Linear > Elastic > Isotropic 命令,在弹出的对话框的"EX"文本框中输入"2.0E10";在"PRXY"文本框中输入"0.0",单击"OK"按钮确认,执行定义材料属性操作,定义完毕后,材料属性显示在定义材料模型属性对话框的左侧列表中。

7.4.3 创建几何模型

当使用平面单元分析简支梁时,该简支梁可以看作是一个矩形平面,因此采用的是在工作平面上任意位置创建矩形面的方式(GUI: Main Menu > Preprocessor > Modeling > Create > Areas > Rectangle > By Dimensions)进行建模。当执行完上述命令以后,将弹出"Create Rectangle By Dimensions"(按尺寸创建矩形)对话框(图 7-20),在 X-coordinates 文本框中分别输入左下角点和右上角点的 X 轴坐标,即"0"和"9";在 Y-coordinates 文本框中分别输入左下角点和右上角点的 Y 轴坐标,即"−1.5"和"1.5";单击"OK"键。

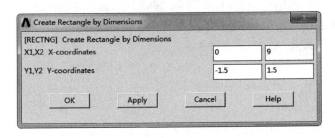

图 7-20　通过坐标定义矩形的对话框

7.4.4 划分网格生成有限元模型

划分网格流程和定义单元属性,请参考本章 7.2.2 ~ 7.2.4 节,本算例划分网格的步骤为:

(1)依次点击 Main Menu > Preprocessor > Meshing > Mesh Tool,弹出"网格划分工具"对话框,在"网格划分工具"对话框中的"Element Attributes"的下拉菜单中选中"Global",然后再点击后面的"Set"按钮,在弹出的属性分配对话框中指定单元编号为 1、材料编号为 1、实常数编号为 1、单元坐标系编号为 0,最后单击"OK"或鼠标中键。

(2)在"网格划分工具"对话框中的尺寸控制中选择"line"后面的"Set"按钮,在弹出的对话框内设定"SIZE Element edge length"为 0.6,勾选"Clear attached areas and volumes",其他选项采用默认设置,单击"OK",单元尺寸的设置完成。最终 ANSYS 视图窗口中的画面如图 7-21所示。

(3)依次点击 Main Menu > Preprocessor > Meshing > Mesh > Areas > Free,弹出"面拾取对话框",在视图窗口中拾取已建好的平面,然后单击线拾取对话框中的"OK"或鼠标中键,ANSYS 自动进行网格划分,划分网格后的有限元模型如图 7-22 所示。

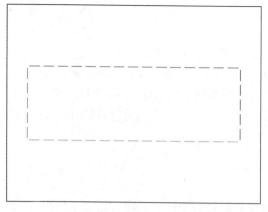

图 7-21　线网格尺寸设置

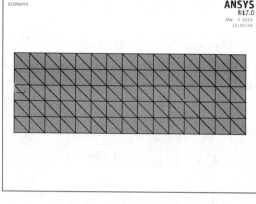

图 7-22　简支梁有限元模型

7.4.5　施加荷载和边界

对于 2D 平面单元,当在单元外部边界(不是单元边)上加载时,可仅选择外部边界上的节点;当节点群不在单元外部边界时,尚需单独选择包含这些节点的单元,否则不予施加。面荷载的方向必须与平面单元平行,且指向单元面边界。

下面以算例中出现的均布荷载为例,介绍 ANSYS 平面单元上面荷载的施加方法。

命令:SF,Nlist,Lab,VALUE,VALUE2。

Nlist 为节点群,可取 ALL 或元件名,也可为 P(进入 GUI 方式拾取节点);Lab 为面荷载标识符,结构分析为 PRES;VALUE 为面荷载值或表格型面荷载的表格名称;VALUE2 为复数输入时面荷载值的第二个值。

GUI 操作路径:依次点击 Main Menu > Preprocessor > Solution > Define Loads > Apply > Structural > Pressure > On Nodes,弹出单元拾取对话框,在视图窗口中用箭头拾取上边缘节点,单击单元拾取对话框中的"OK"按钮,弹出"Apply PRES on nodes"对话框,该对话框内有"VALUE Load PRES value"一个文本框和"Apply PRES on nodes as a"一个下拉菜单。在"VALUE Load PRES value"文本框中输入"10"。然后单击"Apply PRES on Nodes"对话框中的"OK"按钮。

本算例是利用模型的对称性建模分析问题,选取模型的一部分进行计算,这样可以减小模型和减少计算量,在对称面上可以施加对称的边界条件时可采用以下两种方法:

方法一:

GUI:Main Menu > Solution > Define Loads > Apply > Structural > Displacement > On Node,将弹出"Apply U,ROT on Nodes"对话框;用鼠标选择 1/2 模型左边上的所有节点(可用选择菜单中的 box 拉出一个矩形框来框住左边线上的节点);然后单击"OK"按钮,再在话框中"Lab2 DOFs"的下拉菜单选择"UX"(默认值为零);最后点击"OK"按钮即可。然后根据前面同样的操作,设置右边约束,不过右边约束只需设置在右下侧节点上,限制它的"UX"即可。

方法二:

GUI:Main Menu > Solution > Define Loads > Apply > Structural > Displaceement > Symmetry B.C > on Lines,执行完此操作过后,将弹出"Apply SYMM on lines"对话框,然后在视图框中

选择左边那一条线,选取线后单击"Apply SYMM on lines"对话框中的"OK"按钮即可。最后按方法一给右下角节点施加约束。

对于支座,只需约束支座相应位置处,定义好荷载和边界条件后,进入求解器并设置分析类型为"静态分析"、分析控制选项选用默认参数完成求解。

7.4.6 结构应力云图

在加载求解成功后,可以在通用后处理"General Postprocessor"菜单中将结构的分析结果通过云图的方式呈现出来,如位移云图、应力云图等。结构应力云图绘制方法如下:

GUI:Main Menu > General Postproc > Plot Results > Contour Plot > Nodal Solu,弹出"Contour Nodal Solution Data"(节点结果等值图显示选择)对话框,在"Undisplaced shape key"的下拉列表中选择"Deformed shape only",然后选择"DOF Solution"项下的"X-Component of Stress",最后单击"OK"或者"Apply"即可得到图 7-23 所示的 X 方向的应力云图。

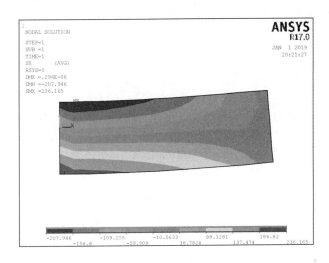

图 7-23   简支梁 X 方向应力云图

7.4.7 应力云图的扩展

图 7-23 仅显示了该简支梁一半的应力结果,可以运用扩展模式获得整个模型的应力云图,方法如下:

GUI:Utility Menu > PlotCtrls > Style > Symmetry Expansion > Periodic/Cyclic Symmetry Expansion,将会弹出"Periodic/Cyclic Symmetry Expansion"对话框,如图 7-24 所示;然后选择"Reflect about YX"或者根据需要选择其他选项;最后单击"OK"或者"Apply"完成扩展图的绘制。图 7-23 所示的应力云图扩展后即可得到图 7-25 的应力云图。

7.4.8 结构应力等值线图

对体和面来说,ANSYS 默认的结果输出格式是云图格式。若将这种彩色云图打印为黑白图像对比时,效果不明显,内容无法表达清楚,给我们带来了诸多不便。因此,可以将输出的结果图转化为等值线图,并且最好是黑白的等值线图。现在以本章例题中 X 方向的应力

云图为例,介绍应力等值线图的绘制方法,具体步骤如下:

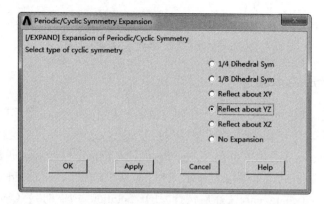

图7-24 "周期/循环对称展开"对话框

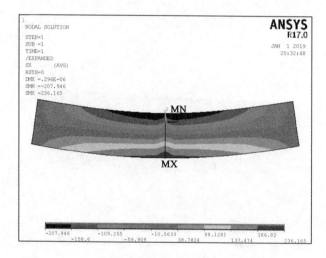

图7-25 扩展后的 X 方向应力图

(1)按照7.4.7节中的方法输出结构应力云图。

(2)将应力云图转换为等值线图。

命令:/DEVICE,VECTOR,1

GUI:PlotCtrls > Device Options,将会弹出"Device Options"对话框,如图 7-26 所示,然后将"[/DEVI]"中的"Vector mode"选为"On",最后单击"OK"或者"Apply"完成等值线图的绘制。

(3)将 ANSYS 视图窗口的背景设置为白色。

命令:jpgprf,500,100,1

　　/rep

(4)调整等值线中等值线符号(图中为 A、B、C 等)的疏密。

命令:/clabel,1,5。

GUI:PlotCtrls Style > Contours > Contours Labeling,弹出如图 7-27 所示的"Contours Labeling Options"对话框,在"Key Vector mode contour label"中选中"on every Nth elem",然后在"N ="输入框中输入合适的数值,可多试几次,直到疏密合适。

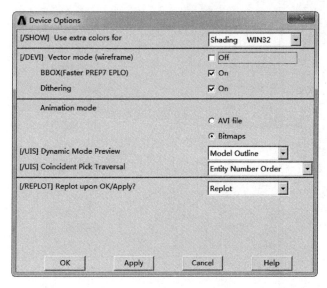

图 7-26 "Device Option"对话框

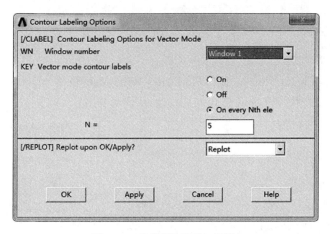

图 7-27 "轮廓标注选项"对话框

（5）将彩色等值线变为黑色。

命令：/color,cntr,whit,1

　　　/color,cntr,whit,2

　　　/color,cntr,whit,3

　　　/color,cntr,whit,4

　　　/color,cntr,whit,5

　　　/color,cntr,whit,6

　　　/color,cntr,whit,7

　　　/color,cntr,whit,8

　　　/color,cntr,whit,9

　　GUI：PlotCtrls > Style > Colors > Contours Colors，将弹出"Contours Colors"对话框，如图7-28所示，在对话框中将"Items Numbered 1"～"Items Numbered 9"的复选框中的颜色均选为黑色，图像即可变为黑白等值线图像。

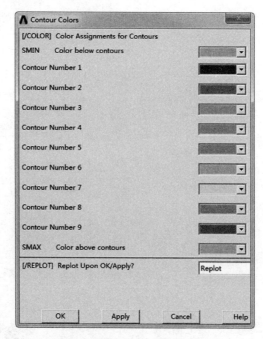

图 7-28　视图窗口"轮廓颜色"对话框

（6）保存应力等值线图。

GUI：PlotCtrls > Capture Image 或者 PlotCtrls > Write Metafile > Standard color，将应力等值线图保存为如图 7-29 所示的 .emf 格式的图片。

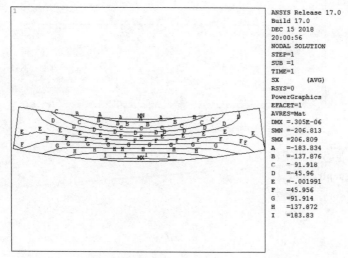

图 7-29　简支梁 X 方向应力等值线图

7.5　简支梁计算精度的讨论

7.5.1　对称性的应用

利用对称性进行有限元分析时，在同等计算精度的前提下每增加一个对称面，计算规模可以减小为原来的一半。为说明对称性在计算中的优势,以之前的简支梁为例,讨论使用对称性对计算结果的影响。基于欧拉-伯努利梁理论,该简支梁各点弯曲正应力和挠度的解析解分为:

$$\sigma_x = \frac{My}{I} + q\,\frac{y}{h}\left(4\,\frac{y^2}{h^2} - \frac{3}{5}\right) \tag{7-8}$$

$$\omega = \frac{qx}{24EI}(l^3 - 2lx^2 + x^3) \tag{7-9}$$

式中:x——简支梁跨径方向的坐标;

y——截面高度方向坐标。

简支梁 1/4 截面最大应力为 202.50MPa,竖向挠度为 2.164×10^{-7}m。

为对比利用对称性前后计算结果的差异,采用 4 节点平面应力单元 Plane182,并使用 0.6m 和 0.3m 的三角形映射网格计算 1/2 模型和整个模型在均布荷载条件下 1/4 截面的最大应力和竖向挠度,结果如表 7-3 所示。

不同网格尺寸条件下 1/4 截面最大应力和挠度　　　　表 7-3

项目	应力(Pa)		挠度(m)	
网格尺寸	0.6m	0.3m	0.6m	0.3m
1/2	155.61	184.72	2.11×10^{-7}	2.37×10^{-7}
整个	152.36	182.41	2.12×10^{-7}	2.38×10^{-7}

通过表 7-3 可以看出,使用对称性求得的结果与整体模型求得的结果差距不大,但计算规模和计算时间将大大减少。

7.5.2 映射网格和自由网格

划分网格有两种方式:映射网格和自由网格,下面以简支梁为例讨论网格划分的方式对计算结果的影响,计算区域取整个简支梁,单元仍选用 4 节点平面单元 Plane182。图 7-30 和图 7-31 分别给出了使用自由网格和映射网格划分网格后的简支梁有限元模型。

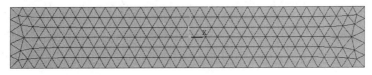

图 7-30　自由网格

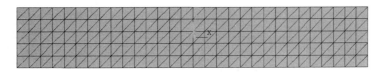

图 7-31　映射网格

表 7-4 给出了不同网格划分方式下 1/4 截面应力和挠度的计算结果,从中可以看出:映射网格的计算精度要优于自由网格,位移计算结果的误差相对应力计算结果更小,在有条件的情况下,应该尽量划分映射网格。不过,对于比较复杂的几何模型,划分三维映射网格

会遇到很大困难。为了划分映射网格,比较通用的做法是:先对几何模型进行大量的切割工作,将其分割为若干规则的形状(对于二维实体,划分为三角形和四边形;对于三维实体,划分为五面体或六面体,个别软件允许划分为四面体),然后再划分映射网格。因此,现在比较通用的做法是:有条件时尽量采用映射网格,但是对于复杂的几何模型,建议采用高阶的自由网格10节点的四面体单元来划分网格。现在大多数的有限元前后处理软件都提供了划分三维自由网格的工具,可以大大缩短划分网格的时间。

不同网格划分方式下1/4截面应力和挠度计算结果   表7-4

网 格 尺 寸	网 格 形 状	网 格 类 型	应力值(Pa)	相对误差(%)	位移值(m)	相对误差(%)
1.0m	三角形	映射	125.28	−38.1	1.90×10^{-7}	−12.2
		自由	111.15	−45.1	1.72×10^{-7}	−20.5
0.6m	三角形	映射	168.82	−16.6	2.27×10^{-7}	4.9
		自由	152.36	−24.8	2.12×10^{-7}	−2.0
0.3m	三角形	映射	188.33	−7.0	2.44×10^{-7}	12.8
		自由	182.41	−9.9	2.38×10^{-7}	10.0
0.15m	三角形	映射	197.24	−2.6	2.54×10^{-7}	17.4
		自由	194.77	−3.8	2.50×10^{-7}	15.5

7.5.3 单元形状的影响

单元形状对有限元分析的结果精度有着重要影响,而对单元形状的衡量又有着诸多指标。一般来说,如果单元的形状紧凑且规则,就会产生较好的结果。这里以单元长宽比(四边形单元的最长尺度与最短尺度之比)为例,讨论单元形状对计算精度的影响,分析过程中单元长宽比的取值如图7-32所示。

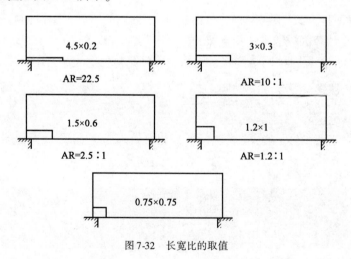

图7-32   长宽比的取值

五种单元长宽比条件下,简支梁1/4截面应力和位移计算结果如表7-5所示,不难发现:当单元的长宽比为22.5时1/4截面最大应力值为80.92Pa,最大位移值为1.05×10^{-7},与解析解相比应力误差为60.03%,位移误差为51.5%;而当单元长宽比为1:1时,应力计算误差仅为3%,位移相对误差也仅为−8.13%。因此,随着单元长宽比的增加,计算误差将越来越大。因此,如果是用长宽比为 24 的单元进行划分的话,那么结果可以说是完全错误的。

不同单元长宽比条件下简支梁计算结果   表 7-5

计 算 工 况	长 宽 比	应力值(Pa)	相对误差(%)	位移值(m)	相对误差(%)
精确解		202.50		2.16×10^{-7}	
1	22.5:1	80.92	60.03	1.05×10^{-7}	51.50
2	10.0:1	123.30	39.11	1.50×10^{-7}	30.70
3	2.5:1	176.56	12.80	2.11×10^{-7}	2.50
4	1.2:1	185.04	8.62	2.19×10^{-7}	-1.20
5	1.0:1	196.42	3.00	2.34×10^{-7}	-8.13

将表 7-5 中的数据绘制于图 7-33 中,可以更为形象地表达单元长宽比对计算精度的影响。

由此可见,长宽比越接近于 1,那么结算结果越精确,越远离 1,则误差越大。因此,在进行有限元分析时,应该尽量保证划分的单元长宽比接近 1,这意味着,如果使用了四边形单元,则最好是正方形单元;如果使用了三角形单元,则最好是等边三角形。当然,对于一个复杂的零件而言,很难保证每个单元都满足这些要求,但是,一定要确保在所关注的地方,例如应力最大的地方,单元形状要接近这一点,否则,得到的解就是不可相信的。另外,在这里给出如图 7-34 所示的平面问题中几种不好的单元形状。

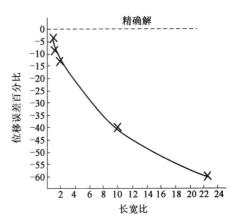

图 7-33　位移误差百分比与长宽比关系曲线

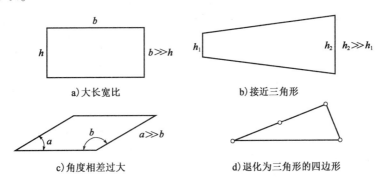

a)大长宽比　　　　　　　　　b)接近三角形

c)角度相差过大　　　　　　　d)退化为三角形的四边形

图 7-34　平面问题中几种不好的单元形状

7.5.4　单元的大小和网格细分的 h、p 方法

理论上可以证明,如果插值函数使用了"协调和完整的位移函数",则当网格尺寸逐渐减小、单元数量增加时,数值解就会单调收敛。而且,当单元数目增加时,数值模型的整体刚度会逐渐减小并收敛于真实刚度。这就意味着,当单元细分网格数量增加时,结构位移会逐步增大且收敛于精确位移解。从这个方面来说,加密网格让单元变得更小是提高计

算精度的有效方法。这也意味着,在有限元仿真中,如果要得到精确的结果,必须不断细分网格,直到结果收敛。否则,结果就是不可信的。但是,细分网格并非一定能得到收敛于真实解的数值解,如果结构中存在应力集中,那么计算出来的结果会随着单元数量的增多而无限增大。

网格划分密度的增大将直接导致计算规模和存储空间的迅速增加,计算效率大大降低。因此在数值计算时需要综合权衡计算效率、存储空间、精确度,在满足求解精度的条件下,尽量使得计算效率高、存储空间小。下面通过简支梁算例简要地描述提高计算精度的 h 方法、p 方法。

(1)h 方法

h 方法中的 h 指的是单元的线性尺寸,比如单元的边长、面积、体积等,h 方法即通过减小单元尺寸细化网格,提高计算精度。h 方法最大的缺点就是,一味地缩小单元尺寸,会极大地增加计算规模和代价,而且还有可能导致计算的不收敛性。对于之前的简支梁算例,用 h 方法对网格进行细分后计算结果如表 7-6 所示。

采用 h 方法细分网格后简支梁 1/4 截面应力计算结果 表 7-6

网格尺寸(cm)	网 格 形 状	网 格 类 型	ANSYS 值(Pa)	理论值(Pa)	相对误差(%)
1.5	四边形	映射	176.32	202.50	−12.9
1.0	四边形	映射	190.07	202.50	−6.1
0.6	四边形	映射	198.91	202.50	−1.8
0.3	四边形	映射	202.99	202.50	0.2
0.2	四边形	映射	203.68	202.50	0.6

从中可以看出:随着网格尺寸的减小,应力计算结果趋近于解析解,但网格减小到一定程度后,继续减小网格尺寸对计算结果精度的提高并不十分明显。

(2)p 方法

p 方法中的 p 指的是单元场量中最高多项式的阶次。p 细化方法没有增加单元的数量,而是通过诸如添加自由度到已知的节点,或者添加节点到已知的边界来实现。可以根据自己所需要的精确度来调整单元场量(如位移)中多项式阶数,以更好地适应问题的状态(如几何边界、荷载和几何形状的变化等)。对于之前的简支梁的算例,在相同网格尺寸的条件下采用 p 方法选用 PLANE183 单元(8 节点平面单元)后,计算结果如表 7-7 所示。

高阶单元对计算结果的影响 表 7-7

选用单元	网格尺寸(cm)	网 格 形 状	网 格 类 型	ANSYS 值(Pa)	理论值(Pa)	比 值
PLANE182	1.5	三角形	映射	70.92	202.50	0.35
PLANE183	1.5	三角形	映射	199.19	202.50	0.98
PLANE182	0.6	三角形	映射	152.36	202.50	0.75
PLANE183	0.6	三角形	映射	203.21	202.50	1.00

从中可以看出:在相同网格尺寸的前提下,选用高阶单元后应力计算结果精度提高明显。

7.6 算例:环形荷载箱

自反力平衡测桩法的主要装置是一种经特别设计可用于加载的荷载箱。它主要由活塞、顶盖、底盖及油缸四部分组成。顶、底盖的外径略小于桩的外径,一般小于200mm,在顶、底盖上布置位移杆。将荷载箱与钢筋笼焊接成一体放入桩体后,即可浇捣混凝土成桩。试验时,在地面上通过油泵加压,随着压力增加,荷载箱将同时向上、向下发生变位,促使桩侧阻力及桩端阻力的发挥。环形荷载箱是最常见的荷载箱形式,为避免加载过程中出现漏油问题,需对其进行有限元分析,寻找薄弱环节,试采用轴对称单元分析荷载箱的受力行为,荷载箱断面图如图 7-35 所示,分析时内部油压取 45MPa。荷载箱用铸钢制作,材料弹性模量 $E = 2 \times 10^{10} \mathrm{N/m^2}, \mu = 0.3$。

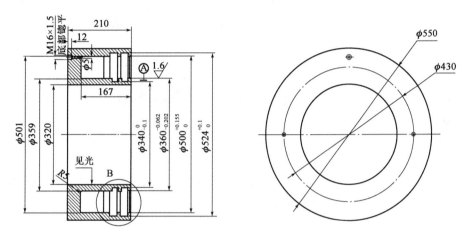

图 7-35 有限元分析中采用的环形荷载箱相关参数

由于荷载箱是旋转对称结构,所受的油压荷载也是轴对称的荷载,在分析时可以使用轴对称单元仅建立荷载箱的轴截面,分析其力学行为。

7.6.1 单元类型选择

定义单元类型的操作步骤如下:

(1)GUI:Main menu > Preprocessor > Element type > Add/Edit/Delete,弹出"Element type"对话框。

(2)在对话框中单击"Add"按钮弹出"Library of Element Types"对话框,从左侧单元库中单击"Structural mass"中的"Solid",然后从该库中选择单元"8 node 183"(8 节点 16 自由度实体单元),并在"Element type reference number"文本框中填入 1。

(3)单击"OK"按钮,回到"Element type"对话框。

(4)由于本例实体结构为轴对称结构,所以需要对该单元的单元特性(K3)进行设置,因为 plane 183 单元的单元特性默认为一般的平面应力单元,需要将其更改为轴对称应力单元,点击"Element type"对话框"Options"按钮将 K3 设置为"Axisymmetric",如图 7-36 所示,完成设置后点击"OK"按钮。

（5）点击"Close"按钮，完成单元类型的选择。

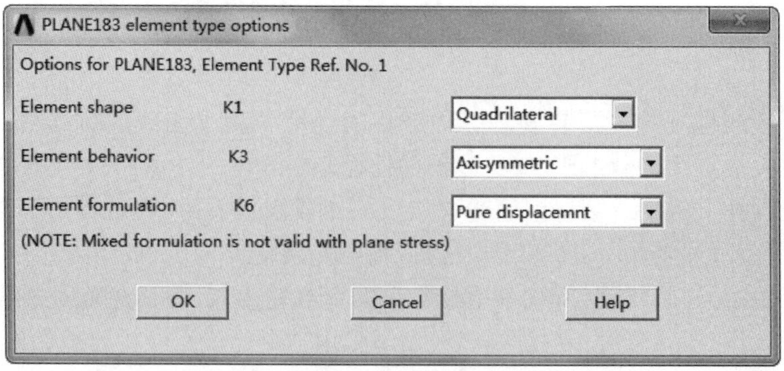

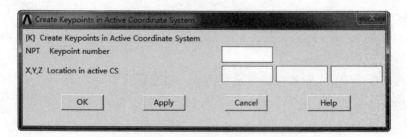

图 7-36　Plane183 单元 option 的定义

7.6.2　材料定义

材料定义的操作步骤如下：

（1）Main Menu > Preprocessor > Material Props > Material Models > Structural > Linear > Elastic > Isotropic，在弹出的对话框的"EX"文本框中输入"2.1e5"；在"PRXY"文本框中输入"0.3"，单击"OK"按钮确认。

（2）Main Menu > Preprocessor > Material Props > Material Models > Structural > Density，在弹出的对话框"DENS"文本框中输入"7850"，单击"OK"按钮确认。

执行定义材料属性操作，定义完毕后，材料属性显示在定义材料模型属性对话框的左侧列表中。

7.6.3　创建几何模型

本例采用自下而上的建模方式，创建几何模型的操作步骤如下：

（1）新建关键点

Main Menu > Preprocessor > Modeling > Create > Keypoints > In Active CS 弹出如图 7-37 所示的"Create Keypoints in Active Coordinate System"对话框。

图 7-37　通过 3 点创建体

对于本算例，以 Y 轴为对称轴，在"NPT Keypoint number"文本框中输入"1"，在"X，Y，Z Location in active CS"文本框中分别输入"160""210""0"。以同样的操作，并根据表 7-8 中的坐标创建余下的所有关键点。

关键点编号	*X* 坐 标	*Y* 坐 标	关键点编号	*X* 坐 标	*Y* 坐 标
2	160	0	14	180	43
3	275	0	15	250	43
4	275	210	16	250	140
5	180	210	17	262	140
6	180	199	18	262	165
7	170	199	19	250	165
8	170	179	20	250	175
9	180	179	21	262	175
10	180	168	22	262	200
11	170	168	23	250	200
12	170	148	24	250	210
13	180	148			

组成荷载箱横截面的关键点坐标　　　　　　　　　　表 7-8

定义完表 7-8 中所有关键点后,视图窗口如图 7-38 所示。

（2）创建线

Main Menu > Preprocessor > Modeling > Create > Lines > Lines > Straight Line,在弹出的关键点选取对话框内依次选取 1 和 2 号关键点,单击关键点选取对话框中"OK"按钮生成 1 号线,通过 2、3、4 号关键点,5~24 号关键点,1、5 号节点和 4、24 号节点生成剩余的线,最终生成如图 7-39 所示的围成荷载箱轴截面的线。

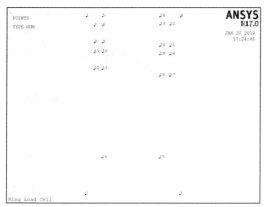

图 7-38　荷载箱轴截面的关键点

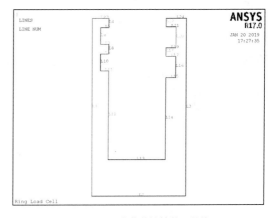

图 7-39　组成荷载箱轴截面的线

（3）创建倒角

Main Menu > Preprocessor > Modeling > Create > Lines > Line Fillet 在弹出的线选取对话框中依次选取 12 和 13 号线,单击线选取对话框中的"OK"按钮弹出"Line Fillet"对话框。在"RAD Fillet radius"文本框中输入"5",不需要在倒角中点创建关键点,故"PCENT Number to assign"文本框中不输入。以同样的操作在 13 和 14 号线之间创建第二个倒角,最终视图窗口如图 7-40 所示。

（4）创建荷载箱轴截面

Main Menu > Preprocessor > Modeling > Create > Areas > Arbitrary > By Lines 在弹出的线选

取对话框的文本框中输入"all",单击线选取对话框中的"OK"按钮完成轴截面的创建,最终荷载箱轴截面的几何模型如图 7-41 所示。

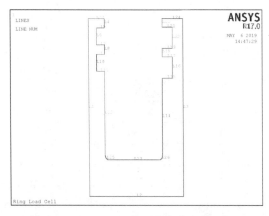

图 7-40　设置倒角后的荷载箱轴截面

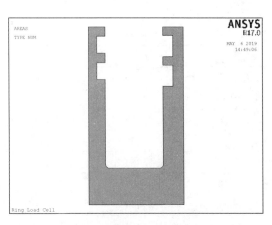

图 7-41　荷载箱轴截面的几何模型

(5)工作平面切割

为了对荷载箱的几何模型进行网格划分,需要将其切割成满足划分映射网格的形状,本例采用工作平面进行切割。

依次点击 Utility Menu > WorkPlane > Display Working Plane,在视图窗口显示工作平面后点击 Utility Menu > WorkPlane > Offset WP by Increments 弹出工作平面对话框,在"Degrees XY,YZ,ZX Angles"文本框中输入"0,90,0",单击"Apple",然后在"Snaps X,Y,Z Offsets"文本框中输入"0,0, − 40.5",单击"OK"实现工作平面的移动和旋转。之后,点击 Main Menu > Preprocessor > Modeling > Operate > Booleans > Divide > Area by WrkPlane 弹出"Divide Areal by WrkPlane"选取对话框。在视图窗口拾取 1 号面(即整荷载箱的横截面),然后单击体拾取对话框中的"OK",工作平面将荷载箱的横截面切割成两部分。使用同样的操作让工作平面在总体坐标 Y 为 50.5 处将 3 号面切割成两部分。

使用同样的切割操作让工作平面在总体坐标 Y 为 140、165、175 和 200 处对外侧平面(A5)进行切割,在总体坐标 Y 为 148、168、179 和 199 处对内侧平面(A4)进行切割。依次点击 Utility Menu > WorkPlane > Align WP with > Active Coord Sys 将工作平面复位,然后在"Off WP"对话框中的"Degrees XY, YZ, ZX Angles"文本框中输入"0,0,90",使用工作平面以同样的切割操作在总体坐标 X 为 187.5 处对 1、2、8、12、13 号面进行切割,在总体坐标 X 为 262 处对 1、2、3、6、9 号面进行切割,在总体坐标 X 为 177.5 和 242.5 处对 1、2 号面进行切割,在总体坐标 X 为 252.5 处对 1、2、3 号面进行切割,切割后的横截面如图 7-42 所示(图中所有项目编号已压缩)。

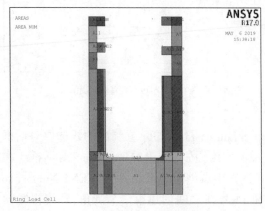

图 7-42　工作平面切割完的荷载箱轴截面几何模型

依次点击 Main Menu > Preprocessor > Modeling > Operate > Booleans > Add > Lines 弹出线选取对话框,依次选取图 7-42 中的 1、25 和 84 号线,单击线选取对话框中的"OK"按钮,三条

线合并为一条线,以同样的操作将 3、26 和 74 号线合并。

7.6.4 划分网格

划分单元的操作步骤如下:

(1)属性分配

点击 Main Menu > Preprocessor > Meshing > Mesh Attributes > MeshTool 打开网格划分工具条。在网格划分工具条的属性分配功能区的下拉菜单中选择"Global",然后单击右侧的"Set"按钮,在弹出的单元属性分配对话框中指定"TYPE Element type number"为 1、"MAT Material number"为 1、"ESYS Element coordinate sys"为 0,单击"OK"即可。

(2)网格尺寸设置

在网格划分工具条的尺寸控制功能区中,单击"Global"一栏中的"Set",在"SIZE Element edge length"文本框中输入"1",单击"OK"。然后单击"Lines"一栏中的"Set",弹出线选取对话框,选取图 7-42 中的 82、48、49、36、42、22、56、44、18、55、41、80、32、81、78、99、83、77、76、71、72、63、59 和 33 号线,单击线选取对话框中的"OK"按钮,在弹出的对话框"NDIV No. Of element divisions"文本框中输入"10",单击"OK",单元尺寸设置完成。

(3)网格形状设置

在形状控制功能区的"Mesh"的下拉菜单中选择网格划分对象为"Areas","Shape"的下拉菜单中选择"Quad"。

(4)网格划分

在网格划分功能区的划分方式中选择"Mapped",划分面元素的方式的下拉菜单中选择"3 or 4 sides"。单击网格划分功能区中"Mesh"按钮,弹出面选取对话框,依次选取图 7-43 中除 24、31 号面以外的所有面。

单击网格划分功能区中的"Mesh"按钮,弹出面拾取对话框,选取 24 号面,再依次选取 48、30、50、51 号关键点后,ANSYS 将自动对 24 号面划分网格。对 31 号面使用同样的网格划分操作进行划分,网格划分完成,网格划分后的荷载箱轴截面有限元模型如图 7-44 所示。

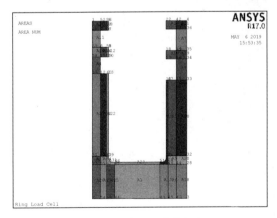

图 7-43 选择面元素的方式

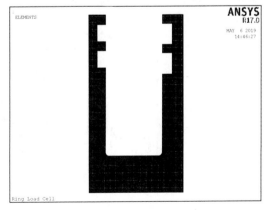

图 7-44 荷载箱的有限元模型

7.6.5 施加荷载和边界条件

施加荷载和边界条件的操作步骤如下:

（1）施加荷载

点击 Utility Menu > Select > Entities 弹出节点选择对话框。在项目菜单中选择"Node"，选择方式菜单中选择"By Location"，参数中选择"X coordinates"并在文本框中输入"180，250"，选择类型中选择"From Full"，单击"Apply"按钮，然后将参数变更为"Y coordinates"并在文本框中输入"43，148"，选择类型变更为"Reselect"，依次单击"Apply"按钮和"Replot"按钮。点击 Main Menu > Solution > Define Loads > Apply > Structural > Pressure > On Nodes 弹出节点选取对话框，选取视图窗口所有节点，单击节点选取对话框中的"OK"按钮，弹出如图7-45所示的均布压力荷载施加对话框。

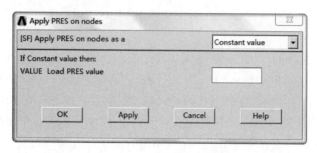

图7-45 均布压力荷载施加对话框

在"VALUE Load PRES value"文本框中输入"45"单击"OK"按钮。

（2）施加边界条件

以同样的选择方法选出 Y 坐标为 0 的所有节点，点击 Main Menu > Solution > Define Loads > Apply > Structural > Displacement > On Nodes 弹出节点选取对话。用光标选取视图窗口中的所有节点，然后单击节点选取对话框中的"OK"按钮，弹出"Apply U, ROT on Nodes"，在"Lab2 DOFs to be constrained"选项窗口选择"UY"，"VALUE Displacement value"采用默认值0，可不输入，单击"Apply U, ROT on Nodes"对话框中的"OK"按钮。施加边界条件后的模型如图7-46 所示。

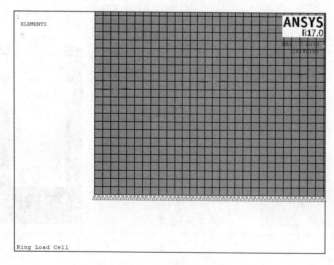

图7-46 荷载箱边界条件

依次点击 Main Menu > Solution > Analysis Type > New Analysis，在弹出的对话框内选择"Static"分析类型，点击 Main Menu > Solution > solve 即可开始求解。

7.6.6 荷载箱位移和应力图

(1)节点位移云图

依次点击 Main Menu > General Postproc > Plot Results > Contour Plot > Nodal Solu,弹出"Contour Nodal Solution Data"(节点结果等值图显示选择)对话框;在"Undisplaced shape key"的下拉列表中选择"Deformed shape only";然后选择"DOF Solution"项下的"X-Component of Displacement"(或"Y-Component of Displacement"),最后单击"OK"或者"Apply"即可得到图 7-47(或图 7-48)所示的位移云图。

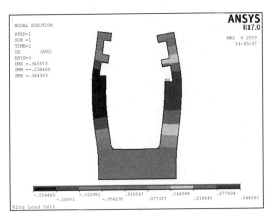

图 7-47 荷载箱径向方向的位移云图

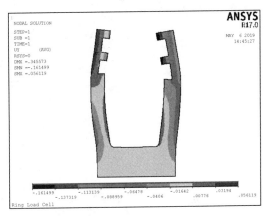

图 7-48 荷载箱高度方向的位移云图

(2)节点应力云图

依次点击 Main Menu > General Postproc > Plot Results > Contour Plot > Nodal Solu,弹出"Contour Nodal Solution Data"(节点结果等值图显示选择)对话框;在"Undisplaced shape key"的下拉列表中选择"Deformed shape only";然后选择"Stress"项下的"von Mises Stress",

最后单击"OK"或者"Apply"即可得到图 7-49所示的 Mises 等效应力云图。

可以使用应力矢量云图展示第1、2、3主应力,图 7-50a)展示了第1张拉应力方向,第1 主应力方向平行于倒角方向,这表明倒角的几何形状将可能影响第 1 主应力的大小,主要是荷载箱箱壁的弯曲变形所导致的弯曲应力参与贡献的;第 2 主应力大小与环向应力相等(图 7-50b),方向为水平方向,表明第2 主应力是环向应力参与贡献的;第3主应力方向垂直于第 1 主应力方向,数值相对较小。

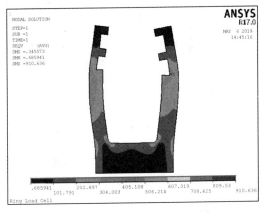

图 7-49 荷载箱 Mises 等效应力云图

7.6.7 应力和位移图扩展

可以运用扩展模式得整个模型的位移云图和应力云图,方法如下:

依次点击 Utility Menu > PlotCtrls > Style > Symmetry Expansion > 2D Axi-Symmetric,弹出如图 7-51 所示的"2D Axi-Symmetric Expansion"对话框。

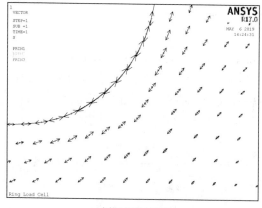

a) 第1主应力方向

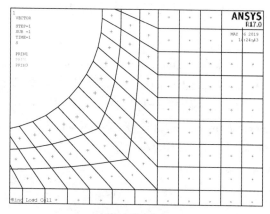

b) 第2主应力方向

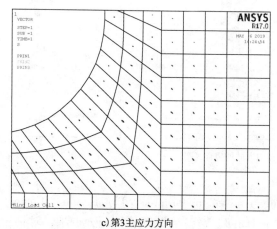

c) 第3主应力方向

图 7-50　主应力方向矢量图

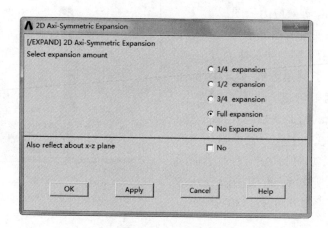

图 7-51　"2D Axi-Symmetric Expansion"对话框

　　然后选择"Full expansion"或者根据用户需要选择其他选项,最后单击"OK"或者"Apply"完成扩展图的绘制。若此时界面上云图为径向位移云图和径向应力云图,依据 GUI 操作,即可得到图 7-52 和图 7-53 所示的位移和应力云图。

图 7-52　径向位移扩展对称图

图 7-53　Mises 等效应力云图

本章参考文献

[1] 高耀东,张玉宝,任学平,等.有限元理论及 ANSYS 应用[M].北京:电子工业出版社,2016.

[2] 张乐乐.ANSYS 辅助分析应用基础教程[M].北京:北京交通大学出版社,清华大学出版社,2014.

[3] 贾雪艳,刘平安.ANSYS18.0 有限元分析学习宝典[M].北京:机械工业出版社,2017.

[4] 曹渊.ANSYS16.0 有限元分析从入门到精通[M].北京:电子工业出版社,2015.

[5] CAD/CAM/CAE 技术联盟.ANSYS15.0 有限元分析从入门到精通[M].北京:清华大学出版社,2016.

[6] 王新敏.ANSYS 工程结构数值分析[M].北京:人民交通出版社,2007.

[7] 郝文化.ANSYS 土木工程应用实例[M].北京:中国水利水电出版社,2005.

第 **8** 章 ▶▶▶

实体结构的ANSYS建模分析

8.1 ANSYS中实体单元简介

ANSYS 单元库中用于结构分析的实体单元有 Solid45、Solid46、Solid65、Solid92、Solid95、Solid185 等。

Solid45 用于 3 维实体结构模型,该单元有 8 个节点、24 个自由度,具有塑性、徐变、膨胀、应力强化、大变形和大应变的能力,提供带有沙漏控制的缩减选项。Solid45 的高阶形式为 Solid95,分层形式为 Solid46,Solid46 用于模拟分层壳或实体,该元素允许达到 250 层,如果需要超过 250 层,需要用到一个构成矩阵选项。该元素也可通过选择的方法进行累积。

Solid65 为 3 维钢筋混凝土实体单元,可以通过实常数定义 3 个方向的钢筋,也可以考虑混凝土的拉裂或压碎。该单元有 8 个节点,Solid65 比 Solid45 多了模拟混凝土被拉裂、压碎、塑性变形和徐变等性能,钢筋可以抗拉压,但不能抗剪。

Solid92 为 3 维 10 节点四面体结构实体单元,具有二次位移,适用于模拟不规则网格。具有塑性、徐变、膨胀、应力强化、大变形、大应变能力。

Solid95 是 Solid45 的高阶单元,有 20 个节点,能够模拟不规则形状,而且在精度上不会有任何损失。该单元具有位移协调插值函数,适用于模拟弯曲边界。和 Solid92 单元功能相似,Solid95 也具有塑性、徐变、膨胀、应力强化、大变形、大应变等能力,同时提供多种输出选项。

Solid185 为 3 维 8 节点实体单元,具有塑性、超弹性、应力强化、徐变、大变形、大应变能力,可用来模拟几乎不能压缩的次弹性材料和完全不能压缩的超弹性材料的变形。Solid186 是 Solid185 的高阶单元,有 20 个节点,适用于模拟不规则网格。Solid187 为 3 维 10 节点四面体实体单元,适用于模拟不规则网格。

Solid191 为 3 维 20 节点分层实体单元,是 Solid95 的分层形式,用于模拟分层的壳或实体。该单元允许达到 100 层,如果超过 100 层,可通过累积的方法得到。具有应力强化能力,同时提供多种输出选项。

8.2 坐 标 系

ANSYS 中的坐标系按其功用的不同可以分为五种:整体坐标系、局部坐标系、显示坐标系、单元坐标系和结果坐标系。整体坐标系和局部坐标系用于确定几何元素在空间中的位置(节点、关键点等);显示坐标系用于显示几何元素;节点坐标系用于确定节点自由度方向和节点结果数据的方向;单元坐标系用于确定材料特性和单元结果数据的方向;结果坐标系用于数据的列表、显示或进行后处理,其方式是将单元或节点结果数据转换到特定的坐标系中。

8.2.1 整体坐标系和局部坐标系

整体坐标系和局部坐标系用于确定几何元素的位置。在建立节点或关键点时,系统默认使用笛卡尔坐标系。但是,建立某些模型几何元素时,使用 ANSYS 提供的其他坐标系可能更为方便。可以在系统预先提供的三种整体坐标系中或自定义的局部坐标系中建立几何元素。

(1)整体坐标系

整体坐标系是一个绝对参考系。ANSYS 为用户提供了三种预设的坐标系:笛卡尔坐标系、柱坐标系和球坐标系(图8-1)。三种坐标系都符合右手定则,并且其原点都定义在同一个点。

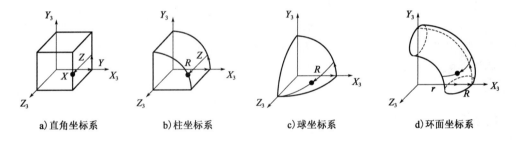

a) 直角坐标系　　b) 柱坐标系　　c) 球坐标系　　d) 环面坐标系

图 8-1　ANSYS 中整体坐标系类型

每个坐标系都有特定的编号,以便于识别。笛卡尔坐标系包含 X、Y、Z 分量,系统编号为0;柱坐标系包含 R、θ、Z 分量,系统编号为1;球坐标系包含 R、θ、ϕ 分量,系统编号为2;环面坐标系包含 R、θ、Y 分量,系统编号为5。

(2)局部坐标系

在很多情况下,为了便于建模,可以在任意位置建立一个原点和各坐标轴的方向不同于整体坐标系的新坐标系。该坐标系称为局部坐标系,其标识号必须为大于10的任一号码,虽然可以定义任意数目的局部坐标系,但无论何时只能激活一个坐标系[1]。

定义局部坐标系的方法如下:

①在整体坐标系中定义局部坐标系

命令:LOCAL,KCN,KCS,XC,YC,ZC,THXY,THYZ,THZX,PAR1,PAR2。

GUI 操作路径:Utility Menu > WorkPlane > Local Coordinate Systems > Create Local CS > At Specified Loc + 。

②在当前节点上定义局部坐标系

命令:CS,KCN,KCS,NORIG,NXAX,NXYPL,PAR1,PAR2。

GUI 操作路径:Utility Menu > WorkPlane > Local Coordinate Systems > Create Local CS > By 3 Nodes + 。

③在当前关键点上定义局部坐标系

命令:CSKP,KCN,KCS,PORIG,PXAXS,PXYPL,PAR1,PAR2。

GUI 操作路径:Utility Menu > WorkPlane > Local Coordinate Systems > Create Local CS > By 3 Keypoints + 。

④以当前定义的工作平面的原点为中心定义局部坐标系

命令:CSWPLA,KCN,KCS,PAR1,PAR2。

GUI 操作路径:Utility Menu > WorkPlane > Local Coordinate Systems > Create Local CS > At WP Origin。

⑤在当前坐标系上定义局部坐标系

命令:CLOCAL,KCN,KCS,XL,YL,ZL,THXY,THYZ,THZX,PAR1,PAR2。

GUI 操作路径:无。

定义局部坐标系时,需要为其分配一个大于 10 的坐标系标识号。当一个局部坐标系被定义后,该坐标系自动成为当前坐标系。用户可以根据建模需要在 ANSYS 使用的任意阶段创建或删除局部坐标系。删除局部坐标系的方法如下:

命令:CSDELE,KCN1,KCN2,KCINC。

GUI 操作路径:Utility Menu > WorkPlane > Local Coordinate Systems > Delete Local CS。

查看所有的整体和局部坐标系的方法如下:

命令:CSLIST,KCN1,KCN2,KCINC。

GUI 操作路径:Utility Menu > WorkPlane > Local Coordinate Systems > Delete Local CS。

局部坐标系的形式与整体坐标系的一样,可以是笛卡尔坐标系、柱坐标系或者球坐标系。

8.2.2　节点坐标系

节点坐标系主要用于确定节点自由度方向和节点结果数据的方向。每个节点都有单独的节点坐标系,ANSYS 默认的节点坐标系方向与整体坐标系一致。在时程后处理(POST26)中,节点结果,如节点位移、节点荷载和支座反力等,都是用节点坐标系方向表示;而在通用后处理(POST1)中,节点结果数据均是用结果坐标系表示。

旋转节点坐标系的方法如下:

(1)将节点坐标系旋转到与当前坐标系方向一致

命令:NROTAT,NODE1,NODE2,NINC。

GUI 操作路径:Main Menu > Preprocessor > Modeling > Create > Nodes > Rotate Node CS > To Active CS 或 Main Menu > Preprocessor > Modeling > Move/Modify > Rotate Node CS > To Active CS。

(2)按给定的角度旋转节点坐标系

命令:N,NODE,X,Y,Z,THXY,THYZ,THZX。

GUI 操作路径:Main Menu > Preprocessor > Modeling > Create > Nodes > In Active CS。

或命令:NMODIF,NODE,X,Y,Z,THXY,THYZ,THZX。

GUI 操作路径:Main Menu > Preprocessor > Modeling > Create > Nodes > Rotate Node CS > By Angles 或 Main Menu > Preprocessor > Modeling > Move/Modify > Rotate Node CS > By Angles。

(3)通过方向余弦分量旋转节点坐标系

命令:NANG,NODE,X1,X2,X3,Y1,Y2,Y3,Z1,Z2,Z3。

GUI 操作路径:Main Menu > Preprocessor > Modeling > Create > Nodes > Rotate Node CS > By Vectors 或 Main Menu > Preprocessor > Modeling > Move/Modify > Rotate Node CS > By Vectors。

(4)将节点坐标系旋转到与曲面法线方向一致

命令:NORA,AREA,NDIR。

GUI 操作路径:Main Menu > Preprocessor > Modeling > Move/Modify > RotateNode > To Surf Norm > On Areas。

列出节点坐标系与整体笛卡尔坐标系的旋转角的方法如下:

命令:NLIST,NODE1,NODE2,NINC,Lcoord,SORT1,SORT2,SORT3,KINTERNAL。

GUI 操作路径:Utility Menu > List > Picked Entities > Nodes。

8.2.3 单元坐标系

每个单元都有自己的单元坐标系,用于定义单元各向异性材料特性的方向、面荷载方向和单元结果(如应力和应变等)的方向。单元坐标系都遵循右手法则,大多数单元坐标系的默认方向遵循以下规则[2]:

(1)线单元(杆、梁单元)的 X 轴通常从 I 节点指向 J 节点,Y 和 Z 轴可由节点 K 或 θ 确定:当节点 K 未定义或 $\theta=0$ 时,Z 轴通常定义为梁高的方向,单元的 Y 轴按右手法则定义。

(2)壳单元的 X 轴通常也从 I 节点指向 J 节点,Z 轴通过 I 节点且与壳面垂直,其正方向根据单元的 I、J、K 节点按右手法则确定,Y 轴与 X 轴和 Z 轴垂直。

(3)2D/3D 实体单元坐标的方向总是平行于整体直角坐标系。

单元坐标系可以在单元 KEYOPT 选项中进行修改,面单元和体单元还可以使用下面的命令或操作使单元坐标系和之前定义的局部坐标系的方向一致:

命令:ESYS,KCN。

GUI 操作路径:Main Menu > Preprocessor > Meshing > Mesh Attributes > Default Attribs 或 Main Menu > Preprocessor > Modeling > Create > Elements > Elem Attributes。

ANSYS 中 KEYOPT 的优先级高于命令 ESYS,即如果同时设置了 KEYOPT 和 ESYS,则后者将会被前者覆盖。但是对于有些单元,可以通过输入角度对单元坐标系进行旋转,例如 SHELL63 单元中的实常数 THETA。

8.2.4 结果坐标系

结果坐标系用于节点结果和单元结果的显示。求解完成后,包括位移(UX、UY、ROTX 等)、梯度(TGX、TGY 等)、应力(SX、SY、SZ 等)、应变(EPPLX、EPPLXY 等)在内的计算结果均存储在以单元坐标系或节点坐标系下的结果文件中,但在后处理器内展示计算结果时通常需要将其转换到当前结果坐标系。

可将当前的结果坐标系的类型替换为其他坐标系的类型(例如整体坐标系、局部坐标系、节点坐标系或单元坐标系)。结果数据的列出、显示和操作都会优先转换到替换后的坐标系中进行[3]。结果坐标系的设置方法如下:

命令:RSYS,KCN。

GUI 操作路径:Main Menu > General Postproc > Options for Output 或 Utility Menu > List > Results > Options。

8.2.5 显示坐标系

显示坐标系是用于显示用户建立的几何元素的坐标系,系统默认的显示坐标系为笛卡尔坐标系。使用不同类型的显示坐标系,图形(节点和单元形状)的显示情况也是不相同的。几何元素的显示不受显示坐标系的影响,边界条件符号、向量箭头和单元坐标的符号也不会转换到显示坐标系下。当 DSYS > 0 时,将不显示线和面的方向。选择显示坐标系的方法如下:

命令:DSYS,KCN。

GUI 操作路径:Utility Menu > WorkPlane > Change Display CS to > Global Cartesian 或 Utility Menu > WorkPlane > Change Display CS to > Global Cylindrical 或 Utility Menu > WorkPlane > Change Display CS to > Global Spherical 或 Utility Menu > WorkPlane > Change Display CS to > Specified Coord Sys。

8.2.6 当前坐标系

可以定义任意数量的坐标系,但是无论何时只能激活一个坐标系。ANSYS 默认使用的坐标系为整体笛卡尔坐标系,定义一个局部坐标系后,该坐标系自动成为当前坐标系。切换坐标系的方法如下:

命令:CSYS,KCN。

GUI 操作路径:Utility Menu > WorkPlane > Change Active CS to > Global Cartesian 或 Utility Menu > WorkPlane > Change Active CS to > Global Cylindrical 或 Utility Menu > WorkPlane > Change Active CS to > Global Spherical 或 Utility Menu > WorkPlane > Change Active CS to > Specified Coord Sys 或 Utility Menu > WorkPlane > Change Active CS to > Working Plane。

坐标系的切换可以在 ANSYS 使用中的任何阶段内进行。

8.3 工 作 平 面

工作平面是一个二维的假想平面,主要用于基本平面图元(关键点、线、面)的定位、定向和图元的切割(布尔运算)。工作平面只能有一个,即定义了新的工作平面后旧的工作平面就会被删除,并且工作平面与当前坐标系相互独立,拥有各自的原点和坐标轴。

8.3.1 工作平面的创建

ANSYS 默认设置中,工作平面与整体笛卡尔坐标系的 XOY 平面重合,两者在 X 和 Y 轴的方向也一致。当需要定义其他方向的工作平面时,可以采用以下方式进行定义:

(1)通过 3 个坐标点或在显示屏幕拾取的指定坐标点定义工作平面

命令:WPLANE, WN, XORIG, YORIG, ZORIG, XXAX, YXAX, ZXAX, XPLAN, YPLAN, ZPLAN。

GUI 操作路径:Utility Menu > WorkPlane > Align WP with > XYZ Locations。

(2)通过 3 个节点或用户在显示屏幕拾取的指定节点定义工作平面

命令:NWPLAN,WN,NORIG,NXAX,NPLAN。

GUI 操作路径:Utility Menu > WorkPlane > Align WP with > Nodes。

(3)通过 3 个关键点或用户在显示屏幕拾取的关键点定义工作平面

命令:KWPLAN,WN,KORIG,KXAX,KPLAN。

GUI 操作路径:Utility Menu > WorkPlane > Align WP with > Keypoints。

(4)通过线上某点且垂直于线的平面定义为工作平面

命令:LWPLAN,WN,NL1,RATIO。

GUI 操作路径:Utility Menu > WorkPlane > Align WP with > Plane Normal to Line。

(5)将当前坐标系的 XOY 平面(或 $RO\theta$ 平面)定义为工作平面

命令:WPCSYS,WN,KCN。

GUI 操作路径:Utility Menu > WorkPlane > Align WP with > Active Coord Sys 或 Utility Menu > WorkPlane > Align WP with > Global Cartesian 或 Utility Menu > WorkPlane > Align WP with > Specified Coord Sys。

8.3.2　工作平面的移动

工作平面的移动包括平移和旋转,平移工作平面的方法如下:

(1)将工作平面原点移动至坐标为用户所选关键点的坐标平均值的点上

命令:KWPAVE,P1,P2,P3,P4,P5,P6,P7,P8,P9。

GUI 操作路径:Utility Menu > WorkPlane > Offset WP to > Keypoints。

(2)将工作平面原点移动至坐标为用户所选节点的坐标平均值的点上

命令:NWPAVE,N1,N2,N3,N4,N5,N6,N7,N8,N9。

GUI 操作路径:Utility Menu > WorkPlane > Offset WP to > Nodes。

(3)将工作平面原点移动至坐标为用户任选点的坐标平均值的点上

命令:WPAVE,X1,Y1,Z1,X2,Y2,Z2,X3,Y3,Z3。

GUI 操作路径:Utility Menu > WorkPlane > Offset WP to > Global Origin 或 Utility Menu > WorkPlane > Offset WP to > Origin of Active CS 或 Utility Menu > WorkPlane > Offset WP to > XYZ Locations。

(4)按距离移动工作平面

命令:WPOFFS,XOFF,YOFF,ZOFF。

GUI 操作路径:Utility Menu > WorkPlane > Offset WP by Increments。

工作平面旋转的方法如下:

命令:WPROTA,THXY,THYZ,THZX。

GUI 操作路径:Utility Menu > WorkPlane > Offset WP by Increments。

8.3.3　工作平面的恢复

工作平面具有唯一性,即在同一区域内只能存在一个工作平面。可以通过在需要重复使用工作平面的点创建一个局部坐标系来实现工作平面的恢复[4]。恢复工作平面的方法如下:

(1)在工作平面的原点处创建一个局部坐标系

命令:CSWPLA,KCN,KCS,PAR1,PAR2。

GUI 操作路径：Utility Menu > WorkPlane > Local Coordinate Systems > Create Local CS > At WP Origin。

（2）利用局部坐标系恢复工作平面

命令：WPCSYS，WN，KCN。

GUI 操作路径：Utility Menu > WorkPlane > Align WP with > Active Coord Sys 或 Utility Menu > WorkPlane > Align WP with > Global Cartesian 或 Utility Menu > WorkPlane > Align WP with > Specified Coord Sys。

8.4　布　尔　运　算

布尔运算是数字符号化的逻辑推演法，包括相加、相交、相减。在图形处理操作中引用了这种逻辑运算方法以使简单的基本图形组合产生新的形体。可对模型进行布尔运算，使模型的修改变得更加便捷。无论是自上而下建模还是自下而上建模都可以使用布尔运算。

布尔运算也是有缺陷的，可能导致程序不能运行或者损坏数据，所以在进行布尔运算前，应该对数据进行备份。当对两个或多个几何元素执行布尔运算时，确定是否保留原始元素的方法如下：

命令：BOPTN，Lab，Value。

GUI 操作路径：Main Menu > Preprocessor > Modeling > Operate > Booleans > Settings。

原始几何图元是否保留的布尔运算操作结果如图 8-2 所示。

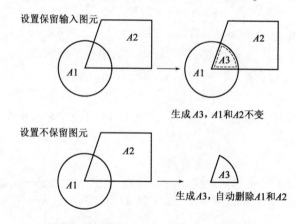

图 8-2　是否保留原始图元的布尔运算操作结果

需要注意，只能在未进行网格划分的几何元素上执行布尔运算。如要对已划分网格后的几何元素进行布尔运算，则需要对其进行清除网格的操作后方可进行布尔运算。

ANSYS 根据几何元素的拓扑信息和几何信息为执行布尔操作后的几何元素进行编号。但是，几何元素的编号一般无需过多考虑，在完成建模后可以使用压缩编号功能对几何元素重新编号即可[5]。

8.4.1　布尔运算：相交

相交运算是由两个或多个几何元素的重叠部分生成一个新的几何元素并删除原始几何

元素,该几何元素的维度与原几何元素相同或更低。例如,两个面的相交部分可以是一条线或者一个面。相交运算(Intersect)的执行命令和 GUI 路径见表 8-1。

不同对象之间相交操作的执行命令和 GUI 路径 表 8-1

用 法	命 令	GUI 菜单路径
线相交	LINL	Main Menu > Preprocessor > Modeling > Operate > Booleans > Intersect > Common > Lines
面相交	AINA	Main Menu > Preprocessor > Modeling > Operate > Booleans > Intersect > Common > Areas
体相交	VINV	Main Menu > Preprocessor > Modeling > Operate > Booleans > Intersect > Common > Volumes
线和面相交	LINA	Main Menu > Preprocessor > Modeling > Operate > Booleans > Intersect > Line with Area
面和体相交	AINV	Main Menu > Preprocessor > Modeling > Operate > Booleans > Intersect > Area with Volume
线和体相交	LINV	Main Menu > Preprocessor > Modeling > Operate > Booleans > Intersect > Line with Volume
线两两相交	LINP	Main Menu > Preprocessor > Modeling > Operate > Booleans > Intersect > Pairwise > Lines
面两两相交	AINP	Main Menu > Preprocessor > Modeling > Operate > Booleans > Intersect > Pairwise > Areas
体两两相交	VINP	Main Menu > Preprocessor > Modeling > Operate > Booleans > Intersect > Pairwise > Volumes

不同对象布尔相交运算后的结果如图 8-3 ~ 图 8-5 所示。

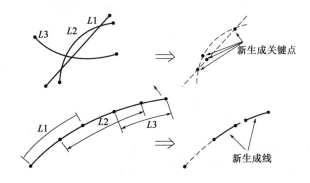

图 8-3　线相交

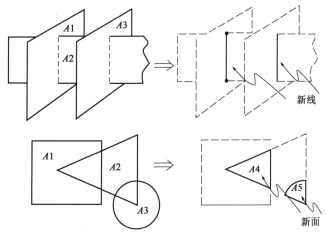

图 8-4　面相交

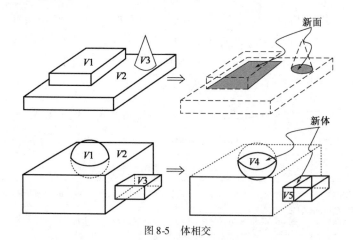

图 8-5　体相交

8.4.2　布尔运算:相加

相加运算是将两个或多个几何元素的重叠部分的边界删除,然后将它们融为一体,成为一个新的几何元素,该几何元素的维度与原几何元素相同,并且在重叠部分的维数等于或者低于原始几何元素[6]。相加运算(Add)的执行命令和 GUI 路径见表 8-2。

不同对象之间相加操作的执行命令和 GUI 路径　　　　　表 8-2

用　　法	命　　令	GUI 菜单路径
面相加	AADD	Main Menu > Preprocessor > Modeling > Operate > Booleans > Add > Areas
体相加	VADD	Main Menu > Preprocessor > Modeling > Operate > Booleans > Add > Volumes
线相加	LCOMB	Main Menu > Preprocessor > Modeling > Operate > Booleans > Add > Lines

不同对象布尔相加运算后的结果如图 8-6、图 8-7 所示。

图 8-6　面相加

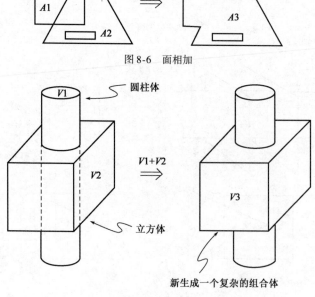

图 8-7　体相加

8.4.3 布尔运算:相减

相减运算是将两个或者多个减元素(相当于减法的减数)的重叠部分和减元素从被减元素(相当于减法中的被减数)中去除,然后生成一或者多个新的几何元素,该几何元素的维度与原几何元素相同。如果重叠部分的维度比被减元素低,则被减元素被分割[7]。相减运算(Subtract)的执行命令和 GUI 路径见表 8-3。

不同对象之间相减操作的执行命令和 GUI 路径　　　　　　　　　表 8-3

用　法	命　令	GUI 菜单路径
线减线	LSBL	Main Menu > Preprocessor > Modeling > Operate > Booleans > Subtract > Lines Main Menu > Preprocessor > Modeling > Operate > Booleans > Subtract > With Options > Lines Main Menu > Preprocessor > Modeling > Operate > Booleans > Divide > Line by Line Main Menu > Preprocessor > Modeling > Operate > Booleans > Divide > With Options Line by Line
面减面	ASBA	Main Menu > Preprocessor > Modeling > Operate > Booleans > Subtract > Areas Main Menu > Preprocessor > Modeling > Operate > Booleans > Subtract > With Options > Areas Main Menu > Preprocessor > Modeling > Operate > Booleans > Divide > Area by Area Main Menu > Preprocessor > Modeling > Operate > Booleans > Divide > With Options > Area by Area
体减体	VSBV	Main Menu > Preprocessor > Modeling > Operate > Booleans > Subtract > Volumes Main Menu > Preprocessor > Modeling > Operate > Booleans > Subtract > With Options > Volumes
线减面	LSBA	Main Menu > Preprocessor > Modeling > Operate > Booleans > Divide > Line by Area Main Menu > Preprocessor > Modeling > Operate > Booleans > Divide > With Options > Line by Area
线减体	LSBV	Main Menu > Preprocessor > Modeling > Operate > Booleans > Divide > Line by Volume Main Menu > Preprocessor > Modeling > Operate > Booleans > Divide > With Options > Line by Volume
面减体	ASBV	Main Menu > Preprocessor > Modeling > Operate > Booleans > Divide > Area by Volume Main Menu > Preprocessor > Modeling > Operate > Booleans > Divide > With Options > Area by Volume
面减线	ASBL	Main Menu > Preprocessor > Modeling > Operate > Booleans > Divide > Area by Line Main Menu > Preprocessor > Modeling > Operate > Booleans > Divide > With Options > Area by Line
体减面	VSBA	Main Menu > Preprocessor > Modeling > Operate > Booleans > Divide > Volume by Area Main Menu > Preprocessor > Modeling > Operate > Booleans > Divide > With Options > Volume by Area

不同对象布尔相减运算后的结果如图 8-8 ~ 图 8-15 所示。

除一个几何元素减去一个几何元素外,还可以用多个几何元素减去一个几何元素、用一个几何元素减去多个几何元素或者多个几何元素减去多个几何元素。

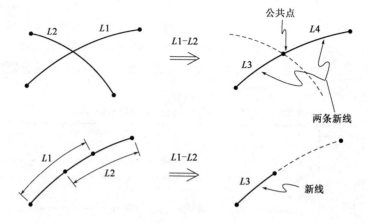

图 8-8 线减线

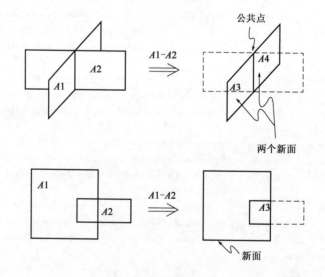

图 8-9 面减面

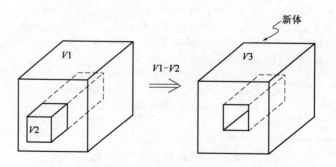

图 8-10 体减体

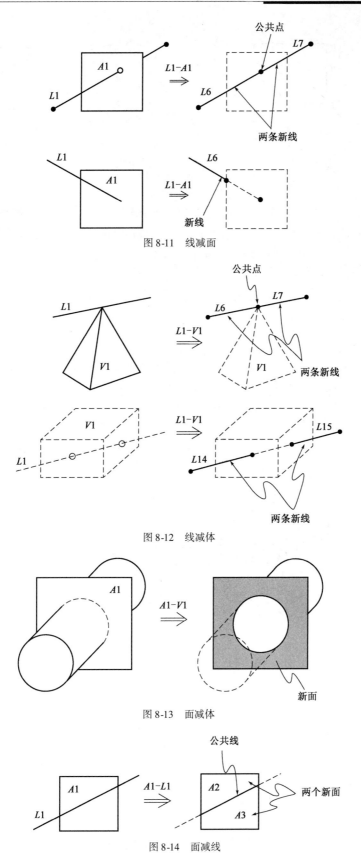

图 8-11   线减面

图 8-12   线减体

图 8-13   面减体

图 8-14   面减线

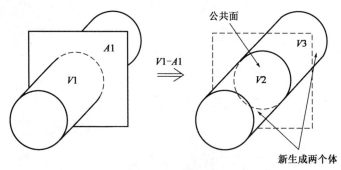

图 8-15　体减面

需要注意,工作平面作为面元素,也可以和其他几何元素做布尔相减运算。在划分网格前,常常使用工作平面分割模型。与工作平面布尔相减运算的执行命令和 GUI 路径见表 8-4。

与工作平面布尔相减运算的执行命令和 **GUI** 路径　　　　　　表 8-4

用　　法	命　　令	GUI 菜单路径
线减工作平面	LSBW	Main Menu > Preprocessor > Modeling > Operate > Booleans > Divide > Line by WrkPlane Main Menu > Preprocessor > Modeling > Operate > Booleans > Divide > With Options > Line by WrkPlane
面减工作平面	ASBW	Main Menu > Preprocessor > Operate > Divide > Area by WrkPlane Main Menu > Preprocessor > Modeling > Operate > Booleans > Divide > With Options > Area by WrkPlane
体减工作平面	VSBW	Main Menu > Preprocessor > Modeling > Operate > Booleans > Divide > Volu by WrkPlane Main Menu > Preprocessor > Modeling > Operate > Booleans > Divide > With Options > Volu by WrkPlane

不同对象与工作平面布尔相减运算后的结果如图 8-16 ~ 图 8-18 所示。

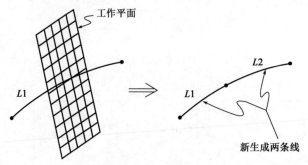

图 8-16　线减工作平面

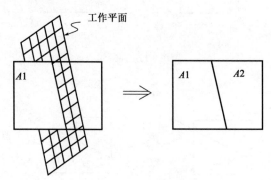

图 8-17　面减工作平面

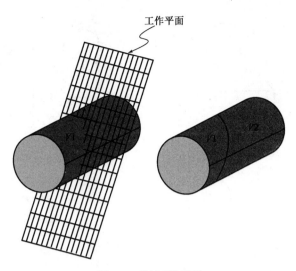

图 8-18　体减工作平面

8.4.4　布尔运算：分割

分割运算类似相减运算，但是不会去除减元素和重叠部分，即分割运算会生成两部分新的几何元素：一是去除重叠部分的原始元几何元素，二是重叠部分[8]。分割运算（Partition）的执行命令和 GUI 路径见表 8-5。

不同对象之间分割操作的执行命令和 **GUI 路径**　　　　　　　　表 8-5

用　法	命令	GUI 菜单路径
线分割	LPTN	Main Menu > Preprocessor > Modeling > Operate > Booleans > Partition > Lines
面分割	APTN	Main Menu > Preprocessor > Modeling > Operate > Booleans > Partition > Areas
体分割	VPYN	Main Menu > Preprocessor > Modeling > Operate > Booleans > Partition > Volumes
将线分割为多段线	LDIV	Main Menu > Preprocessor > Modeling > Operate > Booleans > Divide > Line into 2 Ln's
线之间分割	LCSL	无

不同对象布尔分割运算后的结果如图 8-19 ~ 图 8-21 所示。

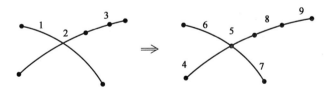

图 8-19　线分割

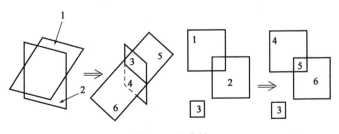

图 8-20　面分割

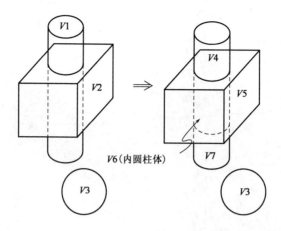

图 8-21　体分割

8.4.5　布尔运算：搭接

搭接运算是由分离的同等级几何元素，如体、面、线等生成更多同等级几何元素的运算方法，并且在搭接区域必须与原始几何元素有相同的维数。搭接运算的执行命令和 GUI 路径见表 8-6。

不同对象之间搭接操作的执行命令和 GUI 路径　　　　　　　　　　　　　　表 8-6

用　　法	命令	GUI 菜单路径
线的搭接	LOVLAP	Main Menu > Preprocessor > Modeling > Operate > Booleans > Overlap > Lines
面的搭接	AOVLAP	Main Menu > Preprocessor > Modeling > Operate > Booleans > Overlap > Areas
体的搭接	VOVLAP	Main Menu > Preprocessor > Modeling > Operate > Booleans > Overlap > Volumes

不同对象布尔搭接运算后的结果如图 8-22 ~ 图 8-24 所示。

图 8-22　线的搭接　　　　　　　　　　　　　图 8-23　面的搭接

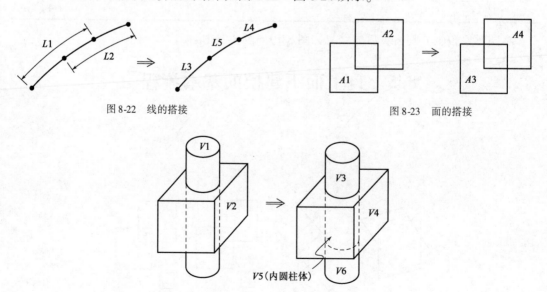

图 8-24　体的搭接

8.4.6　布尔运算：粘合

粘合运算是把两个或多个同级几何元素粘在一起，在其接触区域具有共同的边界。执行粘合运算的几何元素的接触区域的维度只能比原始元素低，而不能等于或高于它。例如，两个体要进行粘合的前提是其接触区域的维度低于体的维度，即接触区域只能面、线或者点。分割运算的执行命令和 GUI 路径如表 8-7。

不同对象之间粘合操作的执行命令和 GUI 路径 表 8-7

用　　法	命　　令	GUI 菜单路径
线的粘合	LGLUE	Main Menu > Preprocessor > Modeling > Operate > Booleans > Glue > Lines
面的粘合	AGLUE	Main Menu > Preprocessor > Modeling > Operate > Booleans > Glue > Areas
体的粘合	VGLUE	Main Menu > Preprocessor > Modeling > Operate > Booleans > Glue > Volumes

不同对象布尔粘接运算后的结果如图 8-25 ~ 图 8-27 所示。

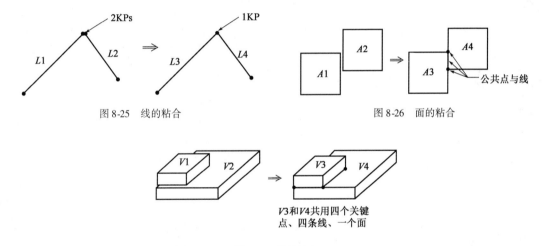

图 8-25　线的粘合　　　　图 8-26　面的粘合

图 8-27　体的粘合

8.5　自上而下建模的基本流程

ANSYS 程序允许通过汇集线、面、体等几何体素的方法构造模型。当生成一种体素时，ANSYS 程序会自动生成所有从属于该体素的较低级图元。这种从较高级的实体图元构造模型的方法就是所谓的自上而下的建模方法。需要注意的是，自上而下的高级几何体素是在工作平面内创建的，而自下而上的建模技术是在当前激活的坐标系上定义的。如果用户混合使用这两种建模技术，应该考虑使用［CSYS，WP］或［CSYS，4］命令切换工作平面并激活相应坐标系，时刻关注当前工作平面的状态。

几何体素是可用单个 ANSYS 命令来创建的几何形体，可以分为面体素和实体体素。面体素包括矩形、圆形或环形、正多边形，实体体素包括长方体、圆柱体、棱柱体、球体、环体和锥体，几何体素的创建方法如表 8-8 所示。

面、体素创建方法列表 表 8-8

用　法	命　令	GUI 菜单路径
在工作平面上创建矩形面	RECTNG	Main Menu > Preprocessor > Modeling > Create > Rectangle > By Dimensions
通过角点生成矩形面	BLC4	Main Menu > Preprocessor > Modeling > Create > Areas > Rectangle > By 2 Corners
通过中心和角点生成矩形面	BLC5	Main Menu > Preprocessor > Modeling > Create > Areas > Rectangle > By Center&Corner
在工作平面上生成以其原点为圆心的环形面	PCIRC	Main Menu > Preprocessor > Modeling > Create > Circle > By Dimensions
在工作平面上生成环形面	CYL4	Main Menu > Preprocessor > Modeling > Create > Circle > Annulus or > Partial Annulus or > Solid Circle
通过端点生成环形面	CYL5	Main Menu > Preprocessor > Modeling > Create > Circle > By End Points
以工作平面原点为中心创建正多边形	RPOLY	Main Menu > Preprocessor > Modeling > Create > Polygon > By Circumscr Rad or > By Inscribed Rad or > By Side Length
在工作平面的任意位置创建正多边形	RPR4	Main Menu > Preprocessor > Modeling > Create > Polygon > Hexagon or > Octagon or > Pentagon or > Septagon or > Square or > Triangle
基于工作平面坐标对生成任意多边形	POLY	该命令没有相应 GUI 路径
在工作平面上创建长方体	BLOCK	Main Menu > Preprocessor > Modeling > Create > Volumes > Block > By Dimension
通过角点生成长方体	BLC4	Main Menu > Preprocessor > Modeling > Create > Volumes > Block > By 2 Corner&Z
通过中心和角点生成长方体	BLC5	Main Menu > Preprocessor > Modeling > Create > Volumes > Block > By Centr, Cornr, Z
在工作平面上原点为圆心生成圆柱体	CYLIND	Main Menu > Preprocessor > Modeling > Create > Volumes > Cylinder > By Dimensions
在工作平面的任意位置创建圆柱体	CYL4	Main Menu > Preprocessor > Modeling > Create > Volumes > Cylinder > Hollow Cylinder or > Partial Cylinder or > Solid Cylinder
通过端点创建圆柱体	CYL5	Main Menu > Preprocessor > Modeling > Create > Volumes > Cylinder > By End Pts&Z
以工作平面原点为中心创建正棱柱体	RPRISM	Main Menu > Preprocessor > Modeling > Create > Volumes > Prism > By Circumscr Rad or > By Inscribed Rad or > By Side Length
在工作平面的任意位置创建正棱柱体	RPR4	Main Menu > Preprocessor > Modeling > Create > Volumes > Prism > Hexagonal or > Octagonal or > Pentagonal or > Septagonal or > Square or > Triangular
基于工作平面坐标对创建任意多棱柱体	PRISM	该命令没有相应 GUI 路径

使用面体素时应注意几点：

(1)由命令或 GUI 途径生成的几何体素都是相对于工作平面,方向由工作平面坐标系而定。

（2）在有限元模型中，两个相接触的几何体素之间默认的不是真正意义上的连接，而是有一个不连续的"接缝"，必须用诸如"NUMMRG"（Main Menu > Preprocessor > Numbering Ctrls > Merge items）、"AADD"（Main Menu > Preprocessor > Modeling > Operate > Add > Areas）或"AGLU"（MainMenu > Preprocessor > Modeling > Operate > Glue > Areas）等命令进行处理以消除"接缝"。

（3）在建立圆或者圆环（或下节讲到的圆柱体、球体、椎体实体体素等）时，如果需要指定生成这些几何体素的弧（一般会有两个弧度输入项），弧从代数值小的角度开始，按正的角方向，到代数值大的角度处终止（输入的两个弧度值的顺序并不表示生成体素的开始角和终止角）。

8.6 算例：简支箱梁桥

某混凝土简支箱梁桥跨径 $l = 15$ m，单箱单室截面，梁高 1.5m，顶板宽 5m，单侧悬臂 1m，直腹板形式，顶板、底板和腹板厚度均为 0.3m，试分析该简支箱梁桥在自重作用下的内力效应。混凝土弹性模量 $E = 3.45 \times 10^4 \text{ N/mm}^2$，泊松比 $\mu = 0.2$，密度 $\rho = 2.3 \times 10^{-6} \text{ kg/mm}^3$，见图 8-28。算例建模时，长度单位取为 mm，质量单位取 kg，力的单位取 N。

8.6.1 单元类型定义

单元类型定义对话框内主要操作对象（按钮、下拉菜单、空白框）的含义或者用途详见第 7 章相关内容，下面介绍本算例的操作步骤：

（1）GUI：Main menu > Preprocessor > Element type > Add/Edit/Delete，弹出 Element type 对话框。

（2）在 Element type 对话框中单击"Add"按钮弹出"Library of Element Types"对话框，

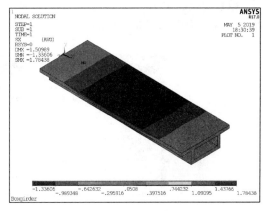

图 8-28 15m 跨径的混凝土简支箱梁

从左侧单元库中单击"Structural mass"中的"Solid"，然后从该库中选择单元"20 node 186"（20 节点 40 自由度实体单元），并在"Element type reference number"文本框中填入 1，如图 8-29所示。

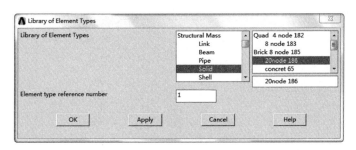

图 8-29 ANSYS 单元库

（3）单击"OK"按钮,回到"Element type"对话框。

（4）点击"Close"按钮,完成单元类型的定义。

8.6.2　材料定义

材料定义的操作步骤如下:

（1）Main Menu > Preprocessor > Material Props > Material Models > Structural > Linear > Elastic > Isotropic,在弹出的对话框"EX"文本框中输入"3.45e4";在"PRXY"文本框中输入"0.2",单击"OK"按钮确认。

（2）Main Menu > Preprocessor > Material Props > Material Models > Structural > Density,在弹出的对话框"DENS"文本框中输入"2.3e-6",单击"OK"按钮确认。

执行定义材料属性操作,定义完毕后,材料属性显示在定义材料模型属性对话框的左侧列表中。

8.6.3　创建几何模型

本例采用自上而下的建模方式,先创建构成箱梁的长方体,然后使用布尔"减"运算形成箱梁几何模型,具体操作步骤如下:

（1）构成箱梁的长方体的创建

依次点击 Main Menu > Preprocessor > Modeling > Create > Volumes > Block > By Dimensions,弹出如图 8-30 所示的"Create Block by Dimensions"对话框。

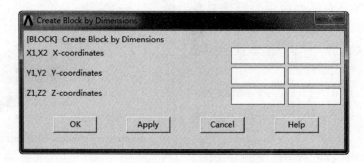

图 8-30　通过 3 点创建体的对话框

在"X1,X2 X-coordinates""Y1,Y2 Y-coordinates"和"Z1,Z2 Z-coordinates"六个个文本框中从左到右,从上到下分依次输入"0,15000, - 1500,0, - 2500,2500"。以同样的操作根据表 8-9 中的三组坐标再创建 3 个体元素。

构成箱梁的其他长方体坐标　　　　　　　　　　　　　　　　　　　　　　表 8-9

体　编　号	X　坐　标	Y　坐　标	Z　坐　标
2	0	−1500	−2500
	15000	−300	−1500
3	0	−300	1500
	15000	−1500	2500
4	0	−300	−1200
	1500	−120	1200

创建好的体如图 8-31 所示(图中所示的体已设置透明度)。

(2)布尔运算

依次点击 Main Menu > Preprocessor > Modeling > Operate > Booleans > Subtract > Volumes,弹出"体拾取对话框"。在视图窗口拾取 1 号体(即最大的长方体)作为被减元素,单击"OK",然后拾取 2、3、4 号体作为减元素,单击"OK",生成如图 8-32 所示的箱梁。

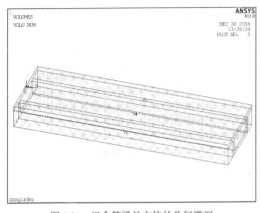
图 8-31 组合箱梁长方体的几何模型

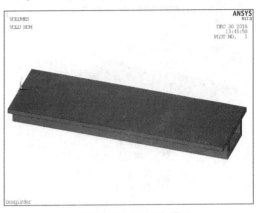
图 8-32 简支箱梁几何模型

(3)工作平面切割

为了对箱型梁的几何模型进行映射扫掠网格划分,需要将其切割成满足体扫掠的形状,本例采用工作平面切割的方法。

依次点击 Utility Menu > WorkPlane > Display Working Plane,在视图窗口显示工作平面后点击 Utility Menu > WorkPlane > Offset WP by Increments 弹出"Off WP"对话框。在"Degrees XY,YZ,ZX Angles"文本框中输入"0,90,0",单击"Apply",然后在"Snaps X,Y,Z Offsets"文本框中输入"0,0,300",单击"OK"实现工作平面的移动和旋转。之后,点击 Main Menu > Preprocessor > Modeling > Operate > Booleans > Divide > Volu by WrkPlane 弹出"Divide Vol by WrkPlane"对话框。在视图窗口拾取 5 号体(即整个箱型梁),然后单击体拾取对话框中的"OK",工作平面将箱型梁切割成两部分。使用同样的操作让工作平面在总体坐标 Y 为 −1200处(即让工作平面下移 900)将下部切割成两部分,得到如图 8-33 所示的几何模型。

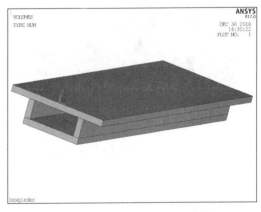
图 8-33 工作平面切割后的箱梁几何模型

8.6.4 划分网格

(1)单元属性分配

点击 Main Menu > Preprocessor > Meshing > Mesh Attributes > MeshTool,打开网格划分工具对话框。在网格划分工具条的属性分配功能区的下拉菜单中选择"Global",然后单击右侧的"Set"按钮,在弹出的单元属性分配对话框的属性分配对话框中指定"TYPE Element type number"为 1、"MAT Material number"为 1、"ESYS Element coordinate sys"为 0,单击"OK"。

（2）网格尺寸设置

在尺寸控制功能区中，单击"Global"一栏中的"Set"，在弹出的尺寸控制对话框中"SIZE Element edge length"文本框中输入300，单击"OK"，单元尺寸设置完成。

（3）网格形状设置

在形状控制功能区的"Mesh"中的下拉菜单中选择网格划分对象为"Volumes"。在形状控制功能区的"Shape"中选择"Hex/Wedge"。

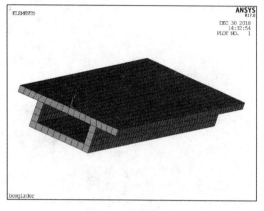

图8-34　箱梁网格划分情况

（4）网格划分

在网格划分功能区的划分方式中选择"Sweep"。在网格划分功能区的源面和目标面选择方式的下拉菜单中选择"Auto Src/Trg"即自动选择的方式。单击网格划分功能区中"Sweep"按钮弹出"体拾取对话框。"

在视图窗口中拾取四个需要进行网格划分的体元素，然后单击体拾取对话框中的"OK"，ANSYS自动执行体扫掠操作。最终ANSYS视图窗口中的视图如图8-34所示。

8.6.5　施加荷载和边界条件

施加荷载和边界条件的操作步骤如下：

（1）施加自重荷载

点击 Main Menu > Solution > Define Loads > Apply > Structural > Inertia > Gravity > Global，弹出如图8-35所示的自重荷载施加对话框。

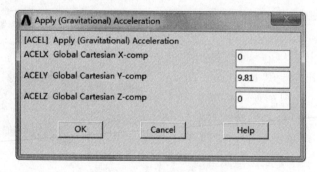

图8-35　自重荷载施加对话框

在"ACELY Global Cartesian Y-comp"文本框中输入"9.81"，即可为结构施加自重荷载。

（2）施加边界条件

点击 Utility Menu > Select > Entities，弹出选择对话框，在项目菜单中选择"Node"，选择方式菜单中选择"By Location"，参数中选择"X coordinates"并在文本框中输入"300"，选择类型中选择"From Full"，依次单击"Apply"按钮和"Replot"按钮，即可选出 X 坐标为300的所有节点。然后在参数中选择"Y coordinates"并在文本框中输入"−1500"，选择类型中选择"Reselect"，依次单击"Apply"按钮和"Replot"按钮，即可从已选节点中选出所有 Y 坐标为−1500的节点。

点击 Main Menu > Solution > Define Loads > Apply > Structural > Displacement > On Nodes，

弹出节点拾取对话。用光标拾取视图窗口中的所有节点,然后单击节点拾取对话框中的
"OK"按钮,弹出"Apply U,ROT on Nodes"对话框,在"Lab2 DOFs to be constrained"选项窗口
选择"UX,UY,UZ","VALUE Displacement value"采用默认值 0,可不输入,单击"Apply U,
ROT on Nodes"对话框中的"OK"按钮。

采用同样的选择方法选择 X 坐标为
14700,Y 坐标为 –1500 的所有节点,在"Apply
U,ROT on Nodes" 对话框"Lab2 DOFs to be
constrained"一栏选择"UX, UY","VALUE
Displacement value"采用默认值 0,单击
"Apply U,ROT on Nodes"对话框中的"OK"按
钮。施加边界条件后的模型如图 8-36 所示。

依次点击 Main Menu > Solution > Analysis
Type > New Analysis,在弹出的对话框内选择
"Static"分析类型,点击 Main Menu > Solution >
solve 即可开始求解。

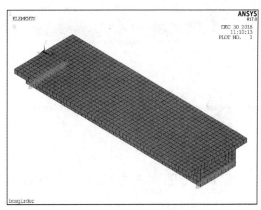

图 8-36　施加边界条件后的箱梁有限元模型

8.6.6　结构位移和应力图

(1)节点位移云图

依次点击 Main Menu > General Postproc > Plot Results > Contour Plot > Nodal Solu,弹出
"Contour Nodal Solution Data"(节点结果等值图显示选择)对话框;在"Undisplaced shape
key"的下拉列表中选择"Deformed shape only";然后选择"DOF Solution"项下的"X-
Component of Displacement",最后单击"OK"或者"Apply"即可得到 X 方向和 Y 方向的位移云
(图 8-37 和图 8-38)。

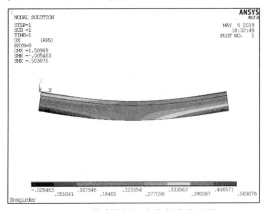

图 8-37　简支箱梁 X 方向的位移云图

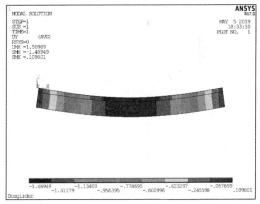

图 8-38　简支箱梁 Y 方向的位移云图

(2)节点应力云图

点击 Main Menu > General Postproc > Plot Results > Contour Plot > Nodal Solu,弹出
"Contour Nodal Solution Data"(节点结果等值图显示选择)对话框;在"Undisplaced shape
key"的下拉列表中选择"Deformed shape only";然后选择"Stress"项下的"X-Component of
Stress"(或"von Mises Stress"),最后单击"OK"或者"Apply"即可得到 X 方向和 Mises 应力云
图(图 8-39 和图 8-40)。

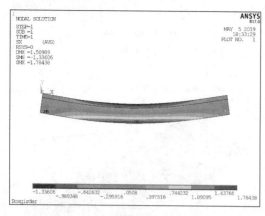

图 8-39　简支箱梁 X 方向的应力云图

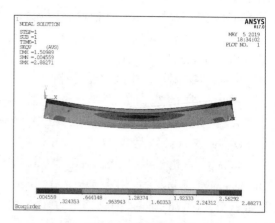

图 8-40　等效应力云图

8.6.7　截面内力结果(应力积分)

对于实体单元而言,无法直接输出截面弯矩的结果,可通过定义一个面,将节点的应力计算结果映射到该投影平面上,然后进行数学运算获取截面的弯矩。以跨中截面为例来说明求解截面弯矩的方法,具体步骤如下:

(1)将工作平面移动至所求截面

Utility Menu > WorkPlane > Offset Wp by Increments,弹出"Offset WP"对话框,在"X,Y,Z Offsets"输入"7500,0,0",在"XY,YZ,ZX Angles"输入"0,0,90",最后单击"OK"或者"Apply"。

(2)创建投影平面

点击 Main Menu > General Postproc > Surface Operation > On Cuttng Plane,弹出"On Cuttng Plane"对话框,如图 8-41 所示。在"SurfName Surface name"输入 SUZ1,即完成投影平面名称的定义,在"nRefine Refinement value"中输入 3,即定义面网格的精细程度为 3,其值在 0~3,缺省为 0,数目越大精细水平越高,最后单击"OK"或者"Apply"即可。

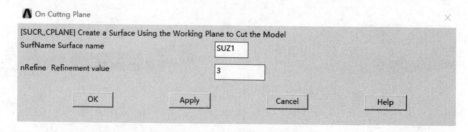

图 8-41　创建投影面对话框

(3)映射结果到投影平面上

点击 Main Menu > General Postproc > Surface Operation > Map Results,弹出"Map Results to Selected Surfaces"对话框,如图 8-42 所示。在"Name of mapped result set"输入 MYSX,即定义映射结果的变量名,点击下拉菜单选择需要映射的结果,选择"X-Component of stress"即 X 方向的弯曲正应力。最后单击"OK"或者"Apply"即可。

(4)图形显示投影平面上结果

点击 Main Menu > General Postproc > Surface Operation > Plot Results,弹出"Plot Surface

Results"对话框,在"SurfName Surface name"中选择"SUZ1"即需要查看的面,在"RSetName Result set name"选择 MYSX 即需要查看的映射结果名,最后单击"OK"或者"Apply"即可得到图 8-43。

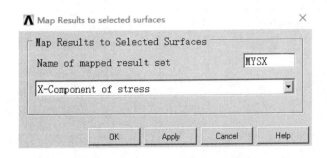

图 8-42　映射结果到投影平面上对话框

（5）运算

点击 Main Menu > General Postproc > Surface Operation > Math Operation > Sum of Result,弹出"Sum of Results"对话框如图 8-44 所示,在"APDL Parameter name"中输入 MYA 即定义面积的变量名称,在"1st Surface item"下拉菜单中选择"DA"即各点的作用面积,最后单击"OK"或者"Apply"即可得到截面面积。

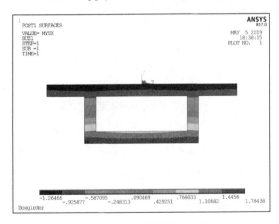

图 8-43　图形显示投影平面上结果

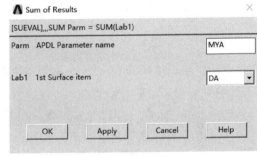

图 8-44　获取截面面积对话框

点击 Main Menu > General Postproc > Surface Operation > Math Operation > Integrate Result,弹出"Integrate Results"对话框如图 8-45 所示,在"APDL Parameter name"中输入 MYYA 即定义关于 Z 轴的面积矩的变量名称,在"1st Surface item"下拉菜单中选择"GCY"即面上各点的总体直角坐标,最后单击"OK"或者"Apply"即可得到关于 Z 轴的面积矩。

点击 Parameters > Scalar Parameters,定义面积重心至 Z 轴的距离变量 MYYA,如图 8-46 所示。

点击 Main Menu > General Postproc > Surface Operation > Math Operation > Multiply,弹出"Multiply Surface Items"对话框如图 8-47 所示,在"User label for result"中输入 SXGCY 即定义变量名称,在"1st Surface item"下拉菜单中选择"MYSX"即映射结果的名,在"2nd Surface item"下拉菜单中选择"GCY",最后单击"OK"或者"Apply"即可得到截面各点弯曲正应力与其坐标的乘积。

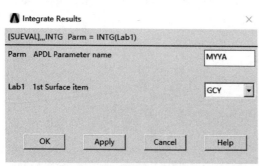

图 8-45　获取截面面积矩对话框

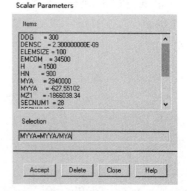

图 8-46　获取面积重心至 Z 轴的距离对话框

点击 Main Menu > General Postproc > Surface Operation > Math Operation > Integrate Results，弹出"Integrate Results"对话框如图 8-48 所示，在"APDL Parameter name"中输入 MZ1 即定义弯矩变量名称，在"1st Surface item"下拉菜单中选择"SXGCY"，最后单击"OK"或者"Apply"即可得截面的弯矩。

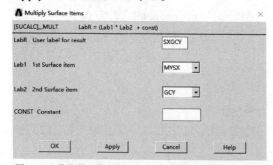

图 8-47　获取截面各点弯曲正应力与其坐标的乘积对话框

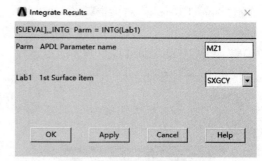

图 8-48　积分获取截面弯矩对话框

（6）列表显示截面弯矩结果

点击 Utility Menu > List > Other > Named Parameter，弹出"＊STAT Command"列表如图 8-49 所示，从图中可知求得弯矩绝对值为 1719.3N·m，理论解为 1719.4N·m，计算精度极高。

图 8-49　列表显示截面弯矩结果

8.7　算例:轴承底座

如图 8-50 所示的轴承底座,支撑孔(大孔)承受 5000kPa 的压力荷载,沉孔(小孔)承受 1000kPa 的压力荷载,4 个安装孔的内侧竖向位移被约束,试分析该轴承底座的受力特性。混凝土弹性模量 $E = 3.0 \times 10^{10} \mathrm{N/m^2}$,泊松比 $\mu = 0.0$。算例建模时,长度单位取为 m,质量单位取 kg,力的单位取 N。

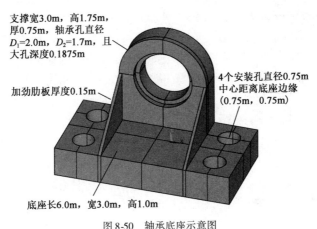

支撑宽3.0m,高1.75m,厚0.75m,轴承孔直径 D_1=2.0m,D_2=1.7m,且大孔深度0.1875m

4个安装孔直径0.75m 中心距离底座边缘 (0.75m, 0.75m)

加劲肋板厚度0.15m

底座长6.0m,宽3.0m,高1.0m

图 8-50　轴承底座示意图

8.7.1　单元类型选择

对话框内主要操作对象(按钮、下拉菜单、空白框)的含义或者用途详见第 7 章相关内容,下面介绍本算例的操作步骤:

(1) GUI:Main menu > Preprocessor > Element type > Add/Edit/Delete,弹出"Element type"对话框。

(2)在对话框中单击"Add"按钮弹出"Library of Element Types"对话框,从左侧单元库中单击"Structural mass"中的"Solid",然后从该库中选择单元"10node 187"(10 节点 20 自由度实体单元),并在"Element type reference number"文本框中填入 1。

(3)单击"OK"按钮,回到"Element type"对话框。

(4)点击"Close"按钮,完成单元类型的选择。

8.7.2　材料定义

材料定义的操作步骤如下:

点击 Main Menu > Preprocessor > Material Props > Material Models > Structural > Linear > Elastic > Isotropic,在弹出的对话框"EX"文本框中输入"30e9";在"PRXY"文本框不输入,单击"OK"按钮确认,弹出未设置泊松比的提示框,单击"确认"即可。

执行定义材料属性操作,定义完毕后,材料属性显示在定义材料模型属性对话框的左侧列表中。

8.7.3　创建几何模型

本例采用自上而下的建模方式,创建几何模型的操作步骤如下:

（1）基座的创建

点击 Main Menu > Preprocessor > Modeling > Create > Volumes > Block > By Dimensions，弹出"Create Block by Dimensions"对话框。在"X1，X2 X-coordinates""Y1，Y2 Y-coordinates"和"Z1，Z2 Z-coordinates"六个文本框中从左到右、从上到下分别输入"0，3，0，1，0，3"。

依次点击 Utility Menu > WorkPlane > Display Working Plane，在视图窗口显示工作平面后点击 Utility Menu > WorkPlane > Offset WP by Increments 弹出"Off WP"对话框，在" Snaps X，Y，Z Offsets"文本框中输入"2.25，1.25，0.75"，单击"Apply"，然后在"Degrees XY，YZ，ZX Angles"文本框中输入"0，-90，0"，单击"OK"将工作平面移动到指定位置。

依次点击 Main Menu > Preprocessor > Modeling > Create > Volumes > Cylinder > Solid Cylinder，弹出"Solid Cylinder"对话框。在"Radius"文本框中输入"0.75/2"，"Depth"文本框中输入"-1.5"，单击"OK"按钮，在工作平面原点处创建一个圆柱体。

依次点击 Main Menu > Preprocessor > Modeling > Copy > Volumes，弹出体拾取对话框，在视图窗口中拾取上一步创建的圆柱体，单击体拾取对话框中的"OK"按钮，弹出"Copy Volumes"对话框。在"DZ Z-offset in active CS"文本框中输入"1.5"，单击"OK"按钮，在指定位置创建第二个圆柱体。最终视图窗口的画面如图 8-51 所示。

依次点击 Main Menu > Preprocessor > Modeling > Operate > Booleans > Subtract > Volumes，弹出体拾取对话框。在如图 8-51 所示视图窗口中拾取长方体作为被减元素，单击"OK"，然后拾取两个圆柱体作为减元素，单击"OK"，生成如图 8-52 所示的基座底部的几何模型。

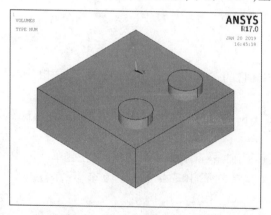

图 8-51　二分之一基座底部几何模型

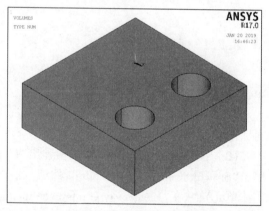

图 8-52　减去圆柱体之后的二分之一基座底部几何模型

（2）支撑部分的创建

依次点击 Utility Menu > WorkPlane > Align WP with > Global Cartesian，将工作平面复位，然后依次点击 Main Menu > Preprocessor > Modeling > Create > Volumes > Block > By 2 Corners & Z 弹出"Block by 2 Corners & Z"对话框。在"WP X"和"WP Y"文本框中分别输入"0"和"1"，在"Width""Height"和"Depth"文本框中分别输入"1.5""1.75"和"0.75"，单击"OK"按钮，即可创建组成支撑部分的长方体。

然后通过工作平面移动工具条将工作平面移动到到坐标为"0，2.75，0.75"的点处。依次点击 Main Menu > Preprocessor > Modeling > Create > Volumes > Cylinder > Partial Cylinder，弹出如图 8-53 所示的"Partial Cylinder"对话框。

在"WP X""WP Y""Rad-1"和"Theta-1"文本框中都输入"0"，在"Rad-2""Theta-2"和"Depth"文本框中分别输入"1.5""90"和"-0.75"，单击"OK"按钮，即可创建组成支撑部分

的四分之一圆柱体。最终视图窗口中的画面如图 8-54 所示。

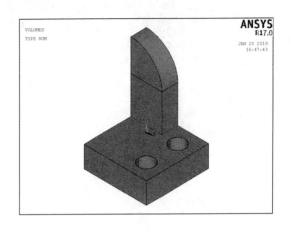

图 8-53 "Block by 2 Corners & Z"对话框　　图 8-54　添加支撑后二分之一轴承底座几何模型

（3）轴孔的生成

依次点击 Main Menu > Preprocessor > Modeling > Create > Volumes > Cylinder > Solid Cylinder，弹出"Solid Cylinder"对话框。在"WP X"和"WP Y"文本框中都输入"0"，在"Radius"和"Depth"文本框中分别输入"1"和"–0.1875"，单击"Apply"按钮，创建第一个圆柱体。然后在"WP X"和"WP Y"文本框中再次分别输入"0"和"0"，在"Radius"和"Depth"文本框中分别输入"0.85"和"–2"，单击"OK"按钮，创建第二个圆柱体。最终视图窗口中的画面如图 8-55 所示。

依次点击 Main Menu > Preprocessor > Modeling > Operate > Booleans > Subtract > Volumes，弹出体拾取对话框，依次拾取紫色和青色的体元素，单击体拾取框中的"Apply"按钮，然后拾取红色的圆柱体，单击体拾取对话框内的"Apply"。以同样的操作拾取青色和紫色的体元素减去粉色的体元素。最终视图窗口的画面如图 8-56 所示。

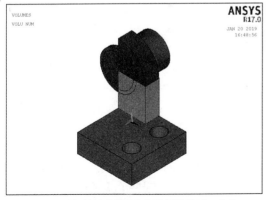

图 8-55　添加轴承支撑孔和沉孔圆柱体后二分之一
轴承底座几何模型

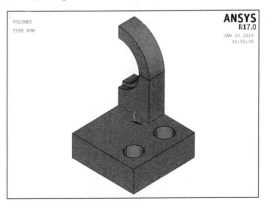

图 8-56　形成支撑孔和沉孔后的轴承底座几何模型

依次点击 Main Menu > Preprocessor > Numbering Ctrls > Merge Items，弹出如图 8-57 所示的"Merge Coincident or Equivalently Defined Items"对话框。

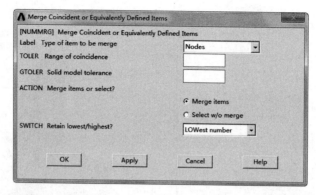

图 8-57　"Merge Coincident or Equivalently Defined Items"对话框

选择"Label Range of coincidence"下拉菜单中的"Keypoints"一项，单击"OK"按钮，即可将重叠的关键点合并。

（4）三角板的创建

依次点击 Utility Menu > Plot > Keypoints > Keypoints，显示所有的关键点，然后依次点击 Utility Menu > PlotCtrls > Numbering，弹出如图 8-58 所示的"Plot Numbering Controls"对话框。勾选"KP Keypoint numbers"一项，单击"OK"按钮，显示关键点及关键点的编号，如图 8-58 所示。

依次点击 Main Menu > Preprocessor > Modeling > Create > Keypoints > KP between KPs，弹出关键点拾取对话框，拾取图 8-58 中的 7 号和 8 号关键点，单击关键点拾取对话框中"OK"按钮，弹出如图 8-59 所示的"KBETween options"对话框。

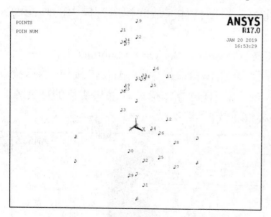

图 8-58　关键点及关键点编号

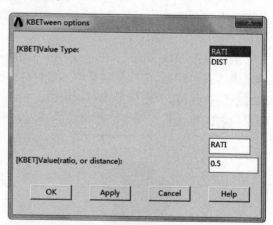

图 8-59　"KBETween options"对话框

在"［KBET］Value Type"列表中选择"RATI"选项，在"［KBET］Value（ratio，or distance）"文本框中输入"0.5"，单击"OK"按钮，即在 7 和 8 号中间创建一个关键点 9 号。

依次点击 Main Menu > Preprocessor > Modeling > Create > Areas > Arbitrary > Through KPs，弹出关键点拾取对话框，依次拾取视图窗口中的 9、14 和 15 号关键点，单击关键点拾取对话框中的"OK"按钮，即可创建一个三角面。依次点击 Utility Menu > Plot > Areas，显示面元素，如图 8-60 所示。

依次点击 Main Menu > Preprocessor > Modeling > Operate > Extrude > Areas > Along Normal，弹出面拾取对话框，拾取图 8-60 中的三角面，单击面拾取对话框中的"OK"按钮，弹出"Extrude Area along Normal"对话框。在"DIST Length of extrusion"文本框中输入"−0.15"，单击"OK"按钮，完成三角板的创建。

依次点击 Main Menu > Preprocessor > Modeling > Reflect > Volumes，弹出体拾取对话框，点击体拾取对话框中的"Pick All"按钮，弹出如图 8-61 所示的"Reflect Volumes"对话框。

在"Ncomp Plane of symmertry"菜单中选择"Y-Z plane X"选项，单击"OK"按钮。

依次点击 Main Menu > Preprocessor > Modeling > Operate > Booleans > Glue > Volumes，弹出体拾取对话框，单击"Pick All"按钮，粘接所有重合的边界，完成轴承几何模型的创建，如图 8-62 所示。

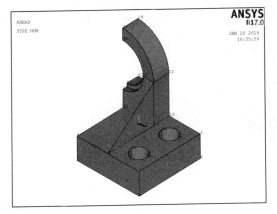

图 8-60 添加加劲板三角面后轴承底座几何模型

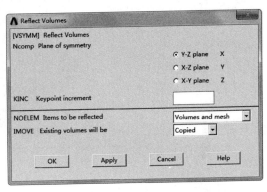

图 8-61 "Reflect Volumes"对话框

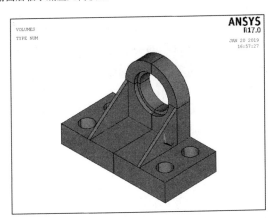

图 8-62 完整的轴承底座几何模型

8.7.4 划分网格

（1）属性分配

点击 Main Menu > Preprocessor > Meshing > Mesh Attributes > MeshTool，弹出网格划分工具对话框。在网格划分工具条的属性分配功能区的下拉菜单中选择"Global"，然后单击右侧的"Set"按钮，弹出单元属性分配对话框。在属性分配对话框中指定"TYPE Element type number"为 1，"MAT Material number"为 1，"ESYS Element coordinate sys"为 0，单击"OK"即可。

（2）网格尺寸设置

在尺寸控制功能区中,勾选"Smart Size"选项,并将滑动码设置为8,单元尺寸设置完成。

（3）网格形状设置

在形状控制功能区的"Mesh"中的下拉菜单中选择网格划分对象为"Volumes"。在形状控制功能区的"Shape"中选择"Tet"。

（4）网格划分

在网格划分功能区的划分方式中选择"Free"。单击网格划分功能区中"Mesh"按钮弹出体拾取对话框。单击体拾取对话框中的"Pick All",系统自动对轴承几何模型进行网格划分。最终建成的轴承有限元模型如图8-63所示。

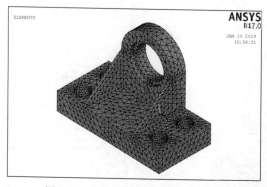

图8-63　完整轴承底座的网格划分情况

8.7.5　施加荷载和边界条件

（1）施加荷载

依次点击 Utility Menu > Plot > Areas,即可显示面元素。依次点击 Utility Menu > PlotCtrls > Numbering,弹出"Plot Numbering Controls"对话框,勾选"AREA Area numbers"一项,单击"OK"按钮,即可显示面元素编号。将光标置于视图窗口中单击鼠标右键,在弹出的菜单中依次点击 View > Front,将视角切换至主视图视角,如图8-64所示。

点击 Main Menu > Solution > Define Loads > Apply > Structural > Pressure > On Areas,弹出面拾取对话框,依次拾取图8-64中66、8、74和21号面(支撑孔环面),检查面拾取对话确认"Count"一项为6后,单击面拾取对话框中的"OK"按钮,弹出如图8-65所示的"Apply PRES on areas"对话框。

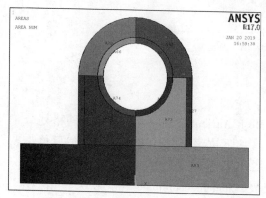

图8-64　轴承底座前视图

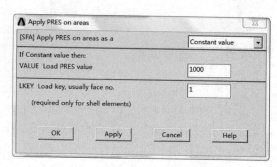

图8-65　均布荷载施加对话框

在"VALUE Load PRES value"文本框中输入"1000",单击"OK"即可为轴承施加推力荷载。

将光标置于视图窗口中单击鼠标右键,在弹出的菜单中依次点击 View > Isometric,将视角切换至斜视图视角,如图 8-66 所示。

点击 Main Menu > Solution > Define Loads > Apply > Structural > Pressure > On Areas,弹出面拾取对话框,依次拾取图 8-66 中 75 和 22 号面(沉孔底面),检查面拾取对话确认"Count"一项为 2 后,单击面拾取对话框中的"OK"按钮,弹出如图 8-65 所示的"Apply PRES on areas"对话框。在"VALUE Load PRES value"文本框中输入"5000",单击"OK",即可为轴承施加径向荷载。

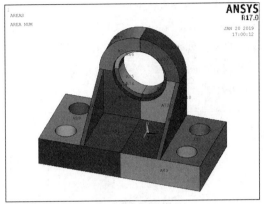

图 8-66 轴承底座斜视图

(2)施加边界条件

依次点击 Main Menu > Solution > Define Loads > Apply > Structural > Displacement > Symmetry B. C. > On Areas,弹出面拾取对话框,依次拾取四个安装孔的 8 个柱面,检查面拾取对话框确认"Count"为 8 后单击"OK"按钮,即可为安装孔施加边界条件。

依次点击 Utility Menu > Select > Entities,弹出选择工具条,在项目菜单中选择"Lines",选择方式菜单中选择"By Location",参数中选择"Y coordinates"并在文本框中输入"0",选择类型中选择"From Full",依次单击"Apply"按钮和"Replot"按钮,即选出 Y 坐标为 0 的所有线,如图 8-67 所示。

依次点击 Main Menu > Solution > Define Loads > Apply > Structural > Displacement > On Lines,拾取图 8-67 中 113、151、153、4、5 和 10 号线,单击"OK"按钮,弹出"Apply U,ROT on Lines"对话框。在"Lab2 DOFs to be constrained"菜单中选择"UY"一项,"VALUE Displacement value"文本框中输入"0",单击"OK"按钮。施加荷载和边界条件后的轴承如图 8-68 所示。

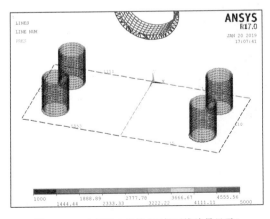

图 8-67 Y 坐标为 0 的线(已打开线编号显示)

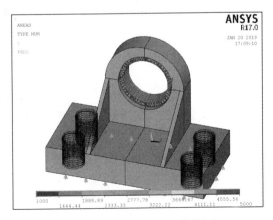

图 8-68 施加边界条件后的轴承底座

依次点击 Main Menu > Solution > Analysis Type > New Analysis,在弹出的对话框内选择"Static"分析类型,点击 Main Menu > Solution > solve 即可开始求解。

8.7.6　结构位移和应力图

（1）节点位移云图

依次点击 Main Menu > General Postproc > Plot Results > Contour Plot > Nodal Solu，弹出"Contour Nodal Solution Data"（节点结果等值图显示选择）对话框；在"Undisplaced shape key"的下拉列表中选择"Deformed shape only"；然后选择"DOF Solution"项下的"X-Component of Displacement"（或"Y-Component of Displacement"），最后单击"OK"或者"Apply"即可得到图 8-69（或图 8-70）。

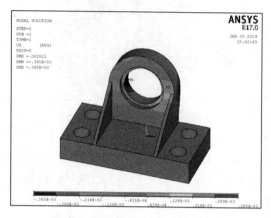

图 8-69　轴承底座 X 方向的位移云图

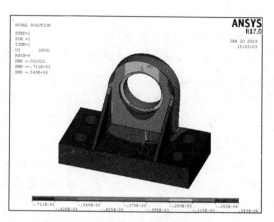

图 8-70　轴承底座 Y 方向的位移云图

（2）节点应力云图

依次点击 Main Menu > General Postproc > Plot Results > Contour Plot > Nodal Solu，弹出"Contour Nodal Solution Data"（节点结果等值图显示选择）对话框；在"Undisplaced shape key"的下拉列表中选择"Deformed shape only"；然后选择"Stress"项下的"von Mises Stress"，最后单击"OK"或者"Apply"即可得到图 8-71。

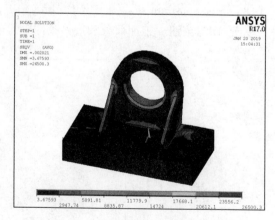

图 8-71　轴承底座等效应力云图

本章参考文献

[1]　张云杰,尚蕾.ANSYS17.0 案例分析视频精讲[M].北京:电子工业出版社,2017.

［2］ 葛俊颖,王立友.基于 ANSYS 的桥梁结构分析[M].北京:中国铁道出版社,2007.

［3］ 李汉龙,隋英,韩婷.ANSYS 有限元分析基础[M].北京:国防工业出版社,2017.

［4］ 贾雪艳,刘平安.ANSYS17.0 有限元分析学习宝典[M].北京:机械工业出版社,2017.

［5］ 曹渊.ANSYS16.0 有限元分析从入门到精通[M].北京:电子工业出版社,2015.

［6］ 叶先磊,史亚杰.ANSYS 工程分析软件应用实例[M].北京:清华大学出版社,2003.

［7］ 张红松,胡仁喜,康士廷.ANSYS13.0 有限元分析从入门到精通[M].北京:机械工业出版社,2014.

［8］ 王新敏.ANSYS 工程结构数值分析[M].北京:人民交通出版社,2007.

作者简介

郭增伟,1985 年出生,博士,副教授,博士生导师。现工作于重庆交通大学桥梁工程系。2013 年博士毕业于同济大学桥梁工程系,主要从事桥梁振动与控制、桥梁长期性能和可靠性评价等方面的研究。

王小松,1977 年出生,博士,副教授,现工作于重庆交通大学土木工程学院桥梁工程系。主要研究方向为车桥风耦合动力学分析、桥梁抗风、结构优化设计和非线性结构分析等。

邵亚会,1981 年出生,博士,副教授,现工作于合肥工业大学土木与水利工程学院道路与桥梁工程系。2011 年博士毕业于同济大学桥梁工程系,主要研究领域方向为大跨度桥梁结构振动与控制、风工程、非线性结构建模计算等。